Marc Fengel · Prüfung elektrischer Anlagen
Band 2

de-FACHWISSEN

Die Fachbuchreihe
für Elektro- und Gebäudetechniker
in Handwerk und Industrie

Marc Fengel

Prüfung elektrischer Anlagen

Band 2
Durchführung von Erst- und Wiederholungsprüfungen

Hüthig · München/Heidelberg

Produktbezeichnungen sowie Firmennamen und Firmenlogos werden in diesem Buch ohne Gewährleistung der freien Verwendbarkeit benutzt.
Von den im Buch zitierten Vorschriften, Richtlinien und Gesetzen haben stets nur die jeweils letzten Ausgaben verbindliche Gültigkeit.

Autoren und Verlag haben alle Texte, Abbildungen und Softwarebeilagen mit großer Sorgfalt erarbeitet bzw. überprüft. Dennoch können Fehler nicht ausgeschlossen werden. Deshalb übernehmen weder Autoren noch Verlag irgendwelche Garantien für die in diesem Buch gegebenen Informationen. In keinem Fall haften Autoren oder Verlag für irgendwelche direkten oder indirekten Schäden, die aus der Anwendung dieser Informationen folgen.

Maßgebend für das Anwenden der Normen sind deren Fassungen mit dem neuesten Ausgabedatum, die bei der VDE Verlag GmbH, Bismarckstraße 33, 10625 Berlin, www.vde-verlag.de, und der Beuth Verlag GmbH, 10772 Berlin erhältlich sind.

Für eine bessere Lesbarkeit wird in der Regel auf eine genderspezifische Schreibweise sowie eine Mehrfachbezeichnung verzichtet. Gegebenfalls wird ausschließlich die männliche Form verwendet. Alle personenbezogenen Bezeichnungen sind geschlechtsneutral zu verstehen.

Bibliografische Information der Deutschen Nationalbibliothek
Die Deutsche Nationalbibliothek verzeichnet diese Publikation in der Deutschen Nationalbibliografie; detaillierte bibliografische Daten sind im Internet über https://portal.dnb.de/ abrufbar.

> Möchten Sie Ihre Meinung zu diesem Buch abgeben?
> Dann schicken Sie eine E-Mail an das Lektorat
> im Hüthig Verlag:
> **buchservice@huethig.de**
> Autor und Verlag freuen sich über Ihre Rückmeldung.

ISBN 978-3-8101-0551-6

© 2023 Hüthig GmbH, München/Heidelberg
Printed in Germany
Titelbild, Layout, Satz, Zeichnungen: schwesinger, galeo:design
Titelfotos: rechts: © shutterstock 1659801967, Krasula
         links oben: © shutterstock 616546862, Porawit.Tar
         links unten: Gerätetester Fluke 6500-2, Firma Fluke Deutschland GmbH
Druck: Westermann Druck Zwickau GmbH

Vorwort

Als Sachverständiger habe ich im Rahmen von Prüfungen und Begutachtungen den schönsten Job. Ich suche die Fehler bei anderen und muss die Mängel nicht selbst beheben. Doch so einfach ist es dann auch wieder nicht. Bei Prüfungen und Begutachtungen werden technische Zusammenhänge mit juristischen Mitteln bewertet. Dabei bedient sich ein Sachverständiger, im Gegensatz zu Juristen, technischer, gesetzlicher und privatrechtlicher Regeln auf dem Gebiet der Elektrotechnik sowie weiterer Fachgebiete.

Je nach Prüfung und Bewertungsgrundlage bewegt sich ein Sachverständiger oder ein Prüfer immer in einem Spannungsfeld zwischen dem Kunden, der eigenen Wirtschaftlichkeit und dem eigenen Qualitätsanspruch. Da Prüfer und Sachverständige bestimmte Freiheiten haben, den Prüfungsumfang und die Prüftiefe festzulegen, liegt es an jedem Einzelnen, seine Position innerhalb der drei Ansprüche zu finden. Selbstverständlich ist auch die Tätigkeit als Sachverständiger und Prüfer aufgrund der Liberalisierung des Prüfmarkts einem gewissen marktwirtschaftlichem Wettbewerb aus Angebot und Nachfrage unterworfen. Damit haben Kunden die Wahl, wer einen Prüfauftrag erhält und wer nicht. Durch den Preiskampf sind Sachverständige in der Zwickmühle, die Qualität und Prüftiefe zu Gunsten der Effizienz zu reduzieren. Ein Sachverständiger oder Prüfer läuft immer Gefahr, die eigenen Qualitätsansprüche zu Gunsten der Wirtschaftlichkeit bewusst oder unbewusst zu reduzieren. Damit werden Haftungsrisiken und im schlimmsten Fall das Risiko von strafrechtlichen Konsequenzen in Kauf genommen.

Im Rahmen meiner Tätigkeit stoße ich jedoch immer wieder auf Anwendungsfälle, die mit der Routine des „Alltagsgeschäfts" nicht immer gleich zu lösen sind und besondere Sorgfalt erfordern. Die Prüfung dient im Grundsatz der Feststellung, ob eine elektrische Anlage sicher ist oder nicht. Dabei schafft ein Sachverständiger durch die Prüfung und die damit getätigten Aussagen Rechtssicherheit hinsichtlich Haftung und Schadensersatzansprüchen für Errichter und Betreiber. Im Grunde geht es für alle Beteiligten darum, am Abend gesund von der Arbeit nach Hause zu kommen, sein Häuschen, seine Eigentumswohnung und andere erarbeitete Vermögensstände zu behalten und morgens mit reinem Gewissen in den Spiegel schauen zu können. Hier kommt der fachlichen Aussage eines Sachverständigen vor allem bei sicherheitsrelevanten Aspekten eine besondere Rolle als unabhängige Institution zu.

Wie man dieser Rolle im Spannungsfeld der Interessen durch Zugeständnisse und Auslegung der technischen Regeln gerecht wird, obliegt jedem selbst: *„Nach bestem Wissen und Gewissen".*

Vorwort zu Band 2

Während der dreijährigen Arbeit an diesem Buch habe ich als Autor immer wieder festgestellt, dass das Thema der Besichtigung von elektrischen Anlagen in Verbindung mit dem erforderlichen Fachwissen und den technischen Anforderungen aus den Regelwerken in einem Band bei Weitem nicht erschöpfend behandelt werden kann. Daher gibt es nun zwei weitere Bände.

Im vorliegenden zweiten Band möchte ich dem Leser die Vorgehensweisen bei Erst- und Wiederholungsprüfungen näherbringen. Besonderes Augenmerk liegt dabei auf dem fachlichen Hintergrund der einzelnen Prüfschritte beim Besichtigen, Erproben und Messen. Anhand praktischer Beispiele vermittle ich das dafür notwendige Hintergrundwissen.

Außerdem gehe ich in Band 2 auf folgende Themen ein:
- Einhaltung der Herstellerangaben und bestimmungsgemäße Verwendung und Umgang mit fehlenden Konformitätserklärungen,
- Beurteilung der Strombelastbarkeit von Kabeln, Leitungen und Stromschienen,
- Beurteilung der Vorkehrungen gegen die Ausbreitung von Feuer,
- Beurteilung des Spannungsfalls, der Selektivität und der Maßnahmen gegen Überspannung,
- Vorgehensweise zum Nachweis der Wirksamkeit der Schutzmaßnahmen gegen elektrischen in TN-, TT- und IT-Systemen.

Des Weiteren wird die Durchführung von Messungen ausführlich erläutert.

Danksagung

Ich möchte Herrn *Ulf Sundermann* vom Hüthig Verlag herzlich für die konstruktive Zusammenarbeit und Unterstützung bei der Umsetzung dieses Projekts danken. Ebenso gebührt mein Dank Frau *Kerstin Salvador* für ihr gründliches Lektorat dieses Werkes. Ein aufrichtiger Dank geht auch an meine Fachkollegen, Kunden und die verschiedenen Fachkreise, die durch interessante und informative Fachdiskussionen einen wichtigen Beitrag zu den fachlichen Inhalten dieses Buches geleistet haben. Besonderer Dank gebührt den Personen in meinem privaten und familiären Umfeld, die mir durch ihre Rücksichtnahme an den unzähligen Abenden, Wochenenden und Feiertagen während der letzten drei Jahre den Rücken für die notwendigen Schreibarbeiten freigehalten somit die Realisierung dieses Buches erst möglich gemacht haben.

Ich wünsche Ihnen viel Freude beim Lesen.

Marc Fengel

Wichtige Grundlagen

Prüfer, Sachverständige, Gutachter, Planer und Betreiber erhalten in Band 1 einen Überblick über die Planungsgrundlagen elektrischer Anlagen.

Diese Themen sind u.a. enthalten:
- Raumarten und Aufstellorte,
- Gefahren des elektrischen Stromes,
- Schutzarten von Betriebsmitteln,
- Qualifikationen von Personen,
- Gesetzespyramide (europäisches Recht, Regeln der Technik und Stand der Technik),
- Normen und VDE-Bestimmungen,
- Risikobeurteilung,
- Unterscheidung Maschine und Anlage,
- Bestandsschutz und Anpassung.

Ihre Bestellmöglichkeiten auf einen Blick:

Hier Ihr Fachbuch direkt online bestellen!

Inhaltsverzeichnis

I	Grundlagen von Erst- und Wiederholungsprüfungen		17
1	Prüfgrundlagen		17
	1.1	Die Erstprüfung	17
		1.1.1 Notwendigkeit der Erstprüfung	18
		1.1.2 Erstprüfung bei Neuerrichtung	18
		1.1.3 Prüfung nach Erweiterung elektrischer Anlagen	19
	1.2	Prüfung nach Mängelbeseitigung	19
	1.3	Prüfung vor Inbetriebnahme	19
	1.4	Obliegenheiten zur Durchführung wiederkehrender Prüfung	22
		1.4.1 Strafgesetzbuch StGB § 13	22
		1.4.2 Verkehrssicherungspflicht BGB § 823	23
		1.4.3 Arbeitgeber	23
		1.4.4 Zweck der wiederkehrenden Prüfung	24
		1.4.5 Wiederkehrende Prüfung früher und heute	24
		1.4.6 Erhalt des ordnungsgemäßen Zustands	26
		1.4.7 Prüffristen	27
	1.5	Überwachen elektrischer Anlagen	29
II	Besichtigen elektrischer Anlagen		33
2	Einhaltung der Herstellerangaben		34
	2.1	Bestimmungsgemäße Verwendung	34
		2.1.1 Beispiel: Eignung eines Kleinverteilers nur für private Zwecke	36
		2.1.2 Beispiel: Anschluss von Ovalleuchten	37
		2.1.3 Beispiel: Anschlussklemme nicht für den Leiterquerschnitt geeignet	38
	2.2	Umgang mit Betriebsmitteln ohne Konformitätserklärung	39
		2.2.1 Niederspannungs-Schaltgerätekombination ohne Typenschild	40
		2.2.2 Beispiel: Retrofit-Leuchten	42
3	Zugang zu Betriebsmitteln		43
	3.1	Zugang zu Leiter- und Klemmverbindungen	43
	3.2	Zugang zu Anschlusskästen und Schaltgerätekombinationen	44
	3.3	Bereiche mit eingeschränktem Zugang	46
	3.4	Zugang zu Verteilern in öffentlichen Bereichen	46

4 Beurteilung der Vorkehrungen gegen die Ausbreitung von Feuer ... 47

- 4.1 Leitungsanlagen nach Bauordnungsrecht ... 47
- 4.2 Kabel und Leitungen innerhalb eines Brandabschnitts ... 49
- 4.3 Verschluss von Kabel- und Leitungsdurchführungen ... 50
- 4.4 Brandschottungen und Kabeldurchführungen ... 52
- 4.5 Kennzeichnung und Dokumentation von Brandschottungen ... 53
  - 4.5.1 Beispiel: Leitungsdurchführung durch die Decke in der Nähe nicht elektrischer Anlagen ... 54
  - 4.5.2 Beispiel: Leitungsdurchführung durch ein Kombischott ... 54
  - 4.5.3 Beispiel: offene Leitungsdurchführung ... 55
  - 4.5.4 Beispiel: Durchführung der Kabeltrasse durch eine Komplextrennwand ... 55
- 4.6 Auswahl von Kabeln und Leitungen entsprechend ihrem Brandverhalten ... 56
- 4.7 Brandklassen/Euroklassen ... 59

5 Auswahl und Anschluss elektrischer Betriebsmittel ... 61

- 5.1 Auswahl elektrischer Betriebsmittel nach elektrischen Eigenschaften ... 61
- 5.2 Auswahl nach der Überspannungskategorie ... 62
- 5.3 Auswahl elektrischer Betriebsmittel entsprechend den Leistungsmerkmalen ... 62
- 5.4 Auswahl von Schutzeinrichtungen nach Schutzzielen ... 63
  - 5.4.1 Auswahl von Überstrom-Schutzeinrichtungen ... 66
  - 5.4.2 Auswahl von Fehlerstrom-Schutzeinrichtungen (RCD) ... 69
  - 5.4.3 Auswahl von Fehlerlichtbogen-Schutzeinrichtungen (AFDD) ... 82
- 5.5 Auswahl und Anordnung von Leuchten und Beleuchtungsanlagen ... 85
  - 5.5.1 Montage von Leuchten ... 86
  - 5.5.2 Abstände zu brennbaren Materialien ... 86
  - 5.5.3 Durchführung der Prüfung ... 87
  - 5.5.4 Verfügbarkeit und Aufteilung der Stromkreise für Beleuchtung ... 88
  - 5.5.5 Besichtigen der Anschlussstellen ... 89
  - 5.5.6 Leuchtstofflampen ... 89
  - 5.5.7 Stroboskopischer Effekt ... 90
  - 5.5.8 Hängeleuchten ... 91

Inhaltsverzeichnis

6 Beurteilung der Kabel, Leitungen und Stromschienen hinsichtlich der Strombelastbarkeit 93
- 6.1 Auswahl und Anordnung der Schutzeinrichtungen 93
- 6.2 Prüfung des Überlastschutzes von Kabeln und Leitungen 93
  - 6.2.1 Ermittlung der Betriebsströme 95
  - 6.2.2 Ermittlung der maximal zulässigen Strombelastbarkeit 98
  - 6.2.3 Einhaltung der Auslöseregel 103
  - 6.2.4 Einhaltung der Nennstromregel 106
- 6.3 Prüfung des Kurzschlussschutzes 107
  - 6.3.1 Einrichtungen zum Kurzschluss 108
  - 6.3.2 Prüfung des Kurzschlussschutzes in der Praxis 111
- 6.4 Besichtigen von Elektroverteilern hinsichtlich des Kurzschlussschutzes 113

7 Beurteilung des Spannungsfalls 115
- 7.1 Prüfung des Spannungsfalls 115
- 7.2 Messung des Spannungsfalls 120
- 7.3 Berechnung des Spannungsfalls 121
- 7.4 Beurteilung der maximalen Leitungslänge unter Betrachtung des Spannungsfalls 121
- 7.5 Spannungsfall unter Betrachtung der Kabel- und Leitungsverluste 123

8 Beurteilung der Selektivität 125
- 8.1 Selektivität unter Überlast- und Kurzschlussbedingungen 125
- 8.2 Selektivität zwischen Leistungsschalter/Leitungsschutzschalter und nachgeschalteter Sicherung 128
- 8.3 Selektivität unter Kurzschlussbedingungen 130

9 Beurteilung der Maßnahmen gegen Überspannung 131
- 9.1 Überspannungs-Schutzgeräte 131
  - 9.1.1 Überspannungs-Schutzgeräte Typ 1 132
  - 9.1.2 Überspannungs-Schutzgeräte Typ 2 132
  - 9.1.3 Überspannungs-Schutzgeräte Typ 3 133
- 9.2 Auswahl nach der Überspannungskategorie 133
- 9.3 Anschlussschemata 134
  - 9.3.1 Anschlussschema 1 134
  - 9.3.2 Anschlussschema 2 135
- 9.4 Auswahl und Anschluss nach Art der Netzform 135

9.5 Koordination von Überspannungs-
    Schutzeinrichtungen mit RCD 136
9.6 Auswahl entsprechend der höchsten Dauerspannung 137
9.7 Auswahl des Überspannungsschutzes im Hauptstrom-
    versorgungssystem 138
9.8 Besichtigen der Überspannungs-Schutzeinrichtungen
    im Rahmen wiederkehrender Prüfungen 139
9.9 Zulässige Leitungslängen 140

10 **Bewertung von Betriebsmitteln nach äußeren Einflüssen** 143
   10.1 Auswahl der IP-Schutzart 144
        10.1.1 Beispiel: Ausgerissene Leitungseinführung
               in einer Gärtnerei 146
        10.1.2 Beispiel: Änderung der Umgebungsbedingungen
               beim Aufstellort eines Photovoltaik-Wechsel-
               richters 146
        10.1.3 Beispiel: Mechanischer Schutz 147
   10.2 Beurteilung der Leitungseinführungen von Betriebsmitteln 148

11 **Beurteilen der ordnungsgemäßen Leiterkennzeichnung** 151
   11.1 Schutzleiter 152
        11.1.1 Farbkennzeichnung 152
        11.1.2 Von der Farbkennzeichnung ausgenommene Leiter 152
   11.2 PEN-Leiter 152
        11.2.1 Farbkennzeichnung 152
        11.2.2 Von der Farbkennzeichnung ausgenommene Leiter 153
   11.3 Neutralleiter 153
   11.4 Mehradrige Kabel und Leitungen 154
   11.5 Kennzeichnung von Schienen 155
   11.6 Alte und neue Farbkennzeichnung 155
   11.7 Kennzeichnungen von Räumen und Anlagenteilen 156
        11.7.1 Klassifikation von Sicherheits- und Gesundheits-
               zeichen 157
        11.7.2 Auswahl und Anordnung 157
        11.7.3 Kennzeichnung elektrischer Anlagen
               mit eingeschränktem Zugang 158
        11.7.4 Elektrische Betriebsstätten 158
        11.7.5 Batterieräume 159
   11.8 Bedieneinrichtungen und Signalleuchten 160
   11.9 Schaltungsunterlagen und Übersichtspläne 160
   11.10 Errichterbescheinigung 163

Inhaltsverzeichnis 13

12 Stromkreis- und Betriebsmittelkennzeichnung ... 167

13 Besichtigen von Erdungsanlagen und Schutzpotentialausgleich ... 169
- 13.1 Schutzleiter ... 169
- 13.2 Schutzleiterquerschnitt ... 170
  - 13.2.1 Berechnung der erforderlichen Schutzleiterquerschnitte ... 171
  - 13.2.2 Auswahl nach Tabelle ... 171
  - 13.2.3 Verstärkte Schutzleiter ... 172
  - 13.2.4 Schutzleiteranschlüsse in Verteilern und Betriebsmitteln ... 173
- 13.3 Schutzpotentialausgleichsleiter ... 174
  - 13.3.1 Schutzpotentialausgleich für die Verbindung mit der Hauterdungsschiene ... 175
  - 13.3.2 Schutzpotentialausgleichsleiter für den zusätzlichen Schutzpotentialausgleich ... 177

14 Beurteilung der Maßnahmen gegen elektromagnetische Störungen ... 179
- 14.1 Störquellen ... 180
- 14.2 Maßnahmen ... 180
- 14.3 Prüfung der EMV-gerechten Errichtung ... 182

15 Auswahl und Errichtung von Kabel- und Leitungssystemen ... 185
- 15.1 Besichtigen der Kabel- und Leitungsanlagen ... 185
  - 15.1.1 Alterung durch Temperaturen ... 187
  - 15.1.2 Alterung durch zu hohe Temperaturen und Wärmequellen ... 188
  - 15.1.3 Alterung durch zu niedrige Temperaturen ... 188
  - 15.1.4 Auftreten von festen Fremdkörpern ... 189
  - 15.1.5 Auftreten von Wasser ... 189
  - 15.1.6 Beschleunigte Alterung durch Sonneneinwirkung .. 190
  - 15.1.7 Vorschädigung der Isolation ... 191
  - 15.1.8 Einhaltung der Biegeradien ... 192
  - 15.1.9 Beispiel: Unterschreitung der Biegeradien ... 193
  - 15.1.10 Nagetierfraß ... 194
  - 15.1.11 Auftreten von korrosiven oder verschmutzenden Stoffen ... 195
- 15.2 Auswahl der Befestigungsmittel ... 196

15.2.1 Befestigungsmittel für fest verlegte Leitungen 196
15.2.2 Befestigungsmittel für flexible Leitungen in ortsfesten Anlagen 196
15.2.3 Leiter mit ferromagnetischer Umhüllung 197

16 Systeme nach Art der Erdverbindung 201
16.1 TN- und TT-System mit Mehrfacheinspeisung 201
16.2 PEN-Leiter in TN-Systemen 201
    16.2.1 Auftrennung des PEN-Leiters 202
    16.2.2 PEN-Leiter in Kundenanlagen 202
    16.2.3 Beispiel: PEN-Leiter entspricht nicht dem Mindestquerschnitt 203
    16.2.4 Anschluss des PEN-Leiters 204
    16.2.5 Kennzeichnung des PEN-Leiters 204
16.3 Zusammenführung von N- und PE-Leitern nach der Auftrennung in einem TN-C-S-System 204
16.4 Beispiel: Verschiedene Netzformen 208

17 Schutz gegen direktes Berühren 211
17.1 Abdeckungen von Betriebsmitteln 211
    17.1.1 Beispiel: Verteiler in Verkehrswegen 212
    17.1.2 Beispiel: Steckdosen in Kindertageseinrichtungen 212
17.2 Direktes Berühren innerhalb von Verteilern 213
    17.2.1 Schutzart 213
    17.2.2 Schutz vor mechanischer Beschädigung 213
    17.2.3 Abdeckstreifen 213
17.3 Direktes Berühren an Bedienelementen 214
17.4 Direktes Berühren an Lampenfassungen und Sicherungen ... 217
    17.4.1 Lampenfassungen 217
    17.4.2 Schraubsicherungen/Gewindekontakt unter Spannung 219
17.5 Beurteilung: Schutz gegen direktes Berühren 220

III Die Kabel- und Leitungsanlage 221
18 Besichtigen von Anschlussdosen 221
18.1 Verbindungsdosen 221
18.2 Elektrische Betriebsmittel in Hohlwänden 221
18.3 Besichtigen von Hohlwanddosen 222

Inhaltsverzeichnis

19 Klemmen und Leiteranschlüsse 225
   19.1 Zugbeanspruchung und Ausführung von Leitern 226
   19.2 Arten von elektrischen Verbindungen 228
   19.3 Besichtigen der Anschlussstellen 229
       19.3.1 Thermografische Auffälligkeiten an Klemmen 233
       19.3.2 N-Schienenhalterung 233
       19.3.3 Anschluss von Stiftkammschienen 234
       19.3.4 Lose Klemmstellen in der Elektroverteilung 235

20 Erproben 237
   20.1 Erproben von Schutz- und Überwachungseinrichtungen 238
       20.1.1 Erproben von NOT-AUS-Einrichtungen 239
       20.1.2 Erproben des Schutzes bei Unterspannung 244

21 Auswahl der Messgeräte 247
   21.1 Aufschriften auf dem Messgerät 247
   21.2 Inhalte der Betriebsanleitung 247
   21.3 Gerätekategorie 248
   21.4 Betriebsmessunsicherheit 249
   21.5 Auswahl von Prüfmitteln 250

22 Feststellen der Spannungsfreiheit 251

23 Messen 253
   23.1 Durchgängigkeit der Leiter 253
   23.2 Isolationswiderstand 255
       23.2.1 Durchführung der Messung 257
       23.2.2 Prüfspannung und Grenzwerte 260
       23.2.3 Isolationswiderstand zur Bestätigung
               des Schutzes durch SELV oder PELV 263
       23.2.4 Isolationswiderstand bei Schutz
               durch Schutztrennung 263
   23.3 Prüfung der Spannungspolarität 264
   23.4 Prüfung der Phasenfolge der Außenleiter 264
   23.5 Funktionsprüfung 265
   23.6 Messung der Fehlerschleifenimpedanz 267
       23.6.1 Messprinzip 268
       23.6.2 Durchführung in der Praxis 270
       23.6.3 Fehlerschleifenimpedanz und Abschalt-
               bedingungen in TN- und TT-Systemen 273
       23.6.4 Beispiel: Messung der Fehlerschleifenimpedanz 275

24 Beurteilung der Wirksamkeit des Schutzes durch automatische Abschaltung im Fehlerfall 279

24.1 Besichtigen von TN- und TT-Systemen 280
24.2 TN-System 281
    24.2.1 Besichtigen 283
    24.2.2 Nachweis über die Wirksamkeit des Schutzes durch automatische Abschaltung 283
    24.2.3 Nachweis durch Messen 285
    24.2.4 Zusätzliche Prüfschritte beim Einsatz von Fehlerstrom-Schutzeinrichtungen 285
24.3 TT-System 286
    24.3.1 Besichtigen 286
    24.3.2 Messen 286
    24.3.3 Zusätzliche Prüfschritte beim Einsatz von Fehlerstrom-Schutzeinrichtungen 290
24.4 IT-System 293
    24.4.1 Ausführung der Spannungsversorgung 293
    24.4.2 Beurteilung der Abschaltbedingungen 294

Literatur- und Quellenverzeichnis 297

Stichwortverzeichnis 303

I Grundlagen von Erst- und Wiederholungsprüfungen

1 Prüfgrundlagen

Die verschiedenen Arten von Prüfungen basieren auf unterschiedlichen Prüfgrundlagen. Sie stellen den sogenannten Anlass einer Prüfung dar. Die Prüfgrundlagen können sowohl aus gesetzlichen Vorgaben als auch aus privatrechtlichen Vereinbarungen resultieren. Die Notwendigkeit einer Prüfung kann sich somit direkt oder indirekt aus einer Prüfgrundlage ergeben. Es gibt folgende Arten von Prüfungen:
- Prüfung bei Neuerrichtung,
- Prüfung nach Erweiterung elektrischer Anlagen,
- Prüfung nach Änderung elektrischer Anlagen,
- Prüfung nach Mängelbeseitigung und
- Prüfung vor Inbetriebnahme.

1.1 Die Erstprüfung

Bei Erstprüfungen geht es primär um den Nachweis der regelkonformen Installation in Übereinstimmung der DIN VDE 0100-Reihe sowie weiterer zutreffender Regelwerke. Die Prüfung umfasst alle Maßnahmen, mit denen die Übereinstimmung der elektrischen Anlage mit den Anforderungen der zutreffenden Regelwerke, insbesondere der DIN VDE 0100-Reihe, überprüft werden. Die Prüfung umfasst im Wesentlichen folgende Schritte:
- Besichtigen,
- Erproben,
- Messen.

Das Besichtigen umfasst die Untersuchung einer elektrischen Anlage mit allen Sinnen. Im Rahmen der Erstprüfung ist damit die ordnungsgemäße Errichtung der elektrischen Betriebsmittel durch den Errichter festzustellen und nachzuweisen. Das Erproben und Messen beinhaltet alle Maßnahmen, mit denen die ordnungsgemäße Funktion einer elektrischen Anlage nachgewiesen wird. Das Erproben ist vorwiegend auf die Betätigung von Test- und

Prüftasten sowie die Erprobung von funktionalen Anforderungen begrenzt. Das Messen umfasst Maßnahmen der Erfassung von Messgrößen. Im Rahmen der Erstprüfung liegt der Zweck von Messungen primär in dem Nachweis der Wirksamkeit der angewendeten Schutzmaßnahmen gegen elektrischen Schlag. Weitergehende Messungen dienen ergänzend dem Nachweis der korrekten Verschaltung und der korrekten Anschlüsse.

1.1.1 Notwendigkeit der Erstprüfung

Die Durchführung der Erstprüfung obliegt dem Anlagenerrichter. Bei Einhaltung der anerkannten Regeln der Technik nach § 49 des Energiewirtschaftsgesetzes wird dem Errichter eine Vermutungswirkung zukommen. Damit ist die Erstprüfung nach Errichtung elektrischer Anlagen Teil der regelkonformen Errichtung gemäß den anerkannten Regeln der Technik. Wird eine Erstprüfung gemäß den Vorgaben der DIN VDE 0100-600 mängelfrei durchgeführt und rechtssicher dokumentiert, ist bei Sach- oder Personenschäden kein Beweis durch den Errichter erforderlich. Entgegen der weitläufigen Meinung, dient die Erstprüfung und die rechtssichere Dokumentation des Prüfergebnisses somit dem Errichter. Der Errichter kann auch externe Prüfer einbeziehen.

1.1.2 Erstprüfung bei Neuerrichtung

Die Erstprüfung elektrischer Anlagen im Anwendungsbereich der DIN VDE 0100-Reihe ist nach DIN VDE 0100-600 durchzuführen. In den Anwendungsbereich fallen demnach alle Anlagen von 0 kV bis 1 kV Wechselspannung und 0 kV bis 1,5 kV Gleichspannung.

Die Erstprüfung ist somit für jede Anlage im Anwendungsbereich der DIN VDE 0100-Reihe nach Fertigstellung und vor erstmaliger Verwendung durch eine Elektrofachkraft (EFK), die zur Durchführung von Prüfungen befähigt ist, durchzuführen (siehe Band 1, Kapitel 6 *Qualifikationen von Personen*). Die Prüfung ist grundsätzlich, soweit sinnvoll, vollumfänglich durchzuführen. Nicht immer sind alle Bereiche und Anlagenteile nach Fertigstellung leicht zugänglich, sodass eine Prüfung nach Fertigstellung nicht oder nur mit unverhältnismäßig hohem Aufwand möglich ist. In solchen Fällen erlaubt die DIN VDE 0100-600 die Durchführung der Prüfung während der Errichtung. Bei größeren Projekten mit mehreren Gewerken ist es dem Errichter möglich, die Prüfung bereits während der Errichtung durchzuführen und zu dokumentieren. Dadurch werden nachträgliche Beschädigungen von Betriebsmitteln sowie Beschädigungen von Kabeln und Leitungen durch andere Gewerke erkannt und damit Haftungsfragen für Schäden geklärt.

1.1.3 Prüfung nach Erweiterung elektrischer Anlagen

Werden bestehende elektrische Anlagen erweitert oder geändert, sind die von der Änderung und Erweiterung betroffenen Anlagenteile wie neu errichtete elektrische Anlagen zu betrachten. Hier hat der Errichter die Änderungen oder Erweiterungen in der bestehenden elektrischen Anlage zuvor zu prüfen, ob sich die geänderten oder erweiterten Teile nach DIN VDE 0105-100 im ordnungsgemäßen Zustand befinden (siehe Abschnitt 1.4.6 *Erhalt des ordnungsgemäßen Zustands*). Einen „Bestandsschutz" auf Mängel gibt es nämlich nicht. Entdeckt der mit der Änderung oder Erweiterung der elektrischen Anlage beauftragte Errichter erhebliche Mängel in der bestehenden elektrischen Anlage, die auch die sichere und regelkonforme Errichtung der Änderung oder Erweiterung betreffen, sollte er dem Auftraggeber die Notwendigkeit erforderlicher Anpassungen und Instandsetzungen schriftlich mitteilen. Im Zweifelsfall sollte ein Sachverständiger hinzugezogen werden.

1.2 Prüfung nach Mängelbeseitigung

Die Notwendigkeit einer Prüfung nach Mängelbeseitigung kann sowohl im Rahmen von Erstprüfungen als auch im Betrieb im Rahmen von wiederkehrenden Prüfungen oder nach Feststellung von Mängeln bestehen. Die Prüfung nach Mängelbeseitigung bezieht sich im Vergleich zur Erst- und Wiederholungsprüfung ausschließlich auf die zuvor festgestellten Mängel und die davon betroffenen Bereiche. Sie kann sowohl bei Abnahmeprüfungen als auch nach Errichtung neuer elektrischer Anlagen, Erweiterungen, Änderungen und im Betrieb durchgeführt werden.

1.3 Prüfung vor Inbetriebnahme

Nach DGUV Vorschrift 3 sind elektrische Betriebsmittel im Sinne der Unfallverhütungsvorschrift (UVV) alle Gegenstände, die als Ganzes oder in einzelnen Teilen elektrische Energie erzeugen, fortleiten, verteilen, speichern, messen und in andere Energieformen umsetzen oder Informationen übertragen, speichern oder verarbeiten. Eine elektrische Anlage wird aus einem

Zusammenschluss einzelner Betriebsmittel gebildet. Damit fällt die ortsfeste elektrische Anlage (Anschlussnutzeranlage und Hauptstromversorgungssystem) in den Anwendungsbereich dieser UVV. Nach DGUV Vorschrift 3 § 5 hat der Unternehmer für den sicheren Betrieb der elektrischen Anlage und der Betriebsmittel zu sorgen. Dazu hat er die Prüfungen der elektrischen Anlagen und Betriebsmittel auf ihren ordnungsgemäßen Zustand zu prüfen oder prüfen zu lassen. Die Prüfung ist durchzuführen:

- vor der ersten Inbetriebnahme und vor Wiederinbetriebnahme nach Änderung und Instandsetzung durch eine Elektrofachkraft oder unter Leitung und Aufsicht einer Elektrofachkraft und
- in bestimmten Zeitabständen (siehe Abschnitt 24.2.2 *wiederkehrende Prüfungen*).

Die Erstprüfung bei Errichtung, Änderung und Erweiterung gemäß DIN VDE 0100-600 erfüllt auch die Anforderungen an die Prüfung vor der ersten Inbetriebnahme nach DGUV Vorschrift 3 § 5. Im Gegensatz zur Erstprüfung nach DIN VDE 0100-600 obliegt die Prüfung vor der ersten Inbetriebnahme nach DGUV Vorschrift 3 § 5 dem Betreiber. Im Gegensatz zur Erstprüfung dient die Prüfung vor Inbetriebnahme der Erfüllung der Arbeitgeberpflichten gegenüber seinen Beschäftigten im Rahmen der Unfallverhütungsvorschriften. Die Prüfung stellt damit den Übergang von den Pflichten des Errichters zum Verantwortungsbereich des Betreibers dar. Allerdings ist die gleiche Prüfung unmittelbar nach der Inbetriebnahme durch den Errichter weder zielführend, noch ist sie im wirtschaftlichen Rahmen vertretbar. Deshalb kann die Prüfung nach DGUV Vorschrift 3 § 5 (4) vor der ersten Inbetriebnahme vonseiten des Betreibers auch entfallen, wenn dem Unternehmer (Betreiber) vom Hersteller oder Errichter bestätigt wird, dass die elektrischen Anlagen und Betriebsmittel den Bestimmungen nach DGUV Vorschrift 3 entsprechen.

Errichter elektrischer Anlagen haben nach der Errichtung einen Prüfbericht über die Erstprüfung auszustellen. Das Prüfprotokoll ist dem Betreiber auszuhändigen. Beinhaltet die vom Errichter verwendete Vorlage auch die Option „Prüfung nach DGUV Vorschrift 3/4", so ist diese bei gewerblich und öffentlich genutzten Anlagen anzukreuzen.

Hier gilt es, zwischen Errichter und Betreiber zu klären, ob dies ausreichend ist oder ob zusätzlich eine Errichterbescheinigung nach DGUV Vorschrift 3/4 auszustellen ist. Andernfalls ist eine Errichterbescheinigung rechtssicher auszustellen.

> **Mustertext der Errichterbescheinigung**
>
> Es wird bestätigt, dass die elektrische Anlage / das elektrische Betriebsmittel / die elektrotechnische Ausrüstung der Maschine oder Anlage den Bestimmungen der Unfallverhütungsvorschrift „Elektrische Anlagen und Betriebsmittel" (DGUV V3) entsprechend beschaffen ist. Diese Bestätigung dient ausschließlich dem Zweck, den Unternehmer davon zu entbinden, die elektrische Anlage / das elektrische Betriebsmittel / die elektrotechnische Ausrüstung der Maschine oder Anlage vor der ersten Inbetriebnahme zu prüfen bzw. prüfen zu lassen (§ 5 Abs. 4 DGUV V3). Zivilrechtliche Gewährleistungs- und Haftungsansprüche werden durch diese Bestätigung nicht geregelt. Diese Bestätigung des Herstellers/Anlagenerrichters gibt dem Besteller/Betreiber einer elektrischen Anlage oder eines elektrischen Betriebsmittels die Möglichkeit, auf die Prüfung vor der ersten Inbetriebnahme nach § 5 Abs. 4 DGUV V3 zu verzichten.

Die Errichterbescheinigung sollte zudem folgende Informationen und Angaben enthalten:

- Errichter der Anlage,
- Standort der Anlage,
- Beschreibung der Anlage und des Umfangs,
- Nennung des Betreibers.

Der Errichter sollte sich bei Bauvorhaben, an denen mehrere Gewerke beteiligt sind, klar abgrenzen. Für diesen Zweck sollte die Errichterbescheinigung den Umfang der Arbeiten und eine Beschreibung der Anlage enthalten. Bei Erweiterungen und Änderungen ist selbiges zu empfehlen.

In jedem Fall sollte die Angabe zum Standort und die Beschreibung des Umfangs eindeutig dem Errichter zugeordnet werden. Hierfür eignet sich in der Errichterbescheinigung zum Beispiel:

- Die klare Nennung der Auftragsnummer, in der der Auftragsumfang beschrieben ist,
- die Nennung bzw. der Verweis zu den Prüfprotokollen der Erstprüfung oder der Verweis auf die Schaltungsunterlagen, aus denen der Ausführungsstand mit Revisionsdatum etc. hervorgeht,
- die Aufzählung der errichteten Verteilungen und/oder Stromkreise und
- die Nennung des Bauvorhabens.

In jedem Fall ist die Bescheinigung rechtssicher auszustellen. Das heißt, das Dokument muss vom Verantwortlichen der Errichterfirma unterschrieben sein. Der gute Stil einer Fachfirma gebietet es, diese Bestätigung auf dem

Firmenbriefkopf mit allen enthaltenen Angaben zur Errichterfirma (Handelsregister, Steuer-ID etc.) zu verwenden.
Hersteller von verwendungsfertigen Schaltgerätekombinationen (z. B. Schaltschränke der Versorgungstechnik etc.), die von ihnen hergestellt, installiert und in Betrieb genommen wurden, gelten formell sowohl als Hersteller und wie auch als Errichter der angeschlossenen Stromkreise. Sie haben zum Stückprüfungsprotokoll und der Konformitätserklärung ebenso eine Errichterbescheinigung auszustellen.

1.4 Obliegenheiten zur Durchführung wiederkehrender Prüfung

Die gesetzliche Obliegenheit zur Durchführung der Prüfung elektrischer Anlagen lässt sich aus unterschiedlichen Gesetzen ableiten:
- Strafgesetzbuch,
- Bürgerliches Gesetzbuch,
- Energiewirtschaftsgesetz,
- Arbeitsschutzgesetz,
- ...

1.4.1 Strafgesetzbuch StGB § 13

In § 13 des StGB ist der Tatbestand „Begehen durch Unterlassen" enthalten. Man spricht auch von der sogenannten „Garantenpflicht", mit der der Betreiber durch vorausschauendes Handeln Personen- und Sachschäden abzuwenden hat. Die Garantenpflicht betrifft grundsätzlich alle Personen.

Wer es gemäß StBG § 13 (1) *unterlässt, einen Erfolg abzuwenden, der zum Tatbestand eines Strafgesetzes gehört, ist nach dem Strafgesetz nur dann strafbar, wenn er rechtlich dafür einzustehen hat, dass ein Erfolg nicht eintritt, und wenn das Unterlassen der Verwirklichung des gesetzlichen Tatbestands durch ein Tun entspricht.* Nun ist zu beachten, dass der Ausdruck „Erfolg" im gesetzlichen Kontext als Eintritt eines Schadensereignisses (Personenschaden) zu verstehen ist. Liest man unter dem Aspekt den Text aus StBG § 13 (1) erneut, bedeutet das im Klartext, dass man die notwendigen Maßnahmen umzusetzen hat, die zur Abwendung eines Schadens beitragen. Demzufolge sind auch mögliche Gefährdungen, ausgehend von elektrischen Anlagen im Betrieb, durch den Betreiber abzuwenden.

1.4.2 Verkehrssicherungspflicht BGB § 823

Das Bürgerliche Gesetzbuch kennt im Zivilrecht die Schadensersatzpflicht. Wer nach BGB § 823 (1) vorsätzlich oder fahrlässig das Leben, den Körper, die Gesundheit, die Freiheit, das Eigentum oder ein sonstiges Recht eines anderen widerrechtlich verletzt, ist dem anderen zum Ersatz des daraus entstehenden Schadens verpflichtet. Damit lässt sich die Pflicht zur Prüfung elektrischer Anlagen aus Gründen des Personen- und Sachschutzes durch den Betreiber zur Vermeidung von Schadenersatzansprüchen ableiten.

1.4.3 Arbeitgeber

Das Bürgerliche Gesetzbuch (BGB) kennt in § 616 die Pflicht zu Schutzmaßnahmen. Wie auch bei der allgemeinen Garantenpflicht aus dem Strafgesetzbuch (StGB) § 13 besteht die Pflicht, absehbare Schäden abzuwenden. Das Arbeitsschutzgesetz konkretisiert die Anforderungen an Arbeitgeber. Nach § 5 des ArbSchG (1) hat der Arbeitgeber durch die Beurteilung der für die Beschäftigten mit ihrer Arbeit verbundenen Gefährdungen zu ermitteln, welche Maßnahmen zur Unfallverhütung präventiv erforderlich sind. Der Arbeitgeber hat die Beurteilung je nach Art der Tätigkeit sowie der Qualifikation der Beschäftigten vorzunehmen und bei Bedarf sowie in regelmäßigen Zeitabständen zu überarbeiten und anzupassen. Hier können sich nach (3) u. a. Gefährdungen durch die Gestaltung, die Auswahl und den Einsatz von Arbeitsmitteln, Maschinen, Geräten und Anlagen sowie durch unzureichende Qualifikationen und Unterweisung der Beschäftigten ergeben. Nach § 4 ArbSchG hat gemäß den allgemeinen Grundsätzen der Arbeitgeber bei Maßnahmen des Arbeitsschutzes u. a. von dem Grundsatz auszugehen, dass bei den Maßnahmen zum Arbeitsschutz der Stand der Technik zu berücksichtigen ist. Der Arbeitsschutz stützt sich in Deutschland auf die Betriebssicherheitsverordnung sowie auf die Vorschriften der Berufsgenossenschaften. Diese stellen die Prüfgrundlagen dar. Als Grundsatz der Arbeitssicherheit gilt das sogenannte TOP-Prinzip. Demnach ist z. B. eine technische Maßnahme – etwa eine technische Schutzeinrichtung – einer organisatorischen Maßnahme vorzuziehen. Zudem muss das Personal entsprechend der Anforderungen unterwiesen sein. Die bestimmungsgemäße Errichtung der elektrischen Anlage wird zum sicheren Betrieb vorausgesetzt. Zur Vermeidung doppelter Überprüfungen (d. h. vor Inbetriebnahme des Errichters und vor Arbeitsbeginn durch den Arbeitgeber), kann die dem Arbeitgeber obliegende Prüfung vor erstmaliger Inbetriebnahme nach DGUV Vorschrift 3 § 5 Abs. 4 auch durch die Bestätigung des Errichters der Anlage oder durch Bestätigung des Herstellers, der sogenannten Errichterbescheinigung, ersetzt werden.

1.4.4 Zweck der wiederkehrenden Prüfung

Elektrische Anlagen sind nach VDE 0105-100 Absatz 5.3.3.101 in geeigneten Zeitabständen zu prüfen. Zweck dieser Prüfungen ist der Nachweis, dass die elektrische Anlage den Sicherheitsvorschriften und den Errichternormen entspricht und dem Erhalt des ordnungsgemäßen Zustands dient.

Die wiederkehrende Prüfung ist Teil zum Erhalt des ordnungsgemäßen Zustands der elektrischen Anlage. Im Grunde dient die wiederkehrende Prüfung dem Erreichen folgender Schutzziele:

- Die Sicherheit von Personen und Nutztieren vor den Wirkungen des elektrischen Schlags und vor Verbrennung zu schützen. Hier liegt der primäre Fokus auf der Wirksamkeit der Schutzmaßnahmen „Schutz gegen elektrischen Schlag nach DIN VDE 0100-410",
- der Schutz von Schäden und Eigentum durch Brand und Wärme, die durch Fehler in der elektrischen Anlage entstehen können,
- die Bestätigung, dass die Anlage nicht so beschädigt ist oder sich derart verschlechtert hat, dass die Sicherheit beeinträchtigt ist,
- das Erkennen von Anlagenfehlern und Abweichungen von den Anforderungen dieser Norm, die eine Gefahr darstellen können.

Im gewerblichen und öffentlichen Bereich muss der Betreiber Pflichten nachkommen, die sich aus den Arbeitgeber-Arbeitnehmer-Verhältnissen ergeben. Der Betreiber in seiner Funktion als Arbeitgeber hat den Beschäftigten sichere Arbeitsplätze und Arbeitsmittel bereitzustellen. Diese sind im ordnungsgemäßen Zustand zu erhalten und es ist für sichere Handhabung – z. B. durch Unterweisungen – zu sorgen. Das Schutzziel ist die Vermeidung von Unfällen der Beschäftigten im Betrieb. Der Fokus liegt hier auf dem Personenschutz.

1.4.5 Wiederkehrende Prüfung früher und heute

Am 1. März 1903 trat die Erstausgabe der VDE 0105 mit dem Titel „Sicherheitsvorschriften für den Betrieb elektrischer Starkstromanlagen" in Kraft. Bereits im Jahr 1903 kannte die Norm unter Abschnitt III die „Betriebsvorschriften für elektrische Installationen und Stromverbraucher, welche mit Niederspannung betätigt werden". Nach § 6 waren die elektrischen Anlagen den „Sicherheitsvorschriften für die Errichtung elektrischer Anlagen" des Verbands Deutscher Elektrotechniker entsprechend in ordnungsgemäßen Zustand durch folgende Anweisungen zu erhalten:

- Der Zugang zu Maschinen und Apparaten, insbesondere Schalt- und Verteilertafeln, muss stets freigehalten werden,
- Schutzkästen und Schutzhüllen jeder Art müssen in brauchbarem Zustande erhalten werden,
- Warnschilder, Bedienungsvorschriften sind in leserlichem Zustande zu halten.

Das Schutzziel der VDE 0105 ist damals wie heute nahezu unverändert. Bereits damals im Jahr 1903 war mit der Anforderung an den Zugang zu Maschinen und Apparaten sowie Verteiltafeln das Schutzziel mit der sicheren Bedienung, Wartung und Instandhaltung festgesetzt. Bemerkenswert ist, dass in der Erstausgabe der VDE 0105 von 1903 auch von Maschinen die Rede war. Da es sich bei der Erstausgabe der VDE 0105 von 1903 um eine Vorschrift handelte, erhielt sie einen verbindlichen Charakter. Im Laufe der Zeit wurden die sogenannten Prüfgrundlagen, also der Anlass einer Prüfung, in verschiedene Gesetze, Verordnungen und privatrechtliche Obliegenheiten ausgegliedert.

Heute sind die Anforderungen zum Beispiel aus folgenden Grundlagen begründet:

- Arbeitsstättenverordnung mit den zutreffenden Teilen der Arbeitsstättenrichtlinien,
- Betriebssicherheitsverordnung mit den zutreffenden Teilen der Technischen Regeln für Betriebssicherheit und
- im autonomen Recht durch die Vorschriften der deutschen gesetzlichen Unfallversicherung (DGUV) auf Grundlage des 7. SBG begründet.

Die Anforderung, dass Schutzkästen und Schutzumhüllungen in brauchbarem Zustand erhalten werden müssen, wurde bereits damals in den Vordergrund gestellt. Heute kennen wir dieses Schutzziel als Schutzmaßnahme „Schutz gegen elektrischen Schlag", bestehend aus einer Basisschutzvorkehrung und einer vom Basisschutz unabhängigen Fehlerschutzvorkehrung. Zum damaligen Zeitpunkt war der Fehlerschutz allerdings noch nicht ausgereift, sodass im Jahr 1903 der Fokus auf den Basisschutz gerichtet war. Heute kennen wir Schutzmaßnahmen, bei denen der Fehlerschutz durch organisatorische Maßnahmen sichergestellt wird, aus den Anforderungen an abgeschlossene Betriebsstätten, wie Traforäume und Umspannanlagen, in denen elektrotechnische Laien keinen Zugang haben. Die Anforderung, dass Warnschilder und

Bedienungsvorschriften in leserlichem Zustand zu halten sind, wird auch heute in vielen Vorschriften an den Arbeitsschutz festgeschrieben.

1.4.6 Erhalt des ordnungsgemäßen Zustands

Der sichere Betrieb der Anlagen obliegt dem Betreiber. Hierzu gehört die Sicherstellung der für die Verwendung vorgesehenen Benutzung sowie u. a. der Erhalt des ordnungsgemäßen Zustands (**Bild 1.1**). Eine elektrische Anlage befindet sich nach DIN VDE 0105-100 Abs. 5.3 im ordnungsgemäßen Zustand, wenn sie zum Zeitpunkt ihrer Errichtung den Errichtungsnormen entsprochen hat und bei der wiederkehrenden Prüfung keine sicherheitsrelevanten Mängel festgestellt werden oder bei der Wiederholungsprüfung den aktuellen Errichtungsnormen entspricht und keine sicherheitsrelevante Anpassungsanforderungen auf Grundlage gesetzlicher oder privatrechtlicher Grundlagen bestehen.

Ein sicherheitsrelevanter Mangel kann sich u. a. aufgrund von Alterung, Abnutzung, den Betriebs- und Umgebungsbedingungen der Betriebsmittel ergeben. Der Prüfer hat bei sicherheitsrelevanten Mängeln festzustellen, ob der Verwendungs- und Aufstellzweck der elektrischen Anlage noch dem ursprünglichen Errichtungszweck entspricht. Liegt keine Nutzungsänderung vor, kann der ursprüngliche Zustand im Rahmen von Instandsetzungsmaßnahmen wiederhergestellt werden. Diese orientieren sich an den zum Errichtungszeitpunkt gültigen Regeln der Technik. Eine Anpassung ist hier nur

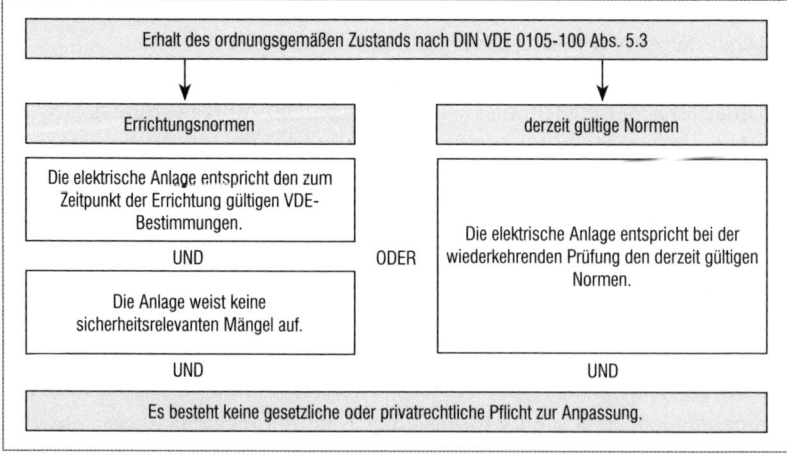

Bild 1.1 Erhalt des ordnungsgemäßen Zustands nach DIN VDE 0105-100 unter Berücksichtigung möglicher Anpassungspflichten

erforderlich, wenn gesetzliche oder privatrechtliche Anpassungsvorschriften dies erfordern oder der Betreiber im Rahmen seiner Gefährdungsbeurteilung dies festlegt. Das Abstellen von festgestellten Mängeln ist als eine Instandsetzungsmaßnahme zu betrachten. Im Gegensatz zur Instandsetzung sind bei Änderungen der Umgebungs- und Betriebsbedingungen die zum Zeitpunkt der Änderung, Erweiterung oder Nutzungsänderung gültigen Errichtungsnormen hinzuzuziehen.

Bereits in der Erstausgabe der VDE 0105 vom Jahr 1903 war der Erhalt des ordnungsgemäßen Zustands verbindlich festgelegt. In § 7 (a) der Erstausgabe von 1903 wurde die Pflicht zur Anpassung der elektrischen Anlagen bei Erweiterung und Nutzungsänderungen normativ festgelegt. Dazu heißt es:

„Zur Kontrolle ihres ordnungsgemäßen Zustands sind alle Anlagen zunächst vor Inbetriebsetzung und sodann in angemessenen Zwischenräumen zu revidieren, wobei den vorgeschriebenen Schutzvorrichtungen Beachtung zu schenken ist" [...] Und weiter: „Hierbei ist auch der Isolationszustand der Anlage zu kontrollieren. Erhebliche Erweiterungen sind wie Neuanlagen zu behandeln."

Die Ausgaben der VDE 0105 wurden mit fortlaufenden Ausgaben dem Wortlaut angepasst. Auch heute sind in elektrischen Betriebsstätten noch Blechtafeln der VDE 0105 aus der 60er-Jahren des vergangenen Jahrhunderts angebracht.

1.4.7 Prüffristen

Nach der derzeit gültigen DIN VDE 0105-100:2015-10 dient der Zweck einer Prüfung dem Nachweis, dass eine elektrische Anlage den Sicherheitsvorschriften und den Errichtungsnormen entspricht. Weiter heißt es, dass die Prüfung den Nachweis des ordnungsgemäßen Zustands der Anlage einschließen kann. Damit decken sich nahezu die Anforderung an den Erhalt des ordnungsgemäßen Zustands elektrischer Anlagen aus den Unfallverhütungsvorschriften und der DIN VDE 0105-100. Zur Häufigkeit der wiederkehrenden Prüfungen sind in der aktuellen Ausgabe der DIN VDE 0105-100 sowie in der Vorgängerausgabe vom Oktober 2009 folgende Aussagen enthalten:

„Die Häufigkeit der wiederkehrenden Prüfungen einer Anlage muss bestimmt werden unter Berücksichtigung der Art der Anlage und Betriebsmittel, der Verwendung und des Betriebs der Anlage, Häufigkeit und Qualität der Anlagenwartung und der äußeren Einflüsse, denen die Anlage ausgesetzt ist."

Im Normentext sind in der derzeit gültigen DIN VDE 0105-100 vom Oktober 2015 sowie der Vorgängerausgabe vom Oktober 2009 u. a. folgende Anmerkungen zu den Prüffristen enthalten:
- Die maximale Zeitspanne zwischen wiederkehrenden Prüfungen darf auch gesetzlich oder durch andere nationale Bestimmungen festgelegt sein.
- Der Prüfbericht sollte eine Empfehlung für die Zeitspanne bis zur nächsten wiederkehrenden Prüfung vorgeben.
- Die Zeitspanne zwischen den wiederkehrenden Prüfungen darf einige Jahre betragen (zum Beispiel vier Jahre).
- Bei Anlagen, bei denen ein höheres Risiko besteht, können kürzere Zeitperioden verlangt werden (kürzer als 4 Jahre: Arbeitsstätten, Brand- und explosionsgefährdete Bereiche, kommunale Einrichtungen, Baustellen, Anlagen für Sicherheitszwecke ...).
- Für Wohnungen können längere Zeitspannen (z. B. 10 Jahre) geeignet sein und wird bei einem Wechsel der Bewohner dringend empfohlen.

Allerdings werden Anmerkungen in Normen verwendet, um zusätzliche Informationen zur Erleichterung des Verstehens oder der Anwendbarkeit des Textes zur Verfügung zu stellen. Das Normendokument muss jedoch ohne Anmerkungen anwendbar sein. Damit sind gegenüber der Erstausgabe die normativen Festlegungen durch Anmerkungen ersetzt worden, haben demnach einen rein informativen Charakter und stellen keine normative Anforderung dar. Die Prüffristen sind wiederum aus den gültigen gesetzlichen und privatrechtlichen Anforderungen zu entnehmen. In der VDE 0105 vom März 1903 ist in § 7 Abschnitt d) zudem folgende interessante Aussage zu den Prüffristen enthalten:

„Die Revisionen haben stattzufinden: In Warenhäusern, Theatern sowie feuergefährlichen und durchtränkten Räumen jährlich mindestens einmal; in gewöhnlichen Läden, Betriebsräumen und Bureaus (Büros) alle drei Jahre einmal; in Wohnungen alle fünf Jahre."

Mit dieser Anforderung waren bereits in der Erstausgabe der VDE 0105 die Prüffristen unter Berücksichtigung der Gebäude und Raumnutzung sowie der Qualifikation des Personals und der Nutzer festgelegt. Außerdem waren neben elektrischen Anlagen in gewerblichen und öffentlichen Bereichen auch Prüffristen an elektrischen Anlagen in Wohngebäuden unabhängig von anderen Prüfgrundlagen verbindlich aufgenommen.

Heute wird in letzter Konsequenz die Festlegung der Prüffristen durch den Betreiber vorgenommen, unter Berücksichtigung der Betriebsbedingungen und der Qualifikationen der Benutzer. Dies lässt zwar mehr Flexibilität zu, führt aber zu einem großen Interpretationsspielraum, was zu rechtlichen Unsicherheiten führen kann. Für ortsfeste elektrische Anlagen gilt als Richtwert für die wiederkehrenden Prüfungen die Empfehlungen nach den Durchführungsanweisungen zur DGUV Vorschrift 3 bzw. 4 Tabelle 1A (**Tabelle 1.1**).

Die Einhaltung der Prüffristen aus der Durchführungsanweisung löst eine Vermutungswirkung zugunsten des Betreibers aus (siehe Band 1, Abschnitt 19.3 *Die Unfallverhütungsvorschriften (UVV)*).

Anlage/Betriebsmittel	Prüffrist	Art der Prüfung	Prüfer
Elektrische Anlagen und ortsfeste Betriebsmittel	4 Jahre	Prüfung auf ordnungsgemäßen Zustand gemäß DIN VDE 0105-100 Abs. 5.3 und DGUV Vorschrift 3	EFK
Elektrische Anlagen und ortsfeste Betriebsmittel in „Betriebsstätten, Räumen und Anlagen besonderer Art" gemäß der VDE 0100-700 Gruppe	1 Jahr		
Schutzmaßnahmen mit Fehlerstrom-Schutzeinrichtungen in nichtstationären Anlagen	1 Monat	auf Wirksamkeit	EFK, EuP bei Verwendung geeigneter Messgeräte
Fehlerstrom-, Differenzstrom- und Fehlerspannungs-Schutzschalter		auf einwandfreie Funktion durch Betätigung der Prüfeinrichtung	Benutzer
– in stationären Anlagen	6 Monate		
– in nichtstationären Anlagen	arbeitstäglich		

Tabelle 1.1 Empfohlene Prüffristen für ortsfeste Anlagen und Betriebsmittel gemäß DGUV Vorschrift 3 Durchführungsanweisung

1.5 Überwachen elektrischer Anlagen

Elektrische Anlagen sind nach DIN VDE 0105-100 Absatz 5.3.3 in geeigneten Zeitabständen zum Zweck des Nachweises zu prüfen, dass die elektrische Anlage den Sicherheitsvorschriften und den Errichtungsnormen entspricht und diese im ordnungsgemäßen Zustand erhalten wird.

In elektrischen Anlagen, die im normalen Betrieb einem wirksamen Managementsystem zur vorbeugenden Instandhaltung unterliegen, können die wiederkehrenden Prüfungen auch durch eine kontinuierliche Instandhaltung und eine ständige Überwachung durch Elektrofachkräfte kompensiert werden. In jedem Fall obliegt die Sicherstellung dem Betreiber. Die Maßnahmen sind im Rahmen der Gefährdungsbeurteilung zu dokumentieren.

Ortsfeste elektrische Anlagen und Betriebsmittel gelten im Sinne der Durchführungsanweisung zur DGUV Vorschrift 3 als ständig überwacht, wenn sie kontinuierlich

- von Elektrofachkräften instandgehalten werden, und
- durch messtechnische Maßnahmen im Rahmen des Betriebs geprüft werden (zum Beispiel durch Überwachen des Isolationswiderstands).

Bei Reduzierung der Prüffristen hat der Betreiber durch geeignete Instandhaltungsmaßnahmen einen gleichwertigen Schutz sicherzustellen. Eine regelmäßige Inspektion, bestehend aus der Prüfung mit anschließender der Fehlerursachenanalyse, stellt u. a. die Grundlage der präventiven Instandhaltung dar. Somit ist eine Prüfung der Anlagen unabdingbar. Allerdings sind im Rahmen der Instandhaltung bereits allein bei Überprüfungen, die der Fehleranalyse dienen, Elemente einer Prüfung enthalten. Deshalb führen viele Instandhalter sozusagen Prüfungen durch, ohne es zu merken. Ortsveränderliche Betriebsmittel sind von dieser Regelung ausgenommen.

Im Anwendungsbereich der Betriebssicherheitsverordnung sind nach den Technischen Regeln für Betriebssicherheit TRBS 1201 3.5.2 die Prüffristen unter Berücksichtigung der Einsatzbedingungen, den Herstellerhinweisen, der Qualifikation der Beschäftigten, dem Ausfallverhalten des Arbeitsmittels, der Maßnahmen der planmäßigen Instandhaltung, darunter z. B. der ständigen Überwachung sowie unter Berücksichtigung vergangener Unfallgeschehen oder Häufung der Mängel an vergleichbaren Arbeitsmitteln, festzulegen. Als Beispiele für eine Verlängerung der Prüffristen nennt die TRBS 1201 u. a. eine umfangreiche Erfahrung und Fachkenntnisse der Instandhalter. Voraussetzung dafür ist eine planmäßige, vorbeugende zyklische Instandhaltung – ohne die eine festgelegte Prüffrist nicht verlängert werden darf.

Bei handgeführten elektrischen Arbeitsmitteln sowie anderen während der Benutzung bewegten elektrischen Arbeitsmitteln sind die Prüffristen zu verkürzen. Für bewegliche Leitungen mit Stecker und Festanschluss und Anschlussleitungen mit Stecker für Büros dürfen die Prüffristen verlängert werden. Ortsfeste elektrische Arbeitsmittel sind spätestens nach vier Jahren zu prüfen. Ortsveränderliche Betriebsmittel sind hingegen jährlich zu prüfen. Die vorgegebenen Prüfungen sind somit nicht grundsätzlich durch eine Überwachung zu ersetzen. Weitere Hürden stellen für Betreiber die Dokumentation sowie die Einhaltung der organisatorischen Abläufe dar (**Bild 1.2**). Werden die Prüffristen erhöht und durch Instandhaltungsmaßnahmen kompensiert, liegt bei einer Abweichung der vorgegebenen Prüfungen sowie der Prüffristen im Zweifel die Beweislast beim Betreiber.

1.5 Überwachen elektrischer Anlagen

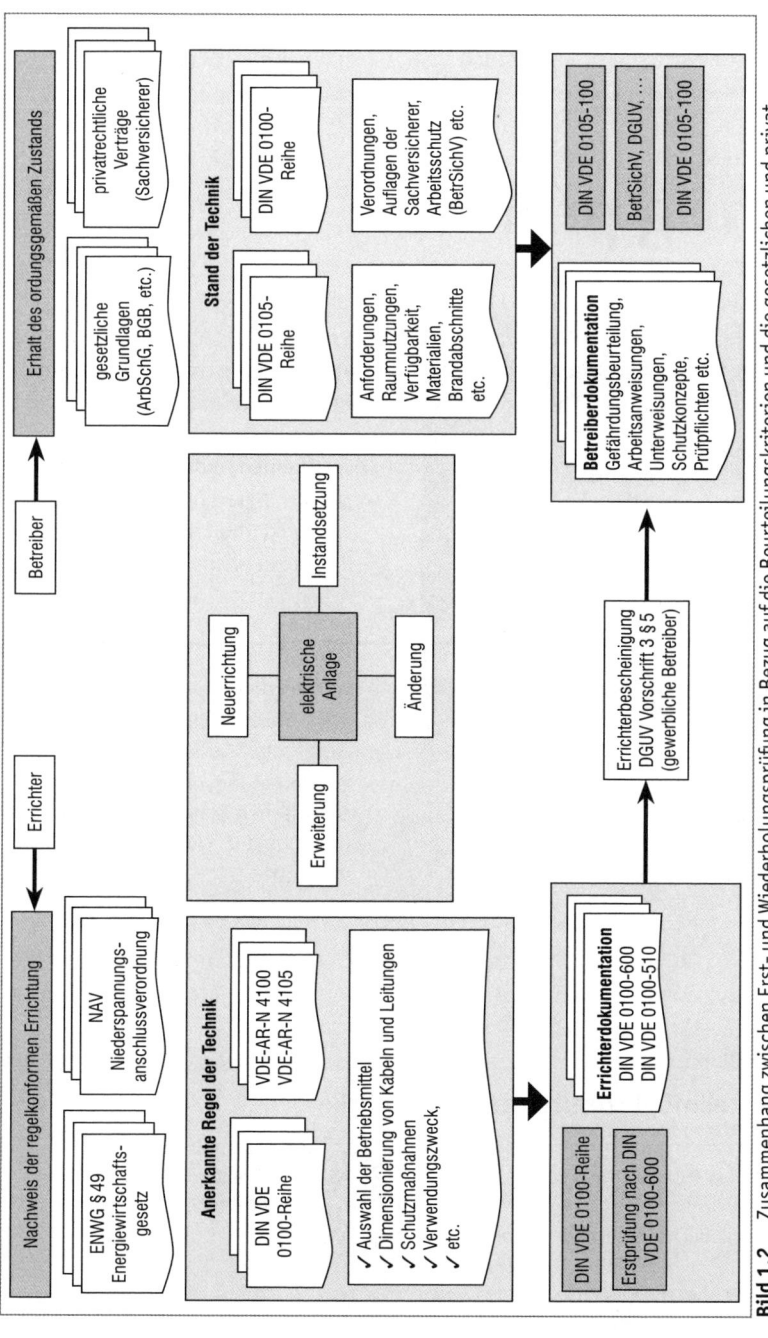

Bild 1.2 Zusammenhang zwischen Erst- und Wiederholungsprüfung in Bezug auf die Beurteilungskriterien und die gesetzlichen und privatrechtlichen Grundlagen

Richtig prüfen!

Dabei hilft Ihnen der praxisbezogene Leitfaden für Wiederholungsprüfungen nach VDE DIN 0105.

Diese Themen sind u.a. enthalten:
- Notwendigkeit und Konsequenzen von Wiederholungsprüfungen,
- Pflicht zur Wiederholungsprüfung,
- Arbeitsschutz bei der Wiederholungsprüfung,
- Wiederholungsprüfung in verschiedenen Gebäudearten,
- Wiederholungsprüfung elektrischer Geräte/Betriebsmittel,
- Wiederholungsprüfung von elektrischen Maschinenausrüstungen und mobilen Stromerzeugern sowie
- Prüfmittel.

Ihre Bestellmöglichkeiten auf einen Blick:

Fax: +49 (0) 89 2183-7620

E-Mail: buchservice@huethig.de

Web-Shop: shop.elektro.net

Hier Ihr Fachbuch direkt online bestellen!

II Besichtigen elektrischer Anlagen

Das Besichtigen elektrischer Anlagen dient der Feststellung der korrekten Auswahl, Montage und Anordnung der Betriebsmittel in Übereinstimmung mit den zutreffenden Teilen der Normenreihe DIN VDE 0100. Die elektrische Anlage ist vor dem Messen und Erproben zu besichtigen.

Im Rahmen der Erstprüfung der elektrischen Anlage ist durch Besichtigen festzustellen, dass die Betriebsmittel
- den zutreffenden Betriebsmittelnormen entsprechen,
- korrekt ausgewählt und installiert sind und
- keine sichtbaren Beschädigungen oder Fehler aufweisen.

Der Nachweis kann durch Überprüfung der Informationen, Kennzeichnungen oder Zertifikate des Herstellers nachgewiesen werden. Beim Besichtigen sind u. a. folgende Punkte zu überprüfen:
- Herstellerangaben,
- Zugänglichkeit zu Verteilern, Bedienteilen und Betriebsmitteln,
- Schutz gegen direktes Berühren,
- Wirksamkeit der Schutzmaßnahmen gegen elektrischen Schlag,
- Vorkehrungen gegen die Ausbreitung von Feuer,
- Schutz gegen thermische Einflüsse nach DIN VDE 0100-420,
- Auswahl elektrischer Betriebsmittel,
- Auswahl der Kabel, Leitungen und Stromschienen hinsichtlich der Strombelastbarkeit,
- Auswahl der Kabel und Leitungen hinsichtlich des Spannungsfalls,
- Auswahl, Einstellung, Selektivität und Koordinierung von Schutz- und Überwachungseinrichtungen,
- Auswahl, Anordnung und Errichtung von Überspannungs-Schutzgeräten (SPDs),
- Auswahl, Anordnung und Errichtung von Trenn- und Schaltgeräten,
- Auswahl elektrischer Betriebsmittel unter Berücksichtigung äußerer Einflüsse und mechanischen Beanspruchungen,
- ordnungsgemäße Kennzeichnung von Leiterverbindungen insbesondere von Neutral- und Schutzleitern,
- Vorhandensein von Schaltungsunterlagen, Warnhinweisen und anderen erforderlichen Informationen,
- Kennzeichnung der Stromkreise, Überstrom-Schutzeinrichtungen, Schalter, Klemmen und dgl.,

- Auswahl und Errichtung von Erdungsanlagen, Schutzleitern, einschließlich Schutzpotentialausgleichsleitern und ihre Anschlüsse an die Haupterdungsschiene (siehe DIN VDE 0100-540 (VDE 0100-540):2012-06),
- Maßnahmen gegen elektromagnetische Störungen,
- Anschluss der Körper an die Erdungsanlage,
- geeignete Auswahl und Errichtung von Kabel- und Leitungssystemen.

2 Einhaltung der Herstellerangaben

Grundsätzlich dürfen innerhalb des europäischen Wirtschaftsraums nur Betriebsmittel am Markt bereitgestellt werden, die den zutreffenden europäischen Richtlinien entsprechen (siehe Band 1, Kapitel 11 *ProdSG* und Kapitel 16 *Niederspannungsanschlussverordnung*). Die Anwendung der Richtlinien erfolgt auf Grundlage der entsprechenden nationalen Verordnungen zum ProdSG. Demnach muss am Betriebsmittel das CE-Zeichen angebracht sein und über ein Typenschild und/oder die Montage- und Bedienungsanleitung die bestimmungsgemäße Verwendung für den Anwender ersichtlich sein.

Bei der Errichtung elektrischer Anlagen hat nach DIN VDE 0100-100 Abs. 134.1.1 der Errichter die Herstellerangaben der Betriebsmittel bei der Auswahl, Errichtung und Verwendung zu beachten. Über den Verweis in den Errichtungsbestimmungen sowie den Anforderungen an den ordnungsgemäßen Zustand der elektrischen Anlagen und Betriebsmittel ist somit die vom Hersteller festgelegte bestimmungsgemäße Verwendung als Teil der regelkonformen Errichtung zu beachten. Die Herstellerangaben sind demnach ergänzend zu den Anforderungen der zutreffenden Teile der DIN VDE 0100-Reihe zu beachten. Sie dürfen sich jedoch nicht gegenseitig ausschließen oder beeinträchtigen.

2.1 Bestimmungsgemäße Verwendung

Im Rahmen der Erstprüfung ist nach DIN VDE 0100-600 Abs. 6.4.2.2 durch Besichtigen festzustellen, dass die Betriebsmittel den zutreffenden Sicherheitsanforderungen entsprechen. Die Überprüfung der Maßnahmen kann durch folgende Maßnahmen durchgeführt werden:

2.1 Bestimmungsgemäße Verwendung

- Überprüfung der Gerätekennzeichnungen, Typenschilder und Aufschriften,
- Sichtung von Zertifikaten, Konformitätserklärungen und
- Sichtung von Datenblättern, Montage- und Bedienungsanleitungen.

In DIN VDE 0100-600 Abs. 6.4.2.3 i) ist dieser Prüfpunkt konkretisiert. Demnach ist durch Besichtigen festzustellen, dass die Schaltungsunterlagen, Warnhinweise und andere ähnliche Informationen nach DIN VDE 0100-510 Abs. 514.5 vorhanden sind.

Hierbei wird in der Anmerkung auf die Einhaltung der Herstellervorgaben der elektrischen Betriebsmittel verwiesen. Weicht der Errichter von den Maßgaben des Betriebsmittelherstellers ab, stellt dies einen Mangel dar und die Erstprüfung nach DIN VDE 0100-600 ist nicht mängelfrei abgeschlossen.

Die Angaben des Herstellers hinsichtlich der regelkonformen Errichtung elektrischer Betriebsmittel beziehen sich vorwiegend auf folgende Aspekte:

- elektrischer Anschluss,
- Wahl der Schutzeinrichtungen, Vorsicherungen, Bemessungsströme, RCD,
- Anschlussklemmen, Leiterquerschnitte,
- zulässige Leitungslängen,
- Auswahl der Leitungseinführungen,
- Auswahl des Befestigungsmaterialen,
- Anordnung des Betriebsmittels (Wand, Decke, Boden)
- Aufstellbedingungen z. B. feuergefährdete Betriebsstätte, feuchte und nasse Räume etc.),
- Verwendung (gewerblich/privat),
- Schutz gegen äußere Einflüsse (IP-Schutzart, IK-Schutzart),
- erforderliche Mindestabstände zu anderen Anlagen und Betriebsmitteln.

Fehlen die zur Bewertung erforderlichen Herstellerangaben und sind in den Errichtungsbestimmungen keine Anforderungen hierzu festgelegt, kann die bestimmungsgemäße Verwendung des Betriebsmittels im Rahmen der Prüfung nicht durchgeführt werden. In diesen Fällen hat der Errichter oder Betreiber die entsprechenden Nachweise z. B. vom Hersteller zu beschaffen.

Zusätzlich kann der Betriebsmittelhersteller den Verwendungszweck festlegen. Hier schränken viele Betriebsmittelhersteller ihre Betriebsmittel vorwiegend im unteren Preissegment ausschließlich für private Verwendungszwecke ein, sodass die Konformitätserklärung des Herstellers und damit die verbundene Produkthaftung bei gewerblicher und öffentlich genutzten elektrischen Anlagen erlöschen können. Dadurch werden formell Betriebsmittel ohne gültige Konformitätserklärung verwendet, sodass dies im Rahmen einer Prüfung eine Abweichung gegenüber den zutreffenden Bewertungskriterien darstellt (siehe Abschnitt 2.2 *Umgang mit Betriebsmitteln ohne Konformitätserklärung*).

Während des Betriebs elektrischer Betriebsmittel beziehen sich die Herstellerangaben im Rahmen der bestimmungsgemäßen Verwendung vorwiegend auf die Wartungs- und Instandhaltungsmaßnahmen. Im Rahmen des Betriebs hat demnach der Betreiber zum Erhalt des ordnungsgemäßen Zustands die erforderlichen Wartungs- und Instandhaltungsmaßnahmen gemäß den Herstellerangaben durchzuführen. Diese beziehen sich im Wesentlichen auf folgende Aspekte:

- Austausch von Verschleißteilen z. B. Schaltkontakte,
- ordnungsgemäße Klemmverbindungen (Nachziehen der Klemmverbindungen mit dem erforderlichen Drehmoment),
- Lebensdauer von sicherheitsrelevanten Bauteilen,
- Erprobung von Test- und Prüftasten.

2.1.1 Beispiel: Eignung eines Kleinverteilers nur für private Zwecke

Im folgenden Beispiel wurde im Rahmen einer wiederkehrenden Prüfung nach VdS SK3602 (vgl. Band 1, Abschnitt 20 *Prüfung nach VdS*) folgender Sachverhalt festgestellt:

Im Beispiel wurde in einer Schreinerei (feuergefährdete Betriebsstätte) Fehlerstrom-Schutzeinrichtungen mit einem Bemessungsfehlerstrom von 300 mA nachgerüstet. Hierfür wurde unter der ursprünglichen Verteilung aufgrund von Platzmangel ein neuer Verteilerkasten montiert (**Bild 2.1**).

Der Verteilerkasten verfügt über die Schutzart IP4X. Dieser entspricht somit nicht der geforderten Schutzart IP5X (siehe DIN VDE 0100-420) für Staubumgebungen. Der Blick in das Daten-

Bild 2.1 Beispiel: Aufstellung eines Kleinverteilers, der laut Herstellerangaben nicht zur gewerblichen Verwendung geeignet ist.

blatt bzw. die Produktbeschreibung des Verteilerkastens ergab, dass dieser ausschließlich für private Zwecke geeignet ist, wodurch der Mangel neben der unzureichenden Auswahl des Verteilerkastens sowohl durch die unzureichende Schutzart als auch durch die bestimmungsgemäße Verwendung gemäß den Herstellerangaben begründet werden kann.

2.1.2 Beispiel: Anschluss von Ovalleuchten

Im folgenden Beispiel geht es um den Anschluss einer Ovalleuchte in den Kellerräumen eines Mehrfamilienhauses mit 40 Wohneinheiten. Im Rahmen eines Sanierungsprojekts wurde im Rahmen einer Abnahmeprüfung durch den Projektleiter festgestellt, dass die Errichterfirma die beiliegenden Silikonschläuche nicht die von außen in die Leuchten eingeführten basisisolierten Leiter der Leitungen verwendet haben. Die Errichterfirma begründete das Weglassen der Silikonschläuche mit der Tatsache, dass in den Ovalleuchten ausschließlich Energiesparlampen verwendet werden, die im Gegensatz zu normalen Glühbirnen durch Wärmeentwicklung die Leiterisolierung nicht unzulässig beeinträchtigen.

Die Inhalte der Herstellerangaben können neben der Montage- und Bedienungsanleitung auch direkt auf dem Betriebsmittel vom Hersteller aufgedruckt werden, auf einem Aufkleber am Betriebsmittel oder mit einem Zettel im Betriebsmittel dem Anwender zugänglich gemacht werden (**Bild 2.2**). Im Rahmen von Planungs- und Installationsarbeiten haben Planer und Errichter die allgemein anerkannten Regeln der Technik einzuhalten. Nach DIN VDE 0100-100 Abs. 134 sind hierzu die Betriebsmittel unter Beachtung der Herstellerangaben zu installieren. Die DIN VDE 0100-559 legt zusätzliche Anforderungen an Beleuchtungsanlagen fest. Auch hier wird in Abs. 559.4 auf die Einhaltung der Herstellerangaben verwiesen. Einziger Unterschied zwischen DIN VDE 0100-100 Abs. 134 und DIN VDE 0100-559 Abs. 559.4 ist, dass

Bild 2.2 Ovalleuchte mit Herstellerangaben zur Verwendung im Reflektor

ersteres sich allgemein auf Betriebsmittel bezieht, während letzteres sich auf die Anwendung bei Errichtung von Leuchten bezieht. Da Leuchten auch elektrische Betriebsmittel sind, kann mit beiden Fundstellen argumentiert werden.

Laut Herstellerangaben auf dem Datenblatt sind die Ovalleuchten für Leuchtmittel bis 60 W zugelassen. Im Reflektor ist diese Leistungsangabe „max. 60 W" neben einer bildlichen Beschreibung, die auf die Verwendung der Silikonschläuche hinweist, abgedruckt. Technisch gesehen, dienen die Silikonschläuche dem thermischen Schutz der basisisolierten Leiter innerhalb der Leuchte. Nun ist aus der Fragestellung zu entnehmen, dass ausschließlich Energiesparlampen eingesetzt werden und der Errichter dieses als Argument für das Weglassen der Silikonschläuche anführt.

Bei der Angabe von „max. 60 W" ist zu beachten, dass es sich bei der Angabe um die höchstzulässige Leuchtmittelleistung handelt. Leistungsangaben, ab wann der Silikonschlauch zu verwenden ist, sind nicht zu erkennen. Demnach ist der Silikonschlauch unabhängig von der Leuchtmittelleistung über die basisisolierten Leiter innerhalb der Leuchte zu ziehen.

Werden die Herstellerangaben der Betriebsmittelhersteller, in diesem Fall der Leuchtenhersteller, nicht beachtet oder die Anforderungen der Hersteller unterschritten, bedeutet dieser Sachverhalt eine Abweichung von den anerkannten Regeln der Technik im Sinne der DIN VDE 0100-Reihe und entgegen den Herstellerangaben.

2.1.3 Beispiel: Anschlussklemme nicht für den Leiterquerschnitt geeignet

Im folgenden Beispiel ist an einem dreipoligen Leitungsschutzschalter eingangsseitig an L3 eine blaue Aderendhülse angeschlossen (**Bild 2.3**). In der Aderendhülse ist für zwei feindrähtige Leiter mit einem Nennleiterquerschnitt von jeweils 16 mm² (Kupfer) geeignet und wurde mit dem richtigen Werkzeug fachgerecht verpresst. Damit würde eigentlich nichts gegen den Anschluss sprechen.

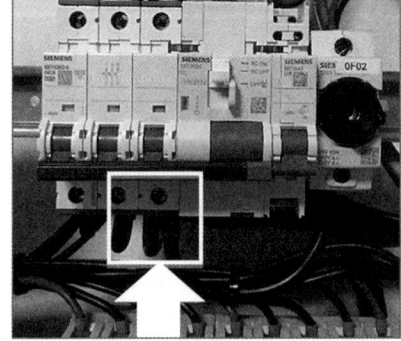

Bild 2.3 Anschlusstechnik eines Leitungsschutzschalters

Beim Blick ins Datenblatt des Leitungsschutzschalters (**Bild 2.4**) begrenzt der Hersteller des Leitungsschutzschalters den Anschluss mit feindrähtigen Adern mit Aderendbearbeitung (Aderendhülse) auf einen Leiterquerschnitt von höchstens 25 mm^2.

Die Doppeladerendhülse mit den zwei feindrähtigen Leitern von jeweils 16 mm^2 (Kupfer) entspricht in Summe einem Leiterquerschnitt von 32 mm^2, wodurch ein Mangel auf Grundlage der Herstellerangaben festzustellen war.

anschließbarer Leiterquerschnitt	
• eindrähtig	
– minimal	0,75 mm^2
– maximal	35 mm^2
• feindrähtig / mit Aderendbearbeitung	
– minimal	0,75 mm^2
– maximal	25 mm^2

Quelle: Siemens Datenblatt: 5SY4363-6

Bild 2.4 Auszug aus dem Datenblatt des Herstellers

2.2 Umgang mit Betriebsmitteln ohne Konformitätserklärung

Fehlt die Konformitätserklärung, wurde das Betriebsmittel verändert oder gibt es keine Normen für ein bestimmtes Betriebsmittel, gelten Errichter bzw. Betreiber als Hersteller. Im Rahmen der Erstprüfung muss somit nach DIN VE 0100-510 Abs. 511.2 die für die Anlagenplanung zuständige Person, der Errichter oder der Betreiber der Anlage, eine ausreichende Dokumentation sowie notwendige Prüfberichte gemäß den zutreffenden Gesetzen und anzuwendenden Richtlinien zur Verfügung stellen. Gleiches gilt für den Betreiber im Anwendungsbereich der DIN VDE 0105-100, wenn dieser nichtelektrische Betriebsmittel ohne CE-Kennzeichnung betreibt.

Elektrische Betriebsmittel fallen innerhalb der Spannungsgrenzen von 50 V bis 1.000 V Wechselspannung und 75 V bis 1.500 V Gleichspannung in den Anwendungsbereich der Niederspannungsrichtlinie 2014/35/EU. Die Niederspannungsrichtlinie ist gemäß 1. ProdSV (Produktsicherheitsgesetz) in nationales Recht umgesetzt und demnach beim Inverkehrbringen einzuhalten. Zudem sind die Anforderungen der EMV-Richtlinie 2014/30/EU einzuhalten. Durch Anbringung der CE-Kennzeichnung erklärt der Hersteller, dass die Betriebsmittel den zutreffenden europäischen Richtlinien u. a. der Niederspannungsrichtlinie 2014/35/EU und der EMV-Richtlinie 2014/30/EU entsprechen (siehe Band 1, Kapitel 12 *Die Niederspannungsrichtlinie*).

2.2.1 Niederspannungs-Schaltgerätekombination ohne Typenschild

Der Hersteller hat gemäß der 1. ProdSV § 8 dafür zu sorgen, dass seine elektrischen Betriebsmittel beim Inverkehrbringen eine Kennzeichnung in Form einer Typen-, Chargen-, oder Seriennummer zur Identifikation tragen. Ist eine Kennzeichnung am Produkt aufgrund der Größe oder der Form nicht möglich, darf die Kennzeichnung auch auf der Verpackung oder in den dem Betriebsmittel beigefügten Unterlagen angebracht werden. Zudem hat der Hersteller beim Inverkehrbringen seinen Namen, seine eingetragene Handelsmarke sowie seine Postanschrift anzubringen. Bei der Postanschrift handelt es sich um die Anschrift einer zentralen Stelle, unter der der Hersteller kontaktiert werden kann.

Gemäß DIN EN IEC 61439-1 Abs. 6 muss jede Schaltgerätekombination auf einer oder mehreren Aufschriften dauerhaft versehen sein. Die Aufschriften sind vom Hersteller der Schaltgerätekombination so anzubringen, dass sie bei geschlossener Schaltgerätekombination während des Betriebs lesbar sind. Folglich dürfen die Typenschilder nicht auf der Türinnenseite der Schaltgerätekombination angebracht sein, da diese je nach Ausführung nur mit Werkzeug oder Schlüssel und nicht von Laien geöffnet werden dürfen, und so die Anforderung hinsichtlich der Lesbarkeit des Typenschilds während des Betriebs nicht erfüllt wäre. Die Kennzeichnung an sich hat der Hersteller auch unter Berücksichtigung der äußeren Umgebungsbedingungen auszuwählen.

Auf der Schaltgerätekombination müssen gemäß DIN EN IEC 61439-1 Abs. 6 folgende Angaben enthalten sein:

Im folgenden Beispiel wurde vom Errichter ein Verteilergehäuse (ursprüngliche Niederspannungs-Schaltgerätekombination) zu einer verwendungsfertigen Niederspannungs-Schaltgerätekombination vervollständigt. Der Errichter bediente sich damit verschiedener elektrischer Betriebsmittel und brachte diese in das Verteilergehäuse ein, sodass er diese zu einem fertigen Produkt, der Niederspannungs-Schaltgerätekombination, komplettierte.

- Name des Herstellers der Schaltgerätekombination oder Warenzeichen,
- Typenbezeichnung oder Kennnummer oder ein anderes Kennzeichen, aufgrund deren die notwendigen Informationen vom Hersteller angefordert werden können. Idealerweise ist die Schaltgerätkombination mit der Schaltplan- oder Projektnummer eindeutig zu identifizieren.
- Herstellungsdatum,

2.2 Umgang mit Betriebsmitteln ohne Konformitätserklärung

- Bemessungsstrom I_{nA} gemäß DIN EN IEC 61439-1 Abs. 3.8.10.7 und 5.3.1,
- Bemessungsspannung U_n gemäß DIN EN IEC 61439-1 Abs. 3.8.9.1 und 5.2.1,
- Bemessungsfrequenz f_n gemäß DIN EN IEC 61439-1 Abs. 3.8.12 und 5.5,
- Angabe der Herstellernorm IEC 61439-X mit den zutreffenden Teilen,
- weitere Kennzeichnungen:
  - IP-Schutzart,
  - Schutzklasse.

(siehe Band 1, Abschnitt 12.6 *Formelle Nichtkonformität*)

Durch Besichtigen bei der Abnahme konnte festgestellt werden, dass der Errichter die Betriebsmittel innerhalb der Schaltgerätekombination gemäß ihrer bestimmungsgemäßen Verwendung installiert und die zutreffenden Konstruktionsanforderungen gemäß DIN EN IEC 61439-1/-2 (DIN VDE 0660-600-1/-2) eingehalten hat.

Gemäß Niederspannungsrichtlinie liegt demnach für die Niederspannungs-Schaltgerätekombination formell eine Nichtkonformität vor. Sind die formellen Anforderungen an das Inverkehrbringen in Übereinstimmung mit den zutreffenden Richtlinien nicht erfüllt, und sind gleichzeitig die Anforderungen der im Amtsblatt der EU zur Richtlinie zutreffenden harmonisierten Normen eingehalten, ist das Produkt formell nicht konform mit der Niederspannungsrichtlinie, wodurch allerdings eine Konformitätsvermutung vorliegt. Gemäß Niederspannungsrichtlinie 2014/35/EU Artikel 12 (**Bild 2.5**) gelten Produkte, bei denen eine Konformitätsvermutung vorliegt, als mangelhaft. Die erforderlichen Unterlagen sind demnach vom Errichter zu erstellen.

Cenelec	EN 61439-1:2011 Niederspannungs-Schaltgerätekombinationen – Teil 1: Allgemeine Festlegungen IEC 61439-1:2011	8.7.2016
Cenelec	EN 61439-2:2011 Niederspannungs-Schaltgerätekombinationen – Teil 2: Energie-Schaltgerätekombinationen IEC 61439-2:2011	8.7.2016
Cenelec	EN 61439-3:2011 Niederspannungs-Schaltgerätekombinationen – Teil 3: Installationsverteiler für die Bedienung durch Laien (DBO) IEC 61439-3:2012	8.7.2016

Bild 2.5 Auszug aus dem Amtsblatt der EU zur Niederspannungsrichtlinie 2014/35/EU

2.2.2 Beispiel: Retrofit-Leuchten

Retrofit-Leuchten wurden in den vergangenen Jahren als Umbausätze für bestehende Leuchten verkauft (**Bild 2.6**). Allerdings gab es einen großen Haken daran: Bei einer Umrüstung der Leuchte erlischt die ursprüngliche CE-Konformität, wenn der Leuchtenhersteller die Retrofitlampe oder den Umbausatz nicht freigegeben hat. Mit dem Verlust der CE-Konformität steht der Leuchtenhersteller für den veränderten Teil der Leuchte nicht mehr in der vollen Produkthaftung und vergebene Prüfzeichen verlieren ihre Gültigkeit.

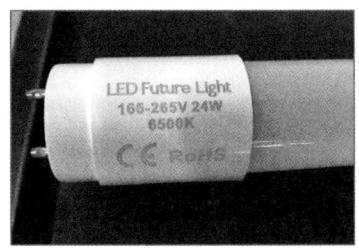

Bild 2.6   Leuchtmittel/Retrofit

Für die Leuchte liegen demnach keine gültigen CE-Konformitätserklärungen vor, die die nachträglich vorgenommenen Änderungen berücksichtigen. Die Verwendung eines Produkts, das nicht mit einer CE-Kennzeichnung versehen ist, bzw. die CE-Kennzeichnung unrechtmäßig trägt, ist nicht zulässig.

> **Erläuterung**
> Nach VDE 0100-510 Absatz 511.1 muss jedes elektrische Betriebsmittel den einschlägigen Europäischen Normen (EN) oder einschlägigen Harmonisierungsdokumenten (HD) oder der einschlägigen nationalen Norm, in die das HD übernommen worden ist, entsprechen. Wird das Betriebsmittel, wie in diesem Fall die Leuchte, nicht mit den vom Hersteller festgelegten Leuchtmitteln verwendet oder wurde das Betriebsmittel nachträglich verändert, erlischt für den Teil die Konformität der Leuchte.

3 Zugang zu Betriebsmitteln

Betriebsmittel müssen nach DIN VDE 0100-100 Abs. 132.12 leicht zugänglich sein, sodass
- die Bedienung (Benutzung),
- die Inspektion,
- die Instandhaltung und
- der Zugang durch Verbindungen

leicht möglich sind. Die Zugänglichkeit umfasst die Anordnung von Bedien- und Schaltelementen, Klemmen in Verteilern und Verbindungsdosen, Schutzeinrichtungen etc., Zugänge, die ausschließlich zu Wartungs- und Instandhaltungszwecken benötigt werden. Der Zugang zu Betriebsmitteln, wie Verteiler, Maschinenschaltschränke oder zu elektrischen Betriebsstätten, ergibt sich zudem aus der Qualifikation der Nutzer.

3.1 Zugang zu Leiter- und Klemmverbindungen

Für Leiter und Klemmverbindungen ist ein sicherer Zugang zu allen Teilen der Kabel- und Leitungsanlage, die gewartet werden müssen, zu gewährleisten. Dies umfasst alle lösbaren Verbindungen:
- Abzweigdosen,
- Anschlussklemmen von Betriebsmitteln, wie Motoren, Leuchten o. Ä.,
- Klemmverbindungen in Niederspannungs-Schaltgerätekombinationen.

Muffen, gelötete Verbindungen sowie mit geeignetem Werkzeug hergestellte Crimpverbindungen gelten als nicht lösbar und sind demnach (DIN VDE 0100-520) von der Forderung ausgenommen. Hierzu zählen explizit:
- Muffen, die im Erdreich verlegt sind, und mit Isoliermasse gefüllte oder gekapselte Muffen,
- Verbindungsstellen zwischen Anschlussleitungen und Heizelementen für Deckenheizsysteme, Fußbodenheizsysteme und Rohrheizsysteme,
- Schweiß-, Löt- und Hartlötverbindungen,
- Crimpverbindungen, die mit einem vom Hersteller vorgegebenen Werkzeug hergestellt sind und
- Verbindungen nach den Anschlussklemmen, die innerhalb der EU-Richtlinien in den Verkehr gebracht und die Teil eines Produkts (z. B. Maschinen, ...) sind.

Können Verbindungsstellen nach Gießvorgängen oder Verschluss der Klemmverbindungen nicht besichtigt werden, sollten im Rahmen der Erstprüfung die korrekten Verbindungen anhand einer Fotodokumentation nachgewiesen werden. In jedem Fall sollten die Montage- und Bedienungsanleitungen zur Bewertung der bestimmungsgemäßen Montage vorliegen.

Zusammenfassung der Nachweise:
- Datenblätter der verwendeten Materialien,
- Montage- und Bedienungsanleitung,
- Fotodokumentation der Verbindungen vor dem Gießvorgang,
- Fotodokumentation der im Erdreich verlegten Muffen,
- Fotodokumentation zum Nachweis der korrekten Auswahl und Anwendung der Crimpwerkzeuge.

3.2 Zugang zu Anschlusskästen und Schaltgerätekombinationen

Die in einer Niederspannungs-Schaltgerätekombination installierten Betriebsmittel stellen die Schnittstelle zwischen den Bedien- und Schutzeinrichtungen der elektrischen Anlage und der manuellen Betätigung dar. Die Überwachung und ähnliche Handlungen im Betrieb umfassen alle Tätigkeiten befugter Personen, die von Hand ohne Werkzeug durchzuführen sind:
- Ablesen von Anzeigeleuchten und Bildschirmen,
- Sichtkontrolle von Schaltgeräten, Einstellwerte und Anzeigen,
- Einstellen und Rückstellen von Schutzeinrichtungen, elektronischer Geräte wie S. P. S., Auslösern,
- Betätigung von Schalthebeln, Drucktastern o. Ä.
- Auswechseln von Sicherungseinsätzen,
- Auswechseln der Leuchtmittel von Anzeigen und
- Maßnahmen zur Fehlersuche (Spannungs- und Strommessungen).

Bedienelemente von Niederspannungs-Schaltgerätekombinationen müssen nach DIN VDE 0600-600-1 Abs. 8.5.5 zum Einstellen und Bedienen leicht zugänglich sein. Hierzu sind Klemmen, Betriebsmittel, Schalt- und Schutzgeräte so auf der Montageplatte anzuordnen, dass Wartungs- und Instandsetzungsmaßnahmen leicht durchzuführen sind. Hierfür muss die Niederspannungs-Schaltgerätekombination an einem geeigneten Ort und in einer geeigneten Höhe aufgestellt werden. Sofern zwischen dem Hersteller der Schaltgerätekombination und dem Anwender keine Spezifikationen bzgl.

der Montagehöhe und der Anordnung und Zugänglichkeit der Bedien- und Schaltelemente vereinbart und keine weiteren Festlegungen zu beachten sind, sind nach DIN VDE 0660-600-1 Abs. 8.5.5 folgende Anordnungshöhen zu beachten:

- Klemmen und Anschlüsse, die für von außen eingeführte Kabel und Leitungen vorgesehen sind, außer Schutzleiteranschlüsse, sind mindestens 0,2 m über der Standfläche der Schaltgerätekombination anzuordnen.
- Anzeigeelemente, wie Spannungsanzeige, Stromanzeige, Phasenkontrollleuchten etc., die vom Bediener abgelesen werden müssen, sind in einem Bereich ab 0,2 m bis 2,0 m über der Standfläche der Schaltgerätekombination anzuordnen.
- Bedienteile wie Griffe, Drucktaster, Bedientableaus o. Ä. müssen jederzeit und ohne Hilfsmittel bedient werden können. Ihre Mittellinie muss in einem Bereich zwischen 0,2 m und 2,0 m über der Standfläche der Schaltgerätekombination angeordnet sein. Bei Geräten, die eine seltene Bedienung z. B. einmal pro Monat) erfordern, dürfen bis zu 2,2 m über der Standfläche der Schaltgerätekombination installiert werden. Dies sollte allerdings mit dem Anwender individuell festgelegt werden.
- Betätigungselemente für NOT-AUS-Einrichtungen müssen grundsätzlich zugänglich sein. An Schaltgerätekombinationen sind NOT-AUS-Einrichtungen in einem Bereich von 0,8 m und 1,6 m über der Standfläche anzuordnen.

Grundsätzlich ist bei der Anordnungshöhe und der Zugänglichkeit der Betätigungseinrichtungen der Verwendungszweck und Aufstellungsort zu beachten. Die Zugänglichkeit und Anordnungen können auch durch weitere nationale Gesetze und Regeln festgelegt werden. Zugänge dürfen bei geöffneten Schaltschranktüren keine Flucht- und Rettungswege behindern. Der Betreiber sollte hier auch im Rahmen seiner Gefährdungsbeurteilung ergonomische Aspekte berücksichtigen.

Sofern der Anwender nichts anderes festlegt, ist zu prüfen, ob die Anschlüsse und Betätigungselemente bei auf dem Boden aufgestellten Schaltgerätekombinationen in den folgenden Montagehöhen angeordnet sind:

- $h \geq 0{,}2$ m: Leiteranschlüsse mit Ausnahme von Schutzleitern
- $0{,}2$ m $< h < 2{,}2$ m: Anzeigeelemente
- $0{,}2$ m $< h < 2{,}0$ m: Bedienteile (Griffe, Drucktaster o. Ä.)
- $0{,}8$ m $< h < 1{,}6$ m: NOT-AUS-Einrichtungen

Bei der Prüfung der Anordnung und Zugänglichkeiten sind die örtlichen Gegebenheiten sowie der Nutzerkreis zu beachten.

3.3 Bereiche mit eingeschränktem Zugang

In Bereichen mit eingeschränktem Zugang sind bei der Aufstellung u. a. die Anforderungen nach DIN VDE 0100-729 zu beachten. Hier sind zum einen die Aspekte der Bedienung und Wartung einzubeziehen. Bei Verteilern in Flucht- und Rettungswegen sind die brandschutztechnischen Anforderungen sowie der Öffnungsradien der Verteilertüren zu berücksichtigen:

- Die Türen aller Einrichtungen müssen sich mindestens um 90° öffnen lassen und
- die Türen müssen so angeordnet sein, dass sie in Bewegungsrichtung des Fluchtwegs schließen, und
- im geöffneten Zustand muss zu Wänden oder anderen Energie-Schaltgerätekombinationen in elektrischen Betriebsstätten ein ausreichender Mindestabstand gemäß DIN VDE 0100-729 gegeben sein.

Folgende Aspekte sind zu beachten:

- Anordnung der Betriebsmittel entsprechend der empfohlenen Höhen,
- abweichende Anordnungshöhen sollten schriftlich bestätigt sein,
- NOT-AUS-Einrichtungen müssen zugänglich sein,
- erfolgt die Bedienung nicht durch eine Elektrofachkraft (EFK) oder eine elektrotechnisch unterwiesene Person (EuP) ist auf die Obliegenheiten hinsichtlich der Zugangsregelung durch den Betreiber hinzuweisen.

3.4 Zugang zu Verteilern in öffentlichen Bereichen

Der Zugang zu elektrischen Anlagen in öffentlichen Bereichen und bei gewerblicher Nutzung darf nur befugten Personen gestattet werden. Die Verantwortung für die Zugangsregelung liegt beim Betreiber. Der Prüfer muss auf abweichende Anforderungen hinweisen, falls die Betätigung nicht durch Elektrofachkräfte oder elektrotechnisch unterwiesene Personen erfolgt.

Sind in Arbeitsstätten und öffentlichen Bereichen Verteiler installiert, darf der Zugang nur mit Hilfsmitteln, wie Werkzeug oder einem Schlüssel, möglich sein.

Als Werkzeug zählen: Schraubendreher, Doppelbartschlüssel und Vierkantschlüssel etc. Hier hat der Betreiber die Befugnisse über die einzelnen Zugänglichkeiten zu klären.

4 Beurteilung der Vorkehrungen gegen die Ausbreitung von Feuer

Durch Besichtigen ist festzustellen, dass Brandabschottungen und andere Vorkehrungen gegen die Ausbreitung von Feuer zum Schutz vor thermischen Einflüssen vorhanden sind. Es ist im Rahmen der Prüfung sicherzustellen, dass

- Leitungsanlagen in notwendigen Fluren und Treppenhäusern gemäß den bauordnungsrechtlichen Vorschriften installiert und Bauprodukten entsprechend dem Anwendungsfall installiert und bauaufsichtlich zugelassen sind,
- Brandschottungen vorhanden und gekennzeichnet sind,
- Kabel und Leitungen entsprechend den Anforderungen an ihr Brandverhalten ausgewählt sind.

4.1 Leitungsanlagen nach Bauordnungsrecht

Bauliche Anlagen sind nach MBO § 14 so anzuordnen, zu errichten, zu ändern und instand zu halten, dass der Entstehung eines Brands und der Ausbreitung von Feuer und Rauch vorgebeugt wird und bei einem Brand die Rettung von Menschen und Tieren sowie Löscharbeiten möglich sind.

Gemäß den bauordnungsrechtlichen Vorschriften der Bundesländer über die brandschutztechnische Ausführung von Leitungsanlagen gelten für Kabel und Leitungen besondere Anforderungen gemäß der Leitungsanlagenrichtlinie des zutreffenden Bundeslands für den Brandschutz. Gemäß der Muster-Leitungsanlagen-Richtlinie (MLAR) gelten diese Anforderungen:

- in notwendigen Treppenräumen,
- in Räumen zwischen notwendigen Treppenräumen und Ausgängen ins Freie,
- in notwendigen Fluren und
- für die Führung von Kabeln und Leitungen durch raumabschließende Bauteile (z. B. Wände und Decken).
- Leitungsdurchführungen durch raumabschließende Bauteile sind gemäß der Feuerwiderstandsdauer zu verschließen.

Unter Leitungsanlagen im Sinne der Muster-Leitungsanlagen-Richtlinie (MLAR) versteht man Anlagen aus elektrischen Leitungen oder Rohrleitungen, sowie Armaturen, Hausanschlusseinrichtungen, Messeinrichtungen, Steuer-, Regel- und Sicherheitseinrichtungen, Netzgeräten, Verteiler und Dämmstoffe für die Leitungen. Elektrische Leitungsanlagen umfassen damit sämtliche Kabel und Leitungen, Verteiler und elektrische Betriebsmittel. Damit sind im Rahmen der Prüfung auch die bauordnungsrechtlichen Vorschriften zu beachten.

Leitungsanlagen dürfen nach MBO § 40 (1) durch raumabschließende Bauteile, für die eine Feuerwiderstandsfähigkeit vorgeschrieben ist, nur hindurchgeführt werden, wenn eine Brandausbreitung ausreichend lang nicht zu befürchten ist oder Vorkehrungen dagegen getroffen sind. Hiervon ausgenommen sind:

- Gebäude der Gebäudeklassen 1 und 2,
- innerhalb von Wohnungen,
- innerhalb derselben Nutzungseinheit mit nicht mehr als insgesamt 400 m² in nicht mehr als zwei Geschossen.

In notwendigen Treppenräumen, in Räumen nach MBO § 35 Abs. 3 Satz 2 und in notwendigen Fluren sind Leitungsanlagen nur zulässig, wenn eine Nutzung als Rettungsweg im Brandfall lang möglich ist. Hierzu sind die zutreffenden Bauvorschriften der Bundesländer zu beachten.

Leitungsanlagen dürfen in tragende, ausseifende oder raumabschließende Bauteile sowie in Bauteile von Installationsschächten und -kanälen nur so eingreifen, dass die erforderliche Feuerwiderstandsfähigkeit erhalten bleibt. In notwendigen Fluren und Treppenhäusern sind Leitungsanlagen nach MLAR Abs. 3.2 unter Putz oder in geeigneten Brandschutzkanälen zu verlegen. Elektrische Leitungsanlagen sind

- einzeln oder nebeneinander zu verlegen, in Schlitzen von massiven Bauteilen, die mit mindestens 15 mm dickem mineralischem Putz auf nichtbrennbarem Putzträger verschlossen werden oder mit mindestens 15 mm dicken Platten aus mineralischen Baustoffen verschlossen werden,
- in Installationsschächten und -kanälen in Unterdecken oder in Systemböden nach MLAR Abschnitt 3.5 zu verlegen.
- Unterflurschächte und -kanäle müssen einschließlich der Abschlüsse von Öffnungen aus nichtbrennbaren Baustoffen bestehen und eine Feuerwiderstandsfähigkeit haben, die der höchsten notwendigen Feuerwiderstandsfähigkeit der von ihr durchdringenden raumabschließenden Bauteile entspricht.
- Abweichend hiervon genügt es, bei Installationskanälen, die keine Geschossdecken überbrücken, diese mindestens feuerhemmend auszuführen. Sie dürfen zudem nicht aus brennbarem Material bestehen.

■ Abschlüsse müssen umlaufend dicht schließen. Die Befestigung der Installationsschächte und -kanäle sind mit nichtbrennbaren Befestigungsmitteln auszuführen.

Kabel und Leitungsanlagen dürfen ausschließlich in notwendigen Fluren und Treppenräumen verlegt werden, wenn

■ die Kabel- und Leitungsanlage ausschließlich der Versorgung des Bereichs dienen und an der Wand befindlichen elektrischen Betriebsmitteln dient,

■ Leitungen nicht brennbar sind (Leitungen nach DIN EN 60702-1 (VDE 0284 Teil 1)). Werden für die Befestigung Installationskanäle oder -rohre verwendet, müssen diese aus nichtbrennbaren Baustoffen bestehen.

■ Leitungen mit verbessertem Brandverhalten in notwendigen Fluren von Gebäuden der Gebäudeklassen 1, 2 und 3, deren Nutzungseinheit eine Fläche von jeweils 200 m² nicht überschreiten und die keine Sonderbauten sind und

■ die Verlegung einzelner kurzer Stichleitungen in notwendigen Fluren zulässig ist.

> Verteiler sind gegenüber notwendigen Treppenhäusern und Räumen zwischen notwendigen Treppenräumen und Ausgängen ins Freie durch mindestens feuerhemmende Bauteile aus nichtbrennbaren Baustoffen abzutrennen.

Öffnungen in diesen Bauteilen sind mindestens durch feuerhemmende Abschlüsse aus nichtbrennbaren Baustoffen zu verschließen.

Gegenüber notwendigen Fluren sind Verteiler durch Bauteile aus nichtbrennbaren Baustoffen mit geschlossenen Oberflächen zu verschließen. Auch Öffnungen in diesen Bauteilen sind mit Abschlüssen aus nichtbrennbaren Baustoffen mit geschlossenen Oberflächen zu verschließen.

4.2 Kabel und Leitungen innerhalb eines Brandabschnitts
(DIN VDE 0100-520 Abs. 527.1)

Innerhalb eines Brandabschnitts ist die Ausdehnung eines Brands durch geeignete Materialien und geeignete Errichtung zu minimieren. Hierzu sind Kabel- und Leitungsanlagen so zu errichten, dass die allgemeine Gebäudebetriebssicherheit und Feuersicherheit nicht beeinträchtigt sind. Im Rahmen

der Erstprüfung ist durch Besichtigen die korrekte Auswahl der Kabel- und Leitungsanlagen festzustellen. Die Feststellung bezieht sich insbesondere auf die Auswahl der Baustoffe und Leitungen hinsichtlich ihres Brandverhaltens. Bei Baumaterialien ist die bauaufsichtliche Zulassung zu überprüfen.
Zudem sind nach DIN VDE 0100-520 Abs. 527.1 innerhalb eines Brandabschnitts folgende Anforderungen zu prüfen:

- Ohne besondere Maßnahmen dürfen verlegt werden:
  – Kabel und Leitungen nach DIN EN 60332-1-2 (VDE 0482-332-1-2) bzw. nach DIN EN 60332-3 (VDE 0482-332-3) bei Anlagen, in denen eine erhöhte Brandgefahr zu erwarten ist,
  – Erzeugnisse, die als nicht flammausbreitend klassifiziert sind.
- Verlegung mit besonderen Maßnahmen:
  – Kabel und Leitungen, die nicht mindestens den Anforderungen an die Prüfung der vertikalen Flammausbreitung nach DIN EN 60332-1-2 (VDE 0482-1-2) entsprechen, müssen auf kurze Anschlusslängen von Verbrauchsmitteln zu den festen Kabel- und Leitungsanlagen begrenzt sein und dürfen nur innerhalb des Brandabschnitts angewendet werden.
  – Kabel- und Leitungsanlagen, die nicht als nichtflammausbreitend klassifiziert sind, jedoch in allen anderen Beziehungen die Anforderungen der jeweiligen Produktnormen erfüllen, sind vollständig mit geeigneten nichtbrennbaren Baustoffen zu umschließen.

Kabelkanäle und Kabelpritschen mit Funktionserhalt sind gemäß DIN 4102-12 Abs. 11 dauerhaft durch ein Schild zu kennzeichnen. Die Kennzeichnungen müssen mindestens folgende Angaben enthalten:

- Name Herstellers der Kabelpritsche,
- Bezeichnung der Kabelanlage laut allgemeinem bauaufsichtlichem Prüfzeugnis,
- Funktionserhaltsklasse,
- Nummer des allgemeinen bauaufsichtlichen Prüfzeugnisses,
- Herstellungsjahr.

4.3 Verschluss von Kabel- und Leitungsdurchführungen (DIN VDE 0100-520 Abs. 527.2)

Grundsätzlich sind beim baulichen Brandschutz die zutreffenden Landesbauordnungen zu beachten. Bei der Durchführung von Kabeln und Leitungen durch Teile der Gebäudekonstruktion darf keinesfalls die erforderliche Feuerwiderstandsdauer der Wand beeinträchtigt werden. Im Rahmen der Erstprüfung ist festzustellen, ob die Durchführungen von Kabeln und Leitungen in Teilen der Gebäudekonstruktion entsprechend der erforderlichen Feuerwiderstandsdauer verschlossen sind. Hierzu ist durch Besichtigen festzustellen, dass Kabel- und Leitungsdurchführung durch Wände, Decken, Fußböden, Zwischenwände und Hohlwände mit einer geeigneten Brandschottung versehen sind.

Kabelschottungen sind als klassifizierte Brandschottung nach DIN 4102-9 eingestuft. Kabelschottungen sind mit dem Kennbuchstaben S bezeichnet. Die darauffolgende Zahl 30, 60, 90 gibt die Feuerwiderstandsdauer in Minuten an (**Tabelle 4.1**).

Im Rahmen der Erstprüfung ist festzustellen, dass die Brandschottungen in Übereinstimmung mit den brandschutztechnischen Anforderungen vorhanden sind. Durch Besichtigen ist festzustellen, dass

- die Brandschottungen für die Anforderungen geeignet sind und über eine Kennzeichnung verfügen,
- die Brandschottungen eindeutig zuordenbar sind,
- die Anzahl der Kabel und Leitungen nicht die zulässigen Belegungsdichten des Brandschotts überschreiten und ausreichende Reserveflächen für Nachbelegungen vorhanden sind,
- die Abstände zu umgebenden Bauteilen und Betriebsmitteln eingehalten sind.

Für die Verwendung von Kabelschottungen ist nach MBO § 16a eine „Bauartgenehmigung" erforderlich. Anhand der Bauartgenehmigung sind der korrekte Einbau und die korrekte Verwendung zu überprüfen. Zudem ist es zu empfehlen, die Nummer der Bauartgenehmigung im Prüfbericht zu dokumentieren.

Feuerwiderstandsklasse von Kabel- und Leitungsschottungen	Feuerwiderstandsdauer in min
S 30	30
S 60	60
S 90	90

Tabelle 4.1 Feuerwiderstandsklassen und Feuerwiderstandsdauer

4.4 Brandschottungen und Kabeldurchführungen

Die elektrische Anlage darf weder einen Brand begünstigen, noch den Brand in andere Gebäudeabschnitte fortleiten. Hierfür sind die Wand und Deckendurchbrüche für Kabel und Leitungen brandschutzgerecht zu verschließen.

Als brandschutzgerecht verschlossen gilt, wenn die Kabel- und Leitungsdurchführungen durch Wände und Decken so verschlossen sind, dass die erforderliche Feuerwiderstandsdauer nicht beeinträchtigt ist. Leitungen, die durch Abschottungen geführt werden, müssen demnach mindestens die gleiche Feuerwiderstandsdauer wie die raumabschließenden Teile aufweisen.

In Installationsschächten oder Kanälen sind die Öffnungen mindestens mit der gleichen Feuerwiderstandsfähigkeit wie die raumabschließenden Teile zu verschließen. Erleichterungen hinsichtlich der Anforderungen nach MLAR A-I 4.1 sind ausschließlich für einzelne Leitungen zulässig.

Die verwendeten Kabelschottungen müssen entsprechend der Prüfung nach DIN 4102-9 in die Feuerwiderstandsklassen S30 bis S180 klassifiziert sein und benötigen eine Zulassung vom DIBt (Deutschen Institut für Bautechnik). Die Kabelschottungen sind unter Berücksichtigung des Brandschutzkonzepts, der Einteilung der Brandabschnitte sowie unter Berücksichtigung der zutreffenden Verordnungen der Bundesländer und der Leitungsanlagenrichtlinie zu berücksichtigen.

Beim Besichtigen der Brandschottungen sind u. a. folgende Aspekte zu beachten:
- Einbauort des Schotts:
    - Decke oder Wand,
    - Beton, Ziegel etc.
- Einhaltung der erforderlichen Mindestmaße für den Durchbruch der Wandöffnung,
- Eignung des Schotts für Kabel und Leitungen,
- Anforderungen an mögliche Nachbelegungen und der Einplanung von Verlegereserven. Hier ist das Kabelschott maximal zu 60 % der Rohbauöffnung zu belegen (vgl. DIN 4102-9)
- Hindurchführen von Kabelverlegesystemen wie Kabelpritschen o. Ä.,
- mechanische Belastung des Schotts im Brandfall und erforderlichenfalls Anforderungen an die Kabeltragkonstruktionen,
- Verschluss der Brandschottungen von beiden Seiten,
- Versehung der Brandschottungen mit einer Brandschutzkennzeichnung, die das Brandschott innerhalb des Gebäudes eindeutig unter Angabe

der Feuerwiderstandsklasse bezeichnet. Damit im Brandfall der korrekte Verschluss der Leitungsdurchführungen nachzuvollziehen ist, wird empfohlen, die Kennzeichnung an der Seite, an der nicht mit einem Brand zu rechnen ist, anzubringen. Diese Seite ist i.d.R. der notwendige Flur.

- Errichtung des Brandschotts entsprechend dem Verwendbarkeitsnachweis, unter Beachtung des Mindestabstands zu anderen Durchführungen. Dieser muss zum Zeitpunkt der Prüfung vorliegen und der Dokumentation beigefügt sein. Sind Kabelschottungen nebeneinander installiert, sind die Mindestabstände der allgemeinen bauaufsichtlichen Zulassung einzuhalten,
- es muss eine allgemeine Bauartgenehmigung (Z-Nummer) vorhanden sein,
- Prüfung bei Erweiterungen oder Abweichungen, ob das Schott entsprechend der bestimmungsgemäßen Verwendung seine Zulassung behält,
- Einhaltung des Abstands zu anderen Durchführungen. Liegt kein Verwendbarkeitsbachweis vor, ist ein Abstand zu anderen Durchführungen (z.B. Rohrdurchführungen) nach MLAR A-I 4.1.3 von mindestens 50 mm einzuhalten.
- Wiederverschließung des Schotts nach nachträglicher Verlegung von Kabeln und Leitungen.

4.5 Kennzeichnung und Dokumentation von Brandschottungen

Die Kennzeichnung der Brandschottungen muss folgende Angaben enthalten:
- Zulassungsnummer,
- ausführende Firma,
- Erstellungszeitpunkt und
- Angaben zur Feuerwiderstandsdauer.

Bei Besichtigung der allgemeinen bauaufsichtlichen Zulassung sind die Zulassungsnummern mit den ausgeführten Brandschottungen zu überprüfen. Hierzu ist die Übereinstimmung der Brandschottungen mit der bestimmungsgemäßen Installation und Kennzeichnung mit den Brandschutzplänen festzustellen. Die Übereinstimmungserklärung ist vom Errichter des Brandschotts auszustellen. Diese muss mindestens folgende Angaben enthalten:
- Name und Anschrift der ausführenden Firma,

- Angaben zum Anbringungsort des Brandschotts im Gebäude mit einer eindeutig zuordenbaren Brandschottnummer,
- Datum der Herstellung und
- Unterschrift des Errichters.

Bei Sandtassen:
- Der Abstand zu anderen Schotts ist durch einen Pfeiler aus mindestens 24 cm dickem Mauerwerk oder mindestens 14 cm dickem Beton sicherzustellen.

4.5.1 Beispiel: Leitungsdurchführung durch die Decke in der Nähe nicht elektrischer Anlagen

Im Beispiel (**Bild 4.1**) wurden mehrere Kabel und Leitungen durch eine Decke ohne Brandschottung unmittelbar neben einem Abflussrohr geführt. Hier wurde der Mindestabstand von 50 mm zu anderen Durchführungen nicht eingehalten. Zudem wäre unter der Voraussetzung, dass der Abstand eingehalten worden wäre, nach MLAR A-I 4.1 lediglich die Durchführung einer einzelnen Leitung ohne Brandschottung zulässig.

Bild 4.1 Leitungsdurchführung in der Nähe von Rohren

4.5.2 Beispiel: Leitungsdurchführung durch ein Kombischott

Im Beispiel (**Bild 4.2**) konnte nicht festgestellt werden, dass das Brandschott für Rohre und Leitungen als sogenanntes Kombischott zugelassen ist. Zudem sind die Mindestabstände zwischen Leitungen und Rohren nicht eingehalten.

Bild 4.2 Leitungsdurchführung durch ein Kombischott

4.5.3 Beispiel: offene Leitungsdurchführung

Das Bild 4.3 zeigt eine Leitungsdurchführung eines elektrischen Betriebsraums. Auf dem Bild ist zu erkennen, dass das Brandschott zur nachträglichen Kabelverlegung geöffnet wurde. Nach Beendigung der Installationsarbeiten wurde dieses nicht mehr fachgerecht verschlossen.

Bild 4.3 Offene Leitungsdurchführung durch nachträgliche Erweiterung der Kabel- und Leitungsanlage

4.5.4 Beispiel: Durchführung der Kabeltrasse durch eine Komplextrennwand

Das Bild 4.4 zeigt eine Kabelpritsche, die durch die Komplextrennwand geführt ist. Zum Zeitpunkt der Prüfung lagen die erforderlichen Zulassungsbescheide zum Nachweis der bestimmungsgemäßen Verwendung des Brandschotts vor.

Der Zulassungsbescheid muss Auskunft geben über

- die Bauart der Decken/Wände, in die das Brandschott eingebaut werden darf,

Bild 4.4 Durchführung der Kabelrinne durch eine Kabelschottung

- Angaben zu den Mindestdicken von Decken/Wänden und Mindestdicke der Abschottung,
- Angaben zu den Kabeln und Leitungen, die durch das Brandschott durchgeführt werden dürfen,
- Angaben zur Größe der Öffnungen,
- Festlegung, ob Kabelprischen durch das Brandschott hindurchgeführt werden dürfen oder ob diese vor dem Brandschott abzusetzen sind,
- Bauart der Schottung mit Angabe der verwendeten Materialien,
- Beschreibung des bestimmungsgemäßen Einbaus und
- notwendige Kennzeichnungen des Kabelschotts.

4.6 Auswahl von Kabeln und Leitungen entsprechend ihrem Brandverhalten

Nach MBO § 26 (1) Satz 2 dürfen keine Baustoffe verwendet werden, die nicht mindestens normal entflammbar sind. Mit Anwendungsbeginn der neuen BauPVO vom 01.07.2021 fallen Kabel und Leitungen zur Elektrizitätsversorgung, Steuer- und Kommunikationskabel in den Anwendungsbereich der BauPVO. Mit Anwendungsbeginn der neuen EU-Bauproduktenverordnung (BauPVO) – Verordnung Nr. 305/2011 müssen seit Juli 2017 die Kabel und Leitungen bzgl. ihrem Brandverhalten den entsprechenden Prüf- und Bewertungsverfahren gemäß der harmonisierten Normen entsprechen.

Es sind demnach folgende Normen zu beachten:
- Prüfnorm EN 50399,
- Produktnorm EN 50575,
- Klassifizierung EN 13501-6.

Der Hersteller hat eine Leistungserklärung nach BauPVO Art. 6 zu erstellen. Hierfür hat der Hersteller die nach Anhang III der BauPVO (EU) Nr. 305/2011 erforderlichen Angaben zu machen:
- Prüfung und Klassifizierung nach o. g. Normen,
- Anbringen einer CE-Kennzeichnung an Kabel und Leitungen, die seit dem 01.07.2017 in Verkehr gebracht werden. Alternativ darf die Kennzeichnung auch auf der Verpackung angebracht sein,
- Ausstellen einer „Leistungserklärung" (DoP, Declaration of Performance).

Für die Umsetzung der EN 50575 galt eine Übergangsfrist bis 01.07.2017. Das bedeutet, dass alle Produkte, die bis dahin hergestellt und in Verkehr gebracht wurden (d. h. das Werk verlassen haben), jedoch noch nicht klassifiziert und gekennzeichnet waren, weiterhin normen- und gesetzeskonform waren. Auch der Weiterverkauf an Händler und Endkunden war weiterhin zulässig. Hersteller und sogenannte „Inverkehrbringer" müssen für Produkte, die in den Geltungsbereich der BauPVO fallen, eine Leistungserklärung erstellen und dem Kunden zur Verfügung stellen. Bei Herstellern bietet sich hier eine Downloadfunktion im Internet an. Importeure und Händler müssen diese Dokumente auftragsbezogen zur Verfügung stellen. Ist ein Bauprodukt nach BauPVO Art. 4 (1) von einer harmonisierten Norm erfasst, hat der Hersteller beim Inverkehrbringen eine Leistungserklärung für das Kabel bzw. die Leitung auszustellen. Hierzu sind die Kabel und Leitungen entsprechend den Brandklassen/Euroklassen vom Hersteller zugeordnet.

4.6 Auswahl von Kabeln und Leitungen entsprechend ihrem Brandverhalten

Die Verordnung (EU) Nr. 305/2011 ersetzt seit Juli 2017 die Bauproduktenrichtlinie (89/106/EWG). Damit schafft sie eine gemeinsame technische Fachsprache, die eine Festlegung harmonisierter Bedingungen für das Inverkehrbringen von Bauprodukten sowie klare Regelungen für die CE-Kennzeichnung unterstützt. Die Kabel und Leitungen müssen demnach eine CE-Kennzeichnung vom Hersteller tragen. Das CE-Kennzeichen kann allerdings aufgrund der Bauform der Kabel und Leitungen i. d. R. nicht angebracht werden. Hier ist alternativ ein Anbringen der Herstellerangaben auf der Verpackung zulässig.

Es ist keine explizite Forderung der BauPVO, aber es zeichnet sich ab, dass die Kennzeichnung der Brandklasse auf dem Kabel als eine gängige Möglichkeit akzeptiert wird, um auch nach der Installation eines Kabels die Übereinstimmung mit den einschlägigen Bauvorschriften nachweisen zu können (**Tabellen 4.2 und 4.3**).

Gemäß DIN EN 13501-1 ergibt sich die Forderung, dass Kabel und Leitungen mind. der Klasse E_{ca} oder besser (Aca, B1ca, B2ca, Cca, Dca) entsprechen müssen. Kabel der Klasse F_{ca} dürfen somit nicht verwendet werden.

	Gebäudeklassen nach MBO			Klassen des Brandverhaltens (Euroklassen)	
Klasse	Gebäudebeschreibung			Mindestanforderung	
				Gebäude (außer Fluchtweg)	Fluchtweg
1	Gebäude, freistehend, und freistehende land- oder forstwirtschaftlich genutzte Gebäude	bis 7 m hoch	mit nicht mehr als insgesamt 400 m²	E_{ca}	–
2	Gebäude	bis 7 m hoch	mit nicht mehr als insgesamt 400 m²	E_{ca}	–
3	sonstige Gebäude	bis 7 m hoch	mehr als 400 m²	E_{ca}	$B2_{ca}$ s1 d1 a1
4	sonstige Gebäude	bis 13 m hoch	bis max. 400 m²	E_{ca}	$B2_{ca}$ s1 d1 a1
5	sonstige Gebäude einschließlich unterirdischer Gebäude			C_{ca} s1 d2 a1	$B2_{ca}$ s1 d1 a1
Sonderbauten					
S1	Hochhäuser	höher als 22 m		C_{ca} s1 d2 a1	$B2_{ca}$ s1 d1 a1
S2	bauliche Anlagen	höher als 30 m		C_{ca} s1 d2 a1	$B2_{ca}$ s1 d1 a1
S3	Gebäude	mehr als 1.600 m² größtes Geschoss, ausgenommen Wohngebäude und Garagen		C_{ca} s1 d2 a1	$B2_{ca}$ s1 d1 a1
S4	Verkaufsstätten	größer als 800 m²		C_{ca} s1 d2 a1	$B2_{ca}$ s1 d1 a1
S5	Büro/Verwaltung	Räume größer als 800 m²		C_{ca} s1 d2 a1	$B2_{ca}$ s1 d1 a1

Tabelle 4.2 Auswahl von Kabeln und Leitungen unter Berücksichtigung der BauPVO (Teil 1/2)

4 Beurteilung der Vorkehrungen gegen die Ausbreitung von Feuer

Gebäudeklassen nach MBO			Klassen des Brandverhaltens (Euroklassen)	
Klasse	Gebäudebeschreibung		Mindestanforderung	
			Gebäude (außer Fluchtweg)	Fluchtweg
S6	Gebäude mit Räumen	einzelne Räume Nutzung mir mehr als 100 Personen	C_{ca} s1 d2 a1	$B2_{ca}$ s1 d1 a1
S7	Versammlungsstätten	mehr als 200 Personen	C_{ca} s1 d2 a1	$B2_{ca}$ s1 d1 a1
S8	Gaststätten/Hotels	mehr als 40 Gastplätze in Gebäuden, mehr als 12 Betten, Spielhallen mehr als 150 m²	C_{ca} s1 d2 a1	$B2_{ca}$ s1 d1 a1
S9	Gebäude mit Nutzungseinheiten für Pflege- oder Betreuungsbedürftige	mehr als 6 Personen, Intensivpflegebedarf	$B2_{ca}$ s1 d1 a1	$B2_{ca}$ s1 d1 a1
S10	Krankenhäuser		$B2_{ca}$ s1 d1 a1	$B2_{ca}$ s1 d1 a1
S11	sonstige Einrichtungen zur Unterbringung von Personen sowie Wohnheime		C_{ca} s1 d2 a1	$B2_{ca}$ s1 d1 a1
S12	Tageseinrichtungen für Kinder, behinderte und alte Menschen		$B2_{ca}$ s1 d1 a1	$B2_{ca}$ s1 d1 a1
S13	Schulen, Hochschulen und ähnliche Einrichtungen		C_{ca} s1 d2 a1	$B2_{ca}$ s1 d1 a1
S14	Justizvollzugsanstalten und bauliche Anlagen für den Maßregelvollzug		C_{ca} s1 d2 a1	$B2_{ca}$ s1 d1 a1
S16	Freizeit-/Vergnügungsparks		C_{ca} s1 d2 a1	$B2_{ca}$ s1 d1 a1
S18	Regallager mit Oberkante Ladegut höher 7,5 m		E_{ca}	$B2_{ca}$ s1 d1 a1
S19	bauliche Anlagen für Lagerung von Stoffen mit erhöhter Brandgefahr		$B2_{ca}$ s1 d1 a1	$B2_{ca}$ s1 d1 a1
weitere Zuordnung durch die Kabelindustrie				
	Industrie		C_{ca} s1 d2 a1	$B2_{ca}$ s1 d1 a1
	Serverräume		$B2_{ca}$ s1 d1 a1	$B2_{ca}$ s1 d1 a1
	Straßentunnel		$B2_{ca}$ s1 d1 a1	$B2_{ca}$ s1 d1 a1
	Bahntunnel		$B2_{ca}$ s1 d1 a1	$B2_{ca}$ s1 d1 a1
	Tiefgaragen		C_{ca} s1 d2 a1	$B2_{ca}$ s1 d1 a1

Quelle: DIN VDE V 0250-10 Anhang A (informativ) (VDE V 0250-10):2017-02

Tabelle 4.2 Auswahl von Kabeln und Leitungen unter Berücksichtigung der BauPVO (Teil 2/2)

Euroklassen	zusätzliche Klassen			Sicherheitsbedarf im Gebäude
Flammausbreitung Wärmeentwicklung	Rauchentwicklung-/ dichte	Säureentwicklung/ Korrosivität	brennende Tropfen	
A_{ca}				sehr hoch
$B1_{ca}$				sehr hoch
$B2_{ca}$	s1	a1	d1	sehr hoch
C_{ca}	s1	a1	d1	hoch
D_{ca}	s2	a1	d2	mittel
E_{ca}				gering
F_{ca}				kein

Tabelle 4.3 Vorschlag für die zu verwendenden Euroklassen für Brandschutzkabel

4.7 Brandklassen/Euroklassen

Kabel und Leitungen für die Gebäudeinstallation werden gemäß DIN V VDE 0250-10 Abs. 4 zukünftig in sieben Brandklassen/Euroklassen klassifiziert (Tabelle 4.3). Die jeweiligen Brandklassen/Euroklassen werden, soweit möglich, den Gebäudeklassen gemäß MBO (siehe Band 1, Abschnitt 3.7 *Gebäude und Gebäudeklassen*) zugeordnet. Gleichwohl sind die gültigen Bauvorschriften der Bundesländer zu beachten.

Ausgenommen von der Anforderung sind Kabel und Leitungen mit integriertem Funktionserhalt E30 bis E90 gemäß DIN 4102-12.

Das Herstellungsdatum der Kabel und Leitungen entspricht nicht dem Errichtungsdatum der elektrischen Anlage. Oft werden Kabel und Leitungen bereits zu einem viel früheren Zeitpunkt hergestellt und gelagert. Durch lange Montagezeiten kann das Datum der erstmaligen Inverkehrbringung weit vor dem Anwendungsbeginn der neuen BauPVO liegen. Deshalb ist im ersten Schritt der Zeitpunkt der Inverkehrbringung der Kabel und Leitungen in Erfahrung zu bringen. Wurden die Kabel und Leitungen vor dem 01.07.2017 produziert und in Verkehr gebracht, sind keine weiteren Anforderungen bzgl. der Brandklassen nach BauPVO zu beachten.

das elektrohandwerk
www.elektro.net

Jederzeit verfügbar

Elektrische Energiespeicher speichern die elektrische Energie der Erzeugungsanlage (z.B. der Photovoltaikanlage), wenn die Sonne scheint und machen die Energie jederzeit wieder verfügbar. Dadurch wird die Energie dort verbraucht, wo sie erzeugt wird, das reduziert Netzverluste und schafft Autarkie.

Folgende Themen sind u.a. enthalten:
- Begriffe und Definitionen,
- Anwendung fachlicher Bestimmungen
- VDE-AR-E 2510-2,
- Betriebsarten,
- Schutzmaßnahmen in elektrischen Anlagen mit Speichern,
- Errichtung von Erzeugungsanlagen,
- Anforderungen an den Netzanschluss sowie
- Aufstellung und Prüfung von Speichern.

Ihre Bestellmöglichkeiten auf einen Blick:

Fax: +49 (0) 89 2183-7620

E-Mail: buchservice@huethig.de

Web-Shop: shop.elektro.net

 Hier Ihr Fachbuch direkt online bestellen!

 Hüthig GmbH, Im Weiher 10, D-69121 Heidelberg
Tel.: +49 (0) 800 2183-333

5 Auswahl und Anschluss elektrischer Betriebsmittel

Bei der Auswahl von elektrischen Betriebsmitteln wird in den folgenden Abschnitten auf folgende Themen eingegangen:
- Auswahl elektrischer Betriebsmittel nach elektrischen Eigenschaften,
- Auswahl nach der Überspannungskategorie,
- Auswahl von Schutzeinrichtungen nach Schutzzielen,
- Auswahl und Anordnung von Leuchten.

5.1 Auswahl elektrischer Betriebsmittel nach elektrischen Eigenschaften

Die korrekte Auswahl der Betriebsmittel ist durch Besichtigen zu überprüfen. Durch Besichtigen des Typenschilds und der CE-Kennzeichnung lässt sich feststellen, ob die Betriebsmittel den zutreffenden europäischen Richtlinien gemäß in Verkehr gebracht wurden und entsprechend den Herstellerangaben für diesen Anwendungsfall geeignet sind. Hierfür sind die Montage- und Bedienungsanleitungen zu sichten.

Jedes ausgewählte elektrische Betriebsmittel muss u. a. für den jeweiligen Anwendungszweck geeignet sein und ist anhand folgender elektrischer Kenngrößen auszuwählen:
- Spannung,
- Strom,
- Frequenz und
- Nutzungsfaktor.

Elektrische Betriebsmittel müssen für die maximal auftretende Spannung und Frequenz geeignet sein. Die Spannungs- und Frequenzwerte müssen bei Anlagen am Niederspannungsnetz innerhalb der Spannungsgrenzen der Niederspannungsrichtlinie liegen und innerhalb der Toleranzwerte der Normspannungen nach DIN VDE 0175 geeignet sein (siehe Band 1, Abschnitt 23 *Stromversorgungsquelle und Netzverbindungen*).

Betriebsmittel, die gemäß der Niederspannungsrichtlinie am Markt bereitgestellt sind, erfüllen diese Anforderungen. Bei Wechselspannung ist der

Effektivwert der Versorgungsspannung anzugeben sowie die wahrscheinlich auftretenden Überspannungen. Elektrische Betriebsmittel genügen den in der elektrischen Anlage den auftretenden Überspannungen, wenn sie den jeweiligen Überspannungskategorien gemäß dem Typenschild entsprechen.

5.2 Auswahl nach der Überspannungskategorie

Das Konzept der Überspannungskategorie wird für Betriebsmittel angewendet, die direkt vom Niederspannungsnetz gespeist werden. Das Konzept beruht auf Wahrscheinlichkeitsüberlegungen. Es beruht jedoch nicht auf der tatsächlichen Abschwächung der Überspannungen im Verlauf der Installation. Jede Überspannungskategorie wird in Abhängigkeit der Bemessungsstoßspannung angegeben. Der Wert der Bemessungsstoßspannung ist vom Hersteller anzugeben und ist der Spannungswert eines festgelegten Isoliervermögens gegenüber einer transienten Überspannung. Die Isolationskoordination wird von Betriebsmittelherstellern für die Bemessungsstoßspannungen 330 V, 500 V, 800 V, 1.500 V, 2.500 V, 4.000 V, 6.000 V, 8.000 V und 12.000 V verwendet. Bei der Anwendung des Prinzips der Isolationskoordination ist zwischen zwei Arten von transienten Überspannungen zu unterscheiden:

- transiente Überspannungen, die an den Eingangsklemmen an einem Betriebsmittel ausgehend von einem Stromversorgungssystem ansteht und
- transiente Überspannungen, die ausgehend von einem Betriebsmittel auf das Stromversorgungssystem einwirken.

Die Überspannungskategorie beschreibt einen Zahlenwert (I bis IV), der eine Bedingung bzgl. der transienten Überspannung festlegt. Maßgebend für die Zuordnung der Betriebsmittel zu einer Überspannungskategorie ist die Spannungsfestigkeit. Bei Betriebsmitteln am Niederspannungsnetz mit einer Nennspannung von 230 V/400 V erstreckt sich die Bemessungsstoßspannungsfestigkeit von 1.500 V (Überspannungskategorie I) bis 6.000 V (Überspannungskategorie IV).

5.3 Auswahl elektrischer Betriebsmittel entsprechend den Leistungsmerkmalen

Elektrische Betriebsmittel sind gemäß ihrer Leistungsmerkmale sowie der benötigten Leistung auszuwählen. Diese sind entsprechend dem Leistungsbedarf, dem Gleichzeitigkeitsfaktor sowie dem Nutzungsfaktor auszuwählen.

Im Rahmen der Erstprüfung ist festzustellen, dass die elektrischen Betriebsmittel ihren Leistungsmerkmalen entsprechend ausgewählt sind. Hierzu sind im Nutzungsfaktor unter anderem die folgenden unterschiedlichen Betriebsarten sowie der Gleichzeitigkeitsfaktor beim Betrieb von mehreren elektrischen Betriebsmitteln berücksichtigt:

- Dauerbetrieb,
- Kurzzeitbetrieb,
- Aussetzbetrieb und
- Taktbetrieb.

Während der Nutzungsfaktor ausschließlich den Strombedarf und die Betriebsart eines Betriebsmittels beschreibt, berücksichtigt der Gleichzeitigkeitsfaktor die Planungsaspekte hinsichtlich des maximalen Leistungsbedarfs der elektrischen Anlage. Der Gleichzeitigkeitsfaktor berücksichtigt dabei die wirtschaftliche Auslegung, den Spannungsfall sowie die maximalen Leitungslängen. Hierzu sind folgende Aspekte berücksichtigt:

- wirtschaftliche Auslegung,
- Spannungsfall,
- maximale Leitungslängen und
- Aufteilung der Endstromkreise.

(siehe Band 1, Abschnitt 28.3.4 *Betriebsarten*)

5.4 Auswahl von Schutzeinrichtungen nach Schutzzielen

Überstrom-Schutzeinrichtungen, Fehlerstrom-Schutzeinrichtungen und weitere Schutzeinrichtungen sind unter Beachtung des Schutzzwecks auszuwählen und anzuordnen. Darüber hinaus ist vom Prüfer die Einstufung der Orte und Räumlichkeiten hinsichtlich der Umgebungsbedingungen und den Nutzern festzustellen und die erforderlichen Regelwerke, insbesondere die zutreffenden Anforderungen der DIN VDE 0100-700-Gruppe, zu berücksichtigen.

Bei der Auswahl von Schalt- und Schutzgeräten ist das Bemessungsausschaltvermögen zu beachten. Das Bemessungsausschaltvermögen ist auf einer Schutzeinrichtung als maximaler Strom angegeben, den die Schutzeinrichtung sicher überbrechen kann.

In Deutschland werden folgende Bemessungsausschaltströme I_{cn} verwendet:
- 6.000 A
- 10.000 A
- 25.000 A

Die Anforderungen an die Auswahl der Schutzeinrichtungen nach dem Bemessungsausschaltvermögen ist in Band 3, Abschnitt 6.2.4 *Auswahl der Schutzeinrichtungen im Hauptstromversorgungssystem* erläutert.

In Hauptstromversorgungssystemen und Zählerverteilungen sind die Schleifenimpedanzen und die Innenwiderstände aufgrund der geringeren Leitungslängen zum Ortsnetztransformator relativ gering. Infolgedessen ergeben sich für den Kurzschlussstrom und den Fehlerstrom folgende Beziehung:

Wird der Innenwiderstand bzw. die Schleifenimpedanz gemessen, gelten folgende Zusammenhänge:

$$I_{k1p} = \frac{U_0}{Z_S} \quad \text{und} \quad I_{k1p} = \frac{U_0}{Z_i}$$

Dabei entspricht die Spannung U_0 der gemessenen Strangspannung. Vom Prüfer sind die Messwerte des Schleifenwiderstands hinsichtlich der Reinhaltung der Abschaltbedingungen für TN- und TT-Systeme zu beurteilen. Die Schutzeinrichtungen sind zudem unter Berücksichtigung der genannten Messwerte auch auf den maximal zu erwartenden Kurzschlussstrom zu bewerten. Der maximale Kurzschluss- und Fehlerstrom kommt demzufolge bei sehr niedrigen Schleifen- und Innenwiderständen zum Fließen. Demnach besteht die Gefahr, dass bei sehr geringen Schleifen- und Innenwiderständen der Kurzschlussstrom das Bemessungsausschaltvermögen der Schutzeinrichtung übersteigt, wodurch diese den Stromkreis nicht sicher abschalten kann (Tabelle 5.1).

Damit darf der Schleifen- und Innenwiderstand die folgenden Messwerte nicht unterschreiten:

$$Z_S \approx Z_i \geq \frac{230\,\text{V}}{I_{cn}}$$

I_{cn} in A	$Z_{s,min}$ bzw. $Z_{I,min}$ in mΩ
6.000	38,3
10.000	23,0
25.000	9,2

Tabelle 5.1 Minimale Schleifenimpedanzen bzw. Innenwiderstände in Abhängigkeit des Bemessungsausschaltvermögens der Schutzeinrichtung bei 230 V

5.4 Auswahl von Schutzeinrichtungen nach Schutzzielen

Das folgende Beispiel soll den Sachverhalt verdeutlichen:

Beispiel
Bild 5.1 zeigt das Messprotokoll eines Verteilers in einer Versammlungsstätte. Bei der Versammlungsstätte handelt es sich um ein Zirkuszelt, das nicht für den Aufbau an anderen Orten vorgesehen ist. Demzufolge handelt es sich nicht mehr um einen fliegenden Bau, sondern um eine ortsfeste elektrische Anlage. Die Stromversorgung wird über zwei fest montierte Baustromverteiler sichergestellt. Auf dem Gelände befindet sich unmittelbar neben dem Verteilerstandort der Anschlussschrank im Freien, der wiederum über die direkt angrenzende Trafostation versorgt wird. Im Rahmen der Prüfung wurden die Innen- und Schleifenwiderstände an den Endstromkreisen gemessen.

Beim ersten Blick auf die Messwerte fällt gleich auf, dass die Grenzwerte der Fehlerschleifenimpedanzen zur Einhaltung der Abschaltbedingungen nach DIN VDE 0100-410 Abs. 411 nicht überschritten sind. Beim Besichtigen wurde festgestellt, dass sowohl die Fehlerstrom-Schutzeinrichtungen als auch die Leitungsschutzschalter über ein Bemessungsausschaltvermögen I_{cn} von 10 kA verfügen.

Bei den Stromkreisen fallen die geringen Innenwiderstände der Endstromkreise zwischen 3 mΩ und 5 mΩ auf. Da das Bemessungsausschaltvermögen der Schutzeinrichtungen bei 10 kA liegt, darf die Fehlerschleifenimpedanz und der Innenwiderstand einen Wert von 23 mΩ nicht unterschreiten. Wären hier Schutzeinrichtungen mit einem Bemessungsausschaltvermögen von 6 kA installiert, wäre die sichere Abschaltung des Stromkreises F1-F1.1 nicht sichergestellt.

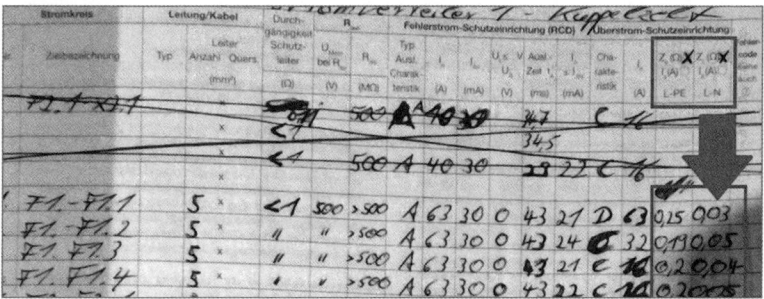

Bild 5.1 Auszug aus dem Messprotokoll eines Verteilers in einer Versammlungsstätte

Typischerweise sind innerhalb von Elektroverteilungen die dort angeschlossenen Verteiler- und Endstromkreise mit folgenden Schutzeinrichtungen geschützt:

- Überstrom-Schutzeinrichtungen,
- Fehlerstrom-Schutzeinrichtungen (RCD),
- Fehlerlichtbogen-Schutzeinrichtungen (AFDD),
- Differenzstromüberwachungseinrichtungen (RCM) und
- Isolationsüberwachungseinrichtungen.

5.4.1 Auswahl von Überstrom-Schutzeinrichtungen

Überstrom-Schutzeinrichtungen für den Schutz durch automatische Abschaltung im Fehlerfall

Überstrom-Schutzeinrichtungen sind alle Einrichtungen, die eine elektrische Anlage durch Unterbrechung des Stromflusses bei Überströmen schützen. Dabei erfasst eine Überstrom-Schutzeinrichtung die Höhe des Stroms sowie den Anstieg. In Niederspannungsanlagen handelt es sich in Verteiler- und Endstromkreisen um Niederspannungssicherungen gemäß der Normenreihe DIN EN 60269 (VDE 0636) und Leitungsschutzschalter, kurz LS-Schalter, der Normenreihe DIN EN 60898 (VDE 0641). In Zählerverteilungen kommen zudem selektive Hauptleistungsschalter, kurz SH-Schalter, nach DIN VDE 0641-21 zur Anwendung. Der Vollständigkeit halber sind noch Geräteschutzschalter und elektromechanische Schütze und Motorstarter zu nennen.

Überstrom-Schutzeinrichtungen stellen sowohl den Schutz bei Überstrom nach DIN VDE 0100-430 als auch den Schutz durch automatische Abschaltung der Stromversorgung nach DIN VDE 0100-410 Abs. 411 sicher.

Niederspannungssicherungen

Niederspannungssicherungen, auch umgangssprachlich Schmelzsicherungen genannt, nach der Normenreihe DIN EN 60269 (VDE 0636), sind Schutzeinrichtungen, die durch Abschmelzen eines hierfür ausgelegten Leiters (Schmelzdraht) bei Überstrom den Strom abschaltet, wenn dieser in einer ausreichend langen Zeit und Höhe einen vorgegebenen Wert überschreitet. Eine Sicherung stellt eine Gesamtheit an Komponenten dar, die zur Erfüllung der Schutzaufgabe erforderlich sind. Diese besteht aus dem Sicherungshalter, dem Sicherungsunterteil, dem Sicherungseinsatzhalter und dem Sicherungseinsatz.

Der Sicherungseinsatz ist der Teil der Sicherung, der den Schmelzleiter enthält und somit die eigentliche Abschaltung bei Überstrom oder Kurzschluss bewirkt. Im Gegensatz zu anderen Überstrom-Schutzeinrichtungen sind Schmelzsicherungseinätze nach dem Auslösen unbrauchbar und müssen ausgetauscht werden.

Auf Sicherungseinsätzen müssen gemäß DIN EN 60269-1 (VDE 0636-1) Abs. 5 folgende Angaben erkennbar sein:

- Bemessungsspannung,
- Bemessungsstrom,
- Stromart und Bemessungsfrequenz,
- Bemessungswert der aufnehmbaren Leistung,
- Abmessungen oder Baugröße,
- Anzahl der Pole und
- Kurzschlussfestigkeit.

Für die Bewertung des Schutzes durch automatische Abschaltung im Fehlerfall ist der Bemessungsstrom in Kombination mit dem Strom-Zeit-Diagramm relevant bzw. die vom Strom abhängige Schmelzzeit. Typischerweise werden je nach Stromkreis in Kundenanlagen zu allgemeinen Zwecken Sicherungseinsätze von 10 A, 16 A, 20 A, 25 A, 35 A, 50 A, 63 A, 80 A und 100 A der Betriebsklasse gG verwendet. Die Betriebsklasse gG kennzeichnet Ganzbereichs-Sicherungseinsätze für allgemeine Anwendungen. Sicherungseinsätze dieser Betriebsklasse sind sowohl für den Überlast- als auch für den Kurzschlussschutz geeignet.

Zur Bewertung der Abschaltzeit darf die Schmelzzeit der Niederspannungssicherung nicht die nach DIN VDE 0100-410 Abs. 411 höchstzulässige Abschaltzeit überschreiten. Um in der Praxis dem Anwender das Ablesen der Abschaltzeiten und der erforderlichen Ströme aus den Strom-Zeit-Diagrammen der Sicherungen zu ersparen, sind im normativen Anhang der DIN VDE 0100 die Abschaltzeiten sowie die daraus resultierenden höchstzulässigen Schleifenimpedanzen tabellarisch aufgeführt (**Tabellen 5.2 und 5.3**).

Bemessungsstrom I_n in A	Niederspannungssicherungen der Betriebsklasse gG			
	I_a (5 s) in A	Z_S (5 s) in Ω	I_a (0,4 s) in A	Z_S (0,4 s) in Ω
10	47	4,89	82	2,80
16	65	3,54	107	2,15
20	85	2,71	145	1,59
25	110	2,09	180	1,28
35	173	1,33	295	0,78
50	260	0,88	460	0,50
63	320	0,72	550	0,42

Tabelle 5.2 Beurteilung der Schutzmaßnahmen im TN-System mit Niederspannungssicherungen der Betriebsklasse gG (Auszug aus DIN VDE 0100-600)

Bemessungsstrom I_n in A	Niederspannungssicherungen der Betriebsklasse gG			
	I_a (1 s) in A	Z_S (1 s) in Ω	I_a (0,2 s) in A	Z_S (0,2 s) in Ω
10	65	3,54	97	2,378
16	90	2,56	130	1,77
20	120	1,92	170	1,35
25	145	1,59	220	1,05
35	230	1,00	330	0,70
50	380	0,61	540	0,43
63	440	0,52	650	0,35

Tabelle 5.3 Beurteilung der Schutzmaßnahmen im TT-System mit Niederspannungssicherungen der Betriebsklasse gG (Auszug aus DIN VDE 0100-600)

Leitungsschutzschalter

Leitungsschutzschalter sind in Endstromkreisen die gängigste Schutzeinrichtung. Leitungsschutzschalter bieten durch ihre zwei Auslösemechanismen gleich mehrere Vorteile. Der elektromagnetische Auslöser, auch Schnellauslöser genannt, schaltet bei hohen und schnell ansteigenden Strömen ab. Der thermische Auslöser schaltet langsam bei Strömen, die über eine längere Zeit fließen, ab. Mit den zwei Mechanismen des Leitungsschutzschalters können so mit einer Schutzeinrichtung folgende drei Schutzmaßnahmen sichergestellt werden:

- Schutz durch automatische Abschaltung bei Körperschluss (Isolationsfehler zwischen aktivem Leiter und einem Körper) und Abschaltung innerhalb der zulässigen Abschaltzeiten nach DIN VDE 0100-410 Abs. 411 (magnetischer Auslöser),
- Abschaltung bei Kurzschluss (Isolationsfehler zwischen zwei oder mehreren aktiven Leitern) nach DIN VDE 0100-430 (magnetischer Auslöser),
- Abschaltung bei Überlast (Überströme, die aufgrund der Lasten entstehen), gemäß DIN VDE 0100-430 (thermischer Auslöser).

5.4.2 Auswahl von Fehlerstrom-Schutzeinrichtungen (RCD)

Fehlerstrom-Schutzeinrichtungen (RCD) sind Schaltgeräte, die dazu vorgesehen sind, unter normalen Betriebsbedingungen Ströme einzuschalten, zu führen und bei einem Fehlerstrom unter bestimmten Bedingungen den Stromkreis bzw. die Stromkreise automatisch abzuschalten. Fehlerstrom-Schutzeinrichtungen erfassen Differenzströme zwischen aktiven Leitern. Sie können demnach Fehlerströme und Erdkurzschlussströme erfassen. Isolationsfehler zwischen aktiven Leitern verursachen keine Differenzströme, sodass diese nicht von einer RCD erfasst werden. Fehlerstrom-Schutzeinrichtungen gibt es in folgenden Ausführungen:

- MRCD: modulare Fehlerstromgeräte ohne integrierte Abschaltung,
- CBR: Leistungsschalter mit integriertem Fehlerstromschutz,
- RCCD: Fehlerstrom-Schutzschalter oder kurz „FI-Schutzschalter" ohne integrierte Überstrom-Schutzeinrichtung,
- RCBO: kombinierter Fehlerstrom-/Leistungsschalter oder kurz „FI/LS- Schalter", der über seine verschiedenen Auslösemechanismen sowohl Differenzströme als auch Überströme erfasst und abschaltet,
- PRCD: ortsveränderliche Fehlerstrom-Schutzeinrichtungen, die in Steckdosenverlängerungsleitungen oder Steckern von ortsveränderlichen elektrischen Betriebsmitteln integriert sind und
- SRCD: ortsfeste Fehlerstrom-Schutzeinrichtung.

Je nach Ausführung und Schutzziel sind Fehlerstrom-Schutzeinrichtungen in Kombination mit Überstrom-Schutzeinrichtungen einzusetzen.

Fehlerstrom-Schutzeinrichtungen sind gemäß DIN EN 61008-1 Beiblatt 1 (VDE 0664-10 Beiblatt 1) nach folgenden Kriterien auszuwählen:

- Umgebungsbedingungen Einsatzort,
- Ausführung,
- Bemessungsspannung,
- Polzahl,
- Bemessungsstrom,
- Art der möglichen Fehlerströme,
- Auswahl entsprechend dem Schutzziel,
- Auslösezeit und Selektivität und
- Bemessungsschaltvermögen.

Umgebungsbedingungen, Einsatzort und Beanspruchungen

Fehlerstrom-Schutzeinrichtungen für den Hausgebrauch entsprechen dem Verschmutzungsgrad 2. Sie sind für den Gebrauch unter normalen Umgebungsbedingungen bei einer relativen Luftfeuchtigkeit von höchstens 50 % (bei 40 °C Umgebungstemperatur) geeignet. Der Luftdruck liegt im Bereich 70 kPa bis 106 kPa entsprechend der maximalen Einsatzhöhe von 2.000 m. Der Schutz gegen direktes Berühren an den Klemmstellen ist grundsätzlich mit der Schutzart IP 20 sichergestellt. Werden die RCDs in Verteiler eingebaut, erfüllen diese die Schutzart IP 40, sodass die Anforderungen hinsichtlich der Bedienung von Laien gemäß DIN VDE 0100-410 Anhang A grundsätzlich erfüllt sind.

RCDs stellen ihre bestimmungsgemäße Schutzfunktionen bei einer Umgebungstemperaturbereich zwischen –5 °C und 40 °C sicher. Die durchschnittliche Temperatur darf allerdings im Tagesdurchschnitt (24 h) 35 °C nicht übersteigen. Bei den genannten Bedingungen liegt der Auslösestrom der RCD beim Bemessungsfehlerstrom. Werden die Grenztemperaturen überschritten, ist die Abschaltung nicht sichergestellt.

Der Untertemperaturbereich einer RCD liegt bei –25 °C. Hier liegt der Auslösestrom maximal bei dem 1,25-Fachem des Bemessungsfehlerstroms (**Tabelle 5.4**).

Umgebungstemperatur	Auslösung
40 °C [35 °C (24-h-Mittelwert)]	$I_{\Delta N}$
– 25 °C	$1{,}25 \cdot I_{\Delta N}$

Tabelle 5.4 Umgebungstemperaturen für RCD

Fehlerstrom-Schutzeinrichtungen dürfen nicht unzulässig durch Magnetfelder beeinträchtigt werden. Deshalb ist die Anordnung in unmittelbarer Nähe von elektromagnetischen Betriebsmitteln zu vermeiden. RCDs sollten demnach nicht neben Transformatoren, Schützen und in unmittelbarer Nachbarschaft zu anderen Fehlerstrom-Schutzeinrichtungen angeordnet werden.

Der Sachverhalt ist bereits bei der Planung der von Schaltgerätekombinationen zu berücksichtigen.

Bild 5.2 zeigt einen Elektroverteiler mit Fehlerstrom-Schutzeinrichtungen und einem Stromstoßrelais. Hier wurde der Abstand zwischen RCDs und Einfluss des Stromstoß-

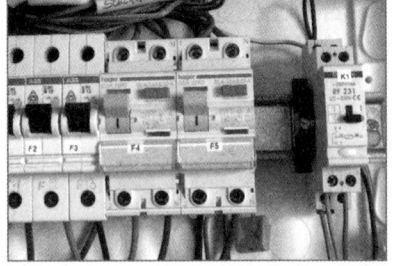

Bild 5.2 Elektroverteiler mit Fehlerstrom-Schutzeinrichtungen und einem Stromstoßrelais

schalters durch den Abstand von mindestens zwei Teilungseinheiten berücksichtigt.

Auswahl gemäß Bemessungsspannung und Bemessungsströmen

Fehlerstrom-Schutzeinrichtungen sind gemäß der Spannungen gegen Erde auszuwählen. Hierbei ist darauf zu achten, dass in Stromversorgungssystemen mit Spannungen von 230 V/400 V die Isolation zwischen den Außenleitern mindestens der Spannung des Netzes entspricht. Die Bemessungsspannung eines aktiven Leiters gegen Neutralleiter und Schutzleiter muss mindestens 250 V betragen.

Es gilt:

$U_{n(RCD)} \geq U_{n(Netz)}$

$U_0 \leq 250\ V$

Der Bemessungsstrom der Fehlerstrom-Schutzeinrichtung darf sowohl den Betriebsstrom der Verbraucher als auch den Bemessungsstrom der Überstrom-Schutzeinrichtung des Stromkreises nicht überschreiten.

Es gilt:

$I_{n(RCD)} \leq I_{n(ÜSS)} \leq I_B$

RCDs verfügen über folgende Bemessungsströme: 25 A, 40 A, 63 A, 100 A. Im Rahmen der Prüfung ist durch Besichtigen festzustellen, dass der Bemessungsstrom der Überstrom-Schutzeinrichtung nicht den Bemessungsstrom der vorgeschalteten Überstrom-Schutzeinrichtung übersteigt. Andernfalls ist der Schutz bei Überlast der RCD nicht sichergestellt.

Auslegung gemäß der Polzahl

Fehlerstrom-Schutzeinrichtungen (RCDs) erfassen ausschließlich den Differenzstrom aus der vektoriellen Summe aller aktiver Leiter (L1/L2/L3/N). Der Differenzstrom setzt sich aus Fehlerströmen mit vorwiegend ohmschem Anteil und den kapazitiven Ableitströmen zusammen. Die Abschaltung durch RCD kann im Bereich zwischen 50 % und 100 % des Bemessungsdifferenzstroms erfolgen. Nach DIN VDE 0100-530 Abs. 531.3.2 sind RCDs demnach so aufzuteilen, dass die Summe der Ableitströme über einen RCD 30 % des Bemessungsfehlerstroms nicht überschreitet. Ableitströme können betriebsbedingt zu ungewollten Abschaltungen führen. Deshalb sind Stromkreise über gemeinsame Fehlerstromkreise in geeigneter Weise auf mehrere Fehlerstrom-Schutzeinrichtungen aufzuteilen (**Bilder 5.3** und **5.4**).

5 Auswahl und Anschluss elektrischer Betriebsmittel

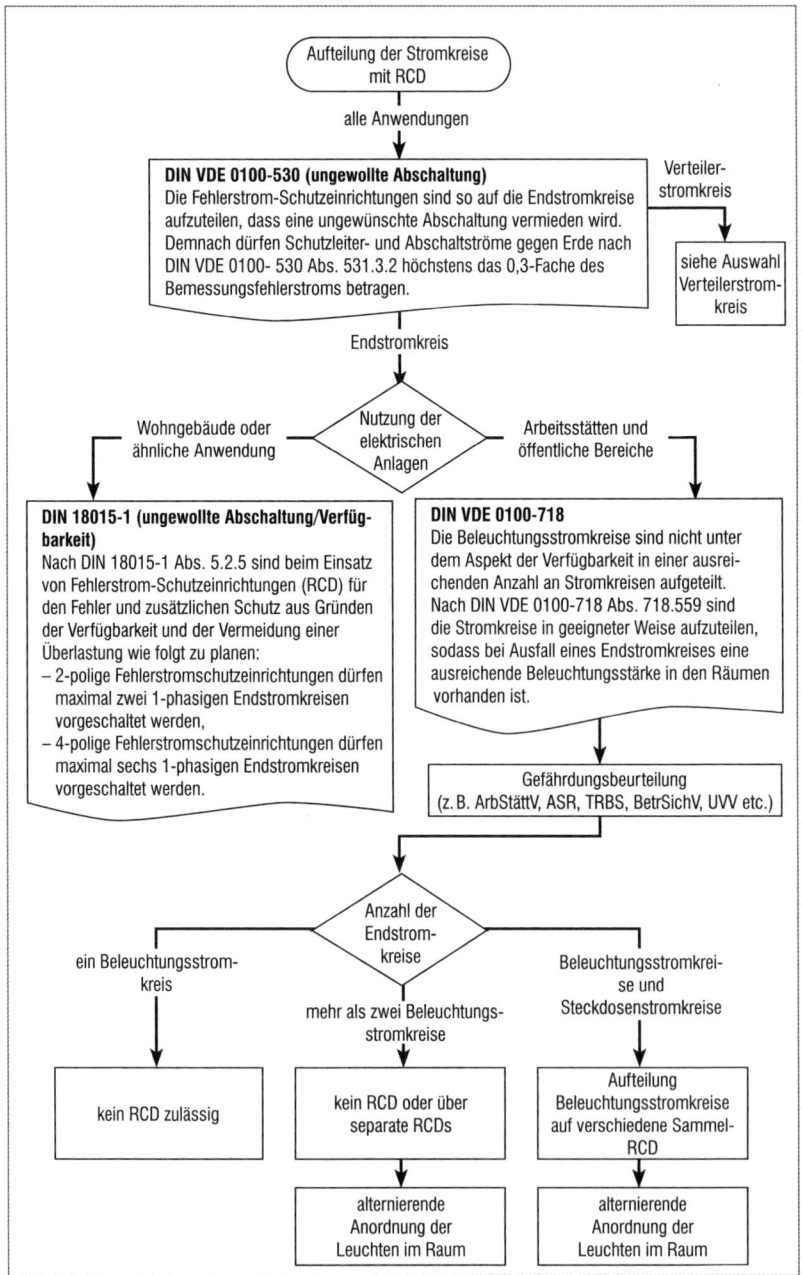

Bild 5.3 Entscheidungshilfe: Auswahl und Anordnung von RCDs –Teil 1: Endstromkreise

5.4 Auswahl von Schutzeinrichtungen nach Schutzzielen

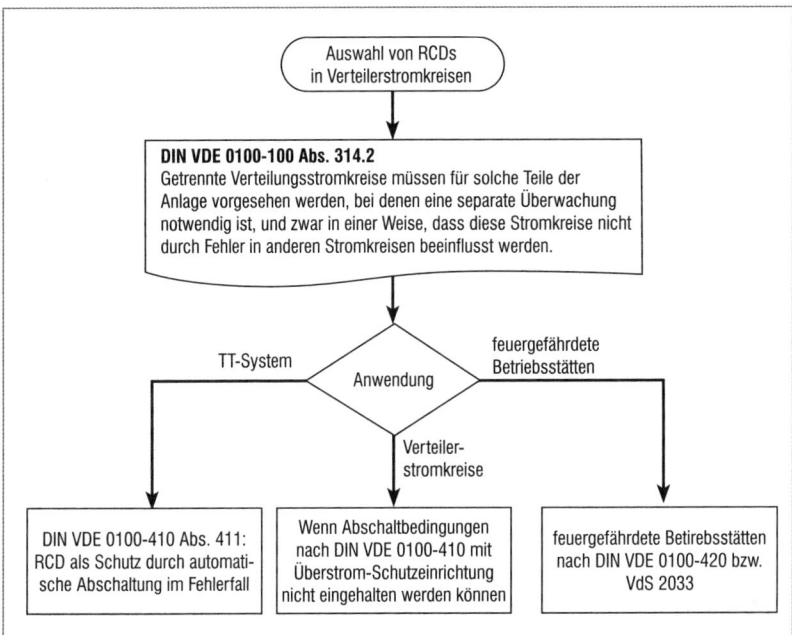

Bild 5.4 Entscheidungshilfe: Auswahl und Anordnung von RCDs –Teil 2: Verteilerstromkreise

Es gilt:

$$I_{abl} \leq 0{,}3 \cdot I_{\Delta N}$$

Durch ungewollte Abschaltung von RCDs darf zudem keine neue Gefährdung (Sekundärgefährdung) bestehen. In Arbeitsstätten und Versammlungsstätten (VDE 0100-718) muss eine Mindestbeleuchtungsstärke nach Auslösen eines RCDs vorhanden bleiben (siehe auch Abschnitt 5.5.4 *Verfügbarkeit und Aufteilung der Stromkreise für Beleuchtung*).

In elektrischen Betriebsstätten sind Steckdosen- und Beleuchtungsstromkreise zu trennen (VDE 0100-729). Auch bei elektrischen Anlagen in Wohngebäuden darf es zu keiner ungewollten Abschaltung kommen.

In Wohngebäuden wurde auch aufgrund der stetig steigenden Anzahl nicht-linearer Verbraucher die Planungsgrundsätze der DIN 18015-1 überarbeitet. Demnach darf eine Fehlerstrom-Schutzeinrichtung in Wohngebäuden oder in Gebäuden ähnlicher Zwecke in Endstromkreisen höchstens wie folgt aufgeteilt sein:

- 2-poliger RCD: max. zwei 1-polige Endstromkreise,
- 4-poliger RCD: max. sechs 1-polige Endstromkreise.

Ausführungen von RCDs

Fehlerstrom-Schutzeinrichtungen sind in Ausführungen nach **Tabelle 5.5** verfügbar.

Typ	Schutz
AC	– sinusförmige 50-Hz-Wechselfehlerströme
A	– sinusförmige Wechselfehlerströme – pulsierende Gleichfehlerströme – glatte Gleichfehlerströme bis 6 mA
F	– wie Typ A – Fehlerströme mit unterschiedlichen Frequenzen – Überlagerung glatter und pulsierender DC-Fehlerströme bis 10 mA
B	– wie Typ F – AC-Fehlerströme bis 1 kHz – Überlagerung von AC- und glatten DC-Fehlerströmen – Überlagerung von pulsierenden DC-Fehlerströmen mit glatten DC-Fehlerströmen – glatte DC-Fehlerströme – Auslösung bei den genannten Fehlerströmen erfolgt unabhängig vom Phasenanschnittwinkel
B+	– wie Typ B – Wechselfehlerströme bis 22 kHz – zulässiger Auslösewert bei 22 kHz = 420 mA

Tabelle 5.5 Typen von RCDs

Auswahl der Fehlerstrom-Schutzeinrichtungen nach Typ

Im Allgemeinen sind RCDs vom Typ A für Anwendungen in Endstromkreisen ausreichend. Derzeit ist in Beratung, ob aufgrund der Änderung der haushaltsüblichen Verbraucher diese durch den RCD-Typ F abgelöst werden sollen. Der Sachverhalt zwischen den Errichtern elektrischer Anlagen und den Geräteherstellern erweist sich allerdings oft als schwierig. Bei Auswahl von RCDs gelten für Errichter und Hersteller gemeinsame Anforderungen. Diese sind in der Norm DIN EN 61140 (VDE 0140-1) Schutz gegen elektrischen Schlag – gemeinsame Anforderungen an Geräte und elektrische Anlagen festgelegt. Die Norm ist im Amtsblatt der EU zur Niederspannungsrichtlinie gelistet und damit von Herstellern zu beachten. Gleiches gilt für die Planung und Errichtung elektrischer Anlagen. Aus dieser Norm sind die Schutzmaßnahmen gegen elektrischen Schlag nach DIN VDE 0100-410 sowie weitere zutreffende Normen abgeleitet.

Gemäß DIN EN 61140 (VDE 0140-1) Abs. 7.6.3.4 dürfen elektrische Betriebsmittel für Wechselspannung bei bestimmungsgemäßer Verwendung keine Gleichspannungs- und Stromanteile im Schutzleiter erzeugen. Der Eisenkern von Fehlerstrom-Schutzeinrichtungen des Typs A geht ab einem

5.4 Auswahl von Schutzeinrichtungen nach Schutzzielen

Gleichfehlerstromanteil von 6 mA in Sättigung, wodurch die Schutzeinrichtung in ihrer Wirksamkeit beeinträchtigt ist. Hier sind RCDs des Typs B oder B+ zu verwenden.

Endnutzer sind allerdings Laien, die diesen Sachverhalt bei der Verwendung steckerfertiger Geräte nicht beurteilen können. Demzufolge gelten gemäß DIN EN 61140 (VDE 0140-1) Abs. 7.6.3.4 hinsichtlich der Auswahl von RCDs und der Ausführung von Geräten folgende Anforderungen:

- Steckerfertige elektrische Betriebsmittel mit einer Bemessungsleistung ≤ 4 kVA müssen so ausgeführt sein, dass ein dem Schutzleiterstrom überlagerter Gleichstromanteil maximal 6 mA beträgt.
- Für steckerfertige elektrische Betriebsmittel mit einer Bemessungsleistung > 4 kVA und fest angeschlossene Betriebsmittel, unabhängig von ihrer Bemessungsleistung, müssen in der Betriebsanleitung Hinweise bezüglich der Schutzmaßnahmen enthalten sein.

Die Auswahlhilfe für die Auswahl von Fehlerstrom-Schutzeinrichtungen gemäß des Typs sind in **Bild 5.5** enthalten.

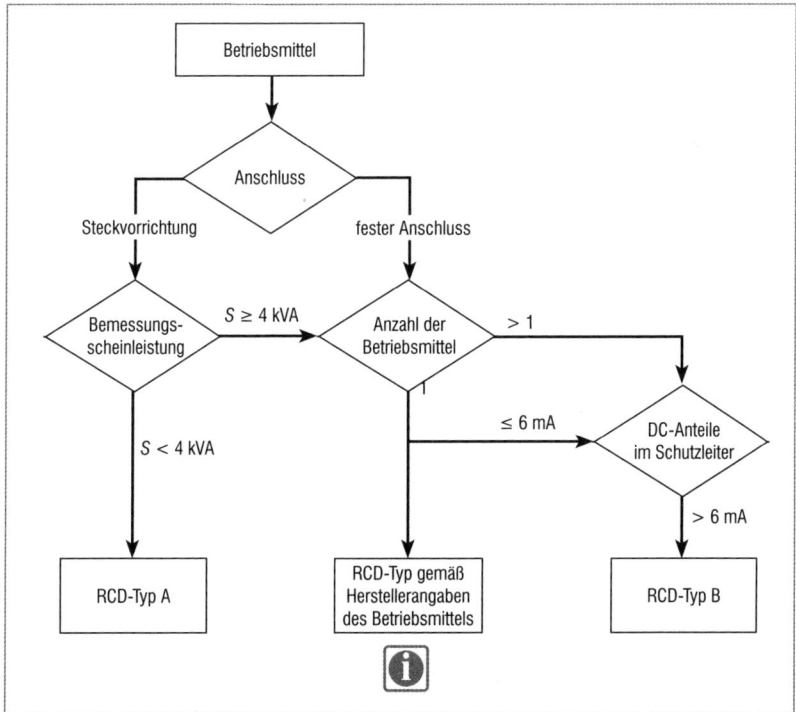

Bild 5.5 Entscheidungsdiagramm zur Auswahl von Fehlerstrom-Schutzeinrichtungen

Fehlerstrom-Schutzeinrichtungen des Typs AC werden bei Verbrauchsmitteln bereits bei geringen Anteilen an Oberwellen unwirksam und sind in Deutschland in neu errichteten Gebäuden seit 1985 unzulässig.

Im Rahmen wiederkehrender Prüfungen ist festzustellen, dass die Schutzeinrichtung aufgrund der zu erwartenden Betriebs- und Fehlerströme nicht in ihrer Wirksamkeit beeinträchtigt sind. Da mittlerweile in Haushalten eine Vielzahl von elektrischen und nicht linearen Verbrauchsmitteln vorhanden sind, ist zu erwarten, dass in den Stromkreisen die RCDs unwirksam werden und demzufolge gegen RCDs vom Typ A oder besser auszutauschen sind.

Abschaltzeiten von RCDs

Fehlerstrom-Schutzeinrichtungen (RCDs) verfügen je nach Ausführung und Art über unterschiedliche Abschaltzeiten. Die Angabe des Bemessungsfehlerstroms auf dem Typenschild des RCDs ist lediglich ein Bewertungskriterium.

Die Impedanz von Fehlerstellen bei Körper- oder Erdschlüssen ist nahezu ohmsch. Induktive Anteile können im Niederspannungsbereich vernachlässigt werden. Die Schutzwirkung bezieht sich auf die Grundschwingung von 50 Hz, sodass die Schutzwirkung den „A-Anteil" der Fehlerstrom-Schutzeinrichtung sicherstellt.

Selektive Fehlerstrom-Schutzeinrichtungen sprechen mit einer definierten Zeitverzögerung an. Sie werden eingesetzt, um zwischen zwei hintereinander geschalteten Fehlerstrom-Schutzeinrichtungen Selektivität zu erreichen.

Je nach Ausführung der Fehlerstrom-Schutzeinrichtung wirken in Abhängigkeit der Art und Höhe des Fehlerstroms unterschiedliche Abschaltmechanismen (**Tabelle 5.6**).

Art des Fehlerstroms	Ausführung	Bemessungsfehlerstrom	$I_{\Delta N}$ in ms	$2 \cdot I_{\Delta N}$ in ms	$5 \cdot I_{\Delta N}$ in ms	$10 \cdot I_{\Delta N}$ in ms	Bemerkung
AC (Wechselfehlerstrom)	Typ A allgemein	< 30 mA	300	150	40	–	maximale Abschaltzeit
		30 mA					
		> 30 mA					
	Typ A selektiv	> 30 mA	130	60	50	–	minimale Nichtauslösezeit
DC (glatter Gleichfehlerstrom)	Typ B allgemein	alle $I_{\Delta N}$	–	300	–	40	maximale Abschaltzeit
	Typ B selektiv	> 30 mA	–	500	–	150	
			–	130	–	50	minimale Nichtauslösezeit
pulsierender Gleichfehlerstrom und mischfrequentes Prüfsignal		$1{,}4 \cdot I_{\Delta N}$	300	150	40	–	

Tabelle 5.6 Auslösezeiten von RCDs gemäß ihren Abschaltmechanismen und Art der Fehlerströme

Auswahl von Fehlerstrom-Schutzeinrichtungen nach ihrer Schutzaufgabe

RCDs sind gemäß ihrer Schutzaufgabe, der Zuordnung zu Stromkreisen, der Netzform und dem Anschluss auszuwählen. Fehlerstrom-Schutzeinrichtungen können folgende Schutzziele erfüllen (**Bild 5.6**):
- Schutz durch automatische Abschaltung nach DIN VDE 0100-410 Abs. 411,
- zusätzlicher Schutz nach DIN VDE 0100-410 Abs. 411 und Abs. 411,
- Vorkehrung für den Brandschutz nach DIN VDE 0100-420.

RCDs als Schutz durch automatische Abschaltung

RCDs als Schutz durch automatische Abschaltung stellen bei Körperschluss die Abschaltzeiten gemäß DIN VDE 0100-410 Abs. 411 sicher (Bild 5.6, Pfad 1).

Im Allgemeinen sind bei RCDs, die zur Sicherstellung der automatischen Abschaltung verwendet werden, hinsichtlich des Bemessungsdifferenzstroms keine Anforderungen zu beachten. Sie dürfen grundsätzlich nicht als alleinige Schutzeinrichtung verwendet werden, da sie den Schutz bei Überstrom nicht sicherstellen. Die RCD muss allerdings den gesamten Abschnitt ab der Überstrom-Schutzeinrichtung bis zu den Anschlussklemmen der Betriebsmittel schützen.

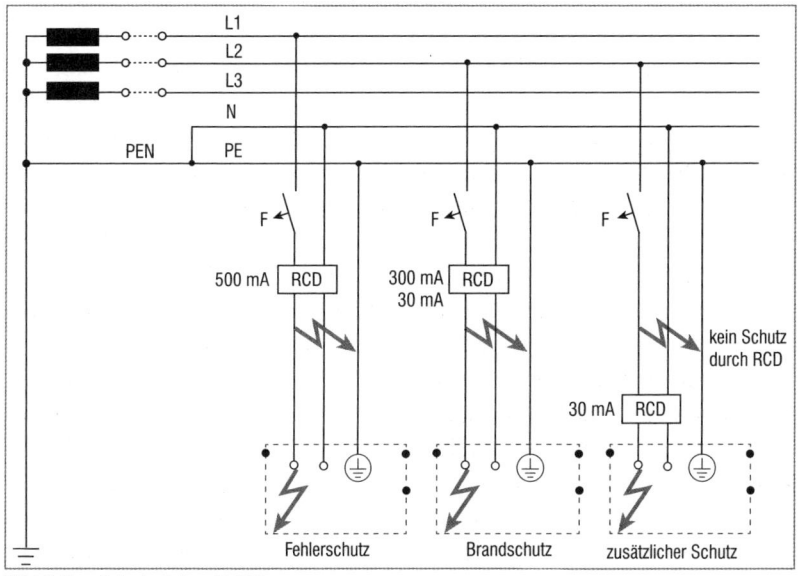

Bild 5.6 Schutzziele mit RCD

Demnach ist die RCD direkt im Verteiler bei der Überstrom-Schutzeinrichtung anzuordnen. Eine Anordnung im Leitungsstrang wie beim Überlastschutz ist unzulässig.

Bei Auswahl ist die Netzform zu beachten. Grundsätzlich darf in einem TN-C-System der PEN-Leiter nicht getrennt werden, weshalb RCDs in TN-C-Systemen unzulässig sind.

Im Allgemeinen sind RCDs mit einem Bemessungsdifferenzstrom bis einschließlich 500 mA als Vorkehrung zum Schutz durch automatische Abschaltung zulässig. Die Messung der Fehlerschleifenimpedanz ist in diesen Fällen im Rahmen der Erstprüfung nicht erforderlich.

Fehlerstrom-Schutzeinrichtungen mit einem Bemessungsfehlerstrom von höchstens 30 mA sind für folgende Stromkreise erforderlich:
- Stromkreise mit Steckvorrichtung bis 32 A,
- festangeschlossene handgeführte Betriebsmittel bis 32 A im Außenbereich,
- Beleuchtungsstromkreise in Wohneinheiten,
- AC-Ladepunkte, die zum Laden von Elektrofahrzeugen vorgesehen sind,
- ...

RCDs als zusätzlicher Schutz

Neben dem Schutz durch automatische Abschaltung im Fehlerfall gemäß DIN VDE 0100-410 Abs. 411 stellen Fehlerstrom-Schutzeinrichtungen mit einem Bemessungsfehlerstrom von höchstens 30 mA auch den zusätzlichen Schutz sicher. Während der Schutz durch automatische Abschaltung im Fehlerfall vorwiegend dem Schutz gegen elektrischen Schlag in der Anlage dient, dient der zusätzliche Schutz der Abschaltung berührungsgefährlicher Spannungen und damit dem Nutzer. Der zusätzliche Schutz ist erforderlich, wenn aufgrund des Nutzverhaltens bzw. der Sorglosigkeit des Nutzers der Basis- oder Fehlerschutz unwirksam gemacht wird (siehe Bild 5.6, Pfad 3).

Als typisches Beispiel seien die Anforderungen von Fehlerstrom-Schutzeinrichtungen in Beleuchtungsstromkreisen von Wohnungen genannt. Diese bestehen seit der Ausgabe der DIN VDE 0100-410 (Ausgabe Oktober 2018). Hintergrund der Anforderung ist, dass bei neuen Leuchten die Leuchtmittel nicht austauschbar sind, sodass der Laie die Leuchten selber anschließt. Ein weiteres typisches Beispiel für den zusätzlichen Schutz mittels RCDs ist die Verlängerungsleitung des Rasenmähers. Durch Sorglosigkeit des Anwenders kann die Verlängerungsleitung beschädigt werden, wodurch der Basisschutz der Kabelisolierung unwirksam ist.

Da RCDs für den zusätzlichen Schutz primär dem Personenschutz dienen, dürfen die Fehlerstrom-Schutzeinrichtungen für den zusätzlichen Schutz im Leitungsstrang verschoben werden. Demzufolge sind steckdosenintegrierte Fehlerstrom-Schutzeinrichtungen mit einem Bemessungsfehlerstrom von 30 mA zum ausschließlichen zusätzlichen Schutz zulässig. Sie erkennen jedoch keine Isolationsfehler zwischen einem aktiven Leiter und dem Schutzleiter bzw. einem mit Erde verbundenen Teil im Leitungsstrang und sind somit als Schutzvorkehrung zur Sicherstellung der automatischen Abschaltung im Fehlerfall unzulässig.

Beispiel: Erweiterung einer Steckdose mit klassischer Nullung

Als „klassische Nullung" bezeichnet man umgangssprachlich die Kombination von Neutralleiter und Schutzleiter in einem Endstromkreis. Bei Stromkreisen mit sogenannter klassischer Nullung handelt es sich um TN-C-Systeme, bei denen die Auftrennung des PEN-Leiters in N- und PE-Leiter erst an den Anschlussstellen im Betriebsmittel (u. a. des Steckdoseneinsatzes) erfolgt (**Bild 5.7**).

Stromkreise mit klassischer Nullung bergen allerdings die Gefahr, dass bei Abriss des PEN-Leiters des Stromkreises im normalen fehlerfreien Betrieb eine Berührungsspannung anliegt. Berühren Menschen oder Nutztiere die Körper, wird der Fehlerstromkreis über den Körperwiderstand des Menschen bzw. des Nutztiers geschlossen, sodass ein gefährlicher Körperstrom zum Fließen kommt. Mensch bzw. Nutztier schließen somit den Fehlerstromkreis zwischen Händen und Füßen. Der Körperinnenwiderstand des Menschen ist mit 1.000 Ω anzunehmen. Da dieser in Reihe mit den Leiterwiderständen, die im Bereich einiger Ω liegen, und dem Standortwiderstand, der zwischen einigen Ω und einigen Hundert Ω betragen kann, liegt, fällt demnach der größte Teil der Versorgungsspannung, gemessen gegen Erde (Strangspannung U_0 = 230 V), am Menschen ab. Demnach liegt die wirksame Berührungsspannung i. d. R. über 50 V (AC), sodass der zum Fließen kommende Körperstrom oberhalb der Flimmerschwelle (ab 50 mA) des Strom-Zeit-Diagramms liegt.

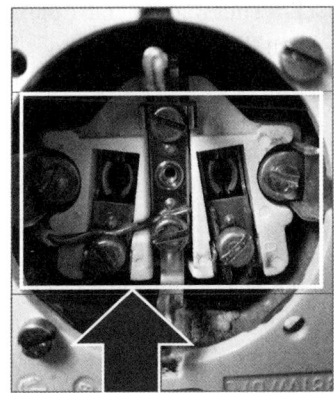

Bild 5.7 Schutzkontaktsteckdose mit klassischer Nullung

Die Anpassung einer elektrischen Anlage mit klassischer Nullung ist immer wieder ein heißes Thema. Grundsätzlich fordert die DIN VDE 0100-540, dass PEN-Leiter aus Stabilitätsgründen erst ab 10 mm^2 Kupfer bzw. 16 mm^2 Aluminium verlegt werden dürfen. Nun ist diese Anforderung nicht neu. Schaut man in den VDE-Auswahlordner für das Elektrohandwerk, reicht das Onlineabonnement der VDE 0100 bis zur Ausgabe von 1973 zurück. Bereits dort gab es die Anforderung an den Leiterquerschnitt für PEN-Leiter von mindestens 10 mm^2 Kupfer bzw. 16 mm^2 Aluminium. Demnach sind elektrische Anlagen mit klassischer Nullung mindestens 50 Jahre alt, sodass eine Anpassung mit dem Erhalt des ordnungsgemäßen Zustands nach DIN VDE 0105-100/A1 argumentiert werden kann. Die Frage ist nun, ob bei einer so alten Anlage das Isolationsmaterial der Leitungen noch im ordnungsgemäßen Zustand ist. Dieser Sachverhalt ist mit einer Isolationsprüfung festzustellen. Die Erfahrung zeigt deutlich, dass nach mehreren Jahrzehnten die Weichmacher aus den Isolationsmaterialien ausgasen und ihre Wirkung verlieren. Demnach ist zwar nicht aus Sicht der klassischen Nullung, aber aufgrund des unzureichenden Zustands des Isolationsmaterials die Lebenszeit der Anlage schlichtweg abgelaufen und eine Anpassung empfohlen. Ein weiterer Ansatzpunkt, für eine Anpassung zu argumentieren, sind mögliche Nutzungsänderungen während der Betriebszeit. Gab es innerhalb dieser Zeit eine Nutzungsänderung nach 1973, kann damit eine Anpassungspflicht begründet sein.

Eine weitere Anpassungspflicht des bestehenden Stromkreises kann bei Erweiterung des Endstromkreises um weitere Steckdosen begründet werden. Wird ein bestehender Stromkreis erweitert, sind die von der Erweiterung betroffenen Anlagenteile hinsichtlich der Erfordernis einer Anpassung zu prüfen.

Das **Bild 5.8** zeigt einen Stromkreis im Bestand mit klassischer Nullung. Bei Erweiterung des Stromkreises sind die zum Zeitpunkt der Erweiterung gültigen technischen Regelwerke maßgebend. Demnach sind gemäß DIN VDE 0100-410 Abs. 411 für Steckdosenstromkreise, die für die Verwendung von Laien vorgesehen sind, Fehlerstrom-Schutzeinrichtungen mit einem Bemessungsfehlerstrom von höchstens 30 mA einzusetzen. Aufgrund der Nummerierung in Abs. 411 ist die RCD somit der Schutzmaßnahme „Schutz durch automatische Abschaltung" zuzuordnen. Gemäß DIN VDE 0100-530 Abs. 531.3.5 sind Fehlerstrom-Schutz-

5.4 Auswahl von Schutzeinrichtungen nach Schutzzielen

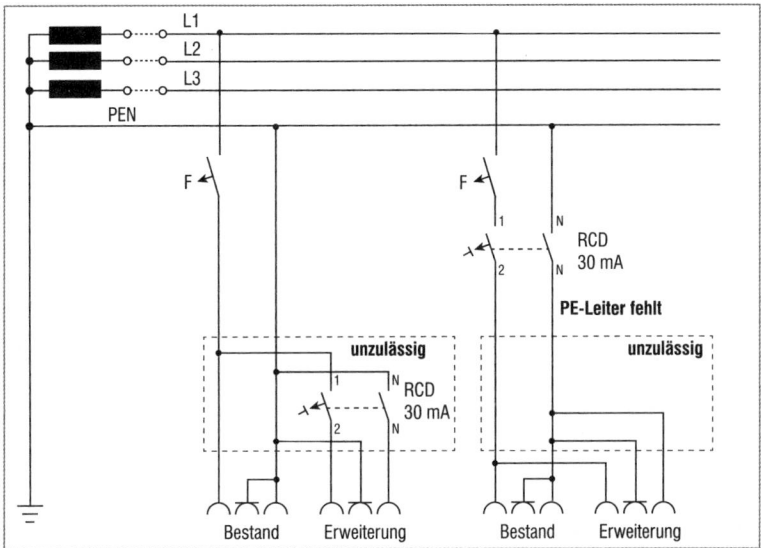

Bild 5.8 Erweiterung eines bestehenden Endstromkreises mit klassischer Nullung

einrichtungen, die für den Fehlerschutz gemäß DIN VDE 0100-410 Abs. 411 vorgesehen sind, am Anfang des Stromkreises anzuordnen. Der Anfang eines Stromkreises ist in der Verteilung bei der Überstromstrom-Schutzeinrichtung anzuordnen. Die RCD kann demnach ausschließlich den zusätzlichen Schutz nach DIN VDE 0100-410 Abs. 415 sicherstellen. Der Einbau einer RCD im Leitungsstrang ist demnach unzulässig.

Die Erweiterung eines bestehenden Stromkreises mit klassischer Nullung ist aus folgenden Gründen unzulässig:

- Der Querschnitt des PEN-Leiters, an den die Neutralleiter und Schutzleiter des erweiterten Teils angeschlossen sind, entspricht nicht dem geforderten Mindestleiterquerschnitt von 10 mm² (Kupfer) gemäß DIN VDE 0100-540.

- Die Fehlerstrom-Schutzeinrichtung kann nicht am Anfang des Stromkreises an der Überstrom-Schutzeinrichtung angeordnet werden, sodass diese gemäß DIN VDE 0100-530 nur den zusätzlichen Schutz und nicht den Fehlerschutz des Stromkreises gemäß DIN VDE 0100-410 Abs. 411 sicherstellen kann.

RCDs für den Brandschutz

Fehlerstrom-Schutzeinrichtungen als Vorkehrung für den Brandschutz sind gemäß DIN VDE 0100-420 Abs. 422.3.9 in TN-Systemen in feuergefährdeten Betriebsstätten oder Betriebsstätten mit gleichzusetzenden Risiken anzuwenden. (siehe Bild 5.6, Pfad 2)

TN-Systeme mit Fehlerstrom-Schutzeinrichtungen sind mit einem Bemessungsfehlerstrom von höchstens 300 mA als Vorkehrung für den Brandschutz zulässig. Ist mit impedanzbehafteten Isolationsfehlern (u. a. bei Flächenheizungen) zu rechnen, darf der Bemessungsfehlerstrom höchstens 30 mA betragen. Ab 60 W bis 70 W an der Fehlerstelle besteht die Gefahr einer Entzündung von brennbaren Materialien. Demnach darf an der Isolationsfehlerstelle höchstens eine Verlustleistung von 68 W (230 V · 0,3 A) entstehen, damit das Risiko einer Entzündung von Materialien verhindert wird. Gemäß Herstellernormen dürfen RCDs vom Typ A mit dem einfachen Bemessungsfehlerstrom innerhalb 300 ms abschalten. Demnach beträgt die zulässige Wärmeenergie am Fehlerlichtbogen 230 V · 0,3 A · 0,3 s = 20,7 Ws (J).

Innerhalb feuergefährdeter Betriebsstätten darf der Isolationsfehler zu keiner Zündung von brennbaren Materialien führen. Demnach ist die Fehlerstrom-Schutzeinrichtung außerhalb der feuergefährdetet Betriebsstätte bzw. außerhalb des feuergefährdeten Bereichs anzuordnen. Sofern die Fehlerstrom-Schutzeinrichtung in der Verteilung bei der Überstrom-Schutzeinrichtung angeordnet ist und den vorgegeben Bemessungsfehlerstrom nicht überschreitet, sind sowohl die Brandschutz- als auch die Anforderungen an den Schutz durch automatische Abschaltung im Fehlerfall erfüllt.

5.4.3 Auswahl von Fehlerlichtbogen-Schutzeinrichtungen (AFDD)

Ein Fehlerlichtbogen kann je nach Isolationsfehlerstelle und dem damit verbundenen Stromfluss seriell und parallel im Stromkreis entstehen. Serielle und parallele Fehlerlichtbögen zwischen aktiven Leitern können betriebsmäßig, d. h. ohne Vorliegen eines Fehlerstroms entstehend. Dies ist zum Beispiel der Fall, wenn eine Beschädigung eines aktiven Leiters in einer Leitung vorliegt oder bei unzureichenden Klemmverbindungen.

- **Parallele Lichtbögen** zwischen aktiven Leitern entstehen typischerweise durch Nägel oder Schrauben in der Wand, gequetschte Leitungen, durch zu geringe Biegeradien, durch scharfkantige Leitungsführung über Profilbleche und Kabelpritschen sowie gequetschte Leitungen in Verkehrswegen oder hinter dem Schrank eingeklemmte Leitungen.

Ebenso sind zu kleine Biegeradien, die durch Stauchung und Dehnung der Leitung an der Biegestelle zu einer nicht homogenen Widerstandsverteilung führen. Es kommt zur punktuellen Erwärmung.

- **Serielle Fehlerlichtbögen** in aktiven Leitern entstehen u. a. durch lose Kontakte, widerstandsbehaftete Anschlussstellen, durch ungeeignete Klemmverbindungen oder nicht fachgerechte Ausführungen der Klemmtechnik sowie durch abgeknickte Stecker.

Ursachen und Folgen von Fehlerlichtbögen: Äußere Beanspruchungen sind meist durch falsche Auswahl der Kabel und Leitungen sowie durch unzureichende Verlegung bedingt. UV-Strahlungen oder erhöhte Temperaturen etc. führen beispielsweise zu einer schnelleren Alterung des Isolationsmaterials. Die Isolierung wird spröde und es kommt zu Rissen, die bei Verschmutzungen Kriechstrecken bilden. Ebenso können mechanische Beeinträchtigungen, wie scharfkantige Leitungsführungen oder Nagetierfraß, die Isolation schädigen. Kommt ein Strom an einer beschädigten Stelle zum Fließen, liegt bedingt durch die beschädigte Stelle ein erhöhter Übergangswiderstand (Engewiderstand) vor. Das Kupfer im Leiter wird heiß (bis ca. 1.250 °C) und oxidiert zu Kupferoxid, während die Isolierung karbonisiert.

Das Kupfer schmilzt und vergast kurzzeitig. Es entsteht ein Luftspalt mit sporadischen Fehlerlichtbögen über das Isolationsmaterial. Letzten Endes entsteht ein stabiler widerstandsbehafteter Fehlerlichtbogen über die karbonisierte Isolierung. Ab einer Fehlerleistung von 60 W an der Fehlerstelle besteht nach VdS 2349 3.1 eine Brandgefahr. Allerdings reicht ein Strom ab 100 mA bereits aus, um zu einem Brand zu führen (vgl. *Hochbaum/Callondann*: Schadenverhütung in elektrischen Anlagen, VDE Verlag 3. Auflage). Damit stellen widerstandsbehaftete Kurz- und Erdschlüsse ab 2,3 kΩ an der Fehlerstelle (230 V/0,1 A = 2,3 kΩ) eine Brandgefahr dar.

Ein Fehlerlichtbögen entsteht in folgenden fünf Phasen:

- **Phase 1:** Strom fließt durch einen beschädigten Leiter.
- **Phase 2:** Durch die Beschädigung der Leitung entsteht ein Engpass, sodass an der Stelle der Leiterquerschnitt reduziert ist und es somit zu einer Erhöhung der Storm-Wärmeverluste an der beschädigten Stelle kommt.
- **Phase 3 (Verkohlung):** Bedingt durch die Strom-Wärme-Verluste oxidiert das Kupfer zu Kupferoxid (Ionisierung, Karbonisieren). Es treten an der Fehlerstelle Temperaturen von bis zu 1.250 °C auf.
- **Phase 4 (Verkohlung):** Das Kupfer schmilzt und vergast kurzzeitig. Es entsteht ein sporadischer Fehlerlichtbogen über der Isolierung (bis 6.000 °C).

▌ Phase 5 (Zündung): Es entsteht ein stabiler Fehlerlichtbogen über karbonisierter Isolierung (ca. 6.000 °C).

Die Notwendigkeit von Fehlerlichtbogen-Schutzeinrichtungen (AFDDs) ist im Rahmen der Prüfung sich aus Risiko- und Sicherheitsbewertung des Planers bzw. Errichters zu entnehmen. Im Rahmen der Prüfung können folgende Varianten vorliegen:

▌ keine Risikobeurteilung,
▌ Risikobeurteilung mit Notwendigkeit von AFDDs,
▌ Risikobeurteilung ohne Notwendigkeit von AFDDs.

Liegt eine Risikobeurteilung vor, muss aus dem Ergebnis die Notwendigkeit von Fehlerlichtbogen-Schutzeinrichtungen (AFDDs) für die bestimmten Bereiche hervorgehen. Liegt zum Zeitpunkt der Prüfung keine Risiko- und Sicherheitsbewertung vor, besteht eine normative Abweichung hinsichtlich der Forderung der Durchführung einer Risiko- und Sicherheitsbewertung gemäß DIN VDE 0100-420 Abs. 421.7. Es fehlt somit die Bewertungsgrundlage.

Ergibt die Risiko- und Sicherheitsbewertung oder geht aus weiteren (u. a. vertraglichen) Obliegenheiten hervor, dass Fehlerlichtbogen-Schutzeinrichtungen (AFDDs) für bestimmte Bereiche vorzusehen sind, ist durch Besichtigen gemäß DIN VDE 0100-600 Abs. 6.4 und den Herstellervorgaben die korrekte Auswahl und Anordnung festzustellen.

Für den Einbau von Fehlerlichtbogen-Schutzeinrichtungen sind folgende Anforderungen zu überprüfen:

▌ AFDDs sind am Anfang der zu schützenden Endstromkreise anzuordnen.
▌ In 1-phasigen und 2-phasigen Wechselstromkreisen müssen AFDDs für eine Spannung von mindestens 240 V bemessen sein.
▌ Fehlerlichtbogen-Schutzeinrichtungen (AFDDs) müssen mit DIN EN 62606 (VDE 0665-10) übereinstimmen.

Fehlende Herstellervorgaben (u. a. Montage- und Bedienungsanleitung, Typenschilder) und Abweichungen gemäß DIN VDE 0100-600 Abs. 6.3 sind als Mangel aufzuführen.

Ergibt die Risiko- und Sicherheitsbewertung keine Erfordernis von Fehlerlichtbogen-Schutzeinrichtungen (AFDDs) oder andere Schutzvorkehrungen, und liegen dennoch die nach DIN VDE 0100-420 Abs. 421.7 genannten Bereiche vor, ist das Ergebnis zu hinterfragen und ggf. weitere Nachweise einzufordern (**Bild 5.9**). In jedem Fall sollte der Prüfer auf die Abweichung im Prüfbericht hinweisen.

5.5 Auswahl und Anordnung von Leuchten und Beleuchtungsanlagen

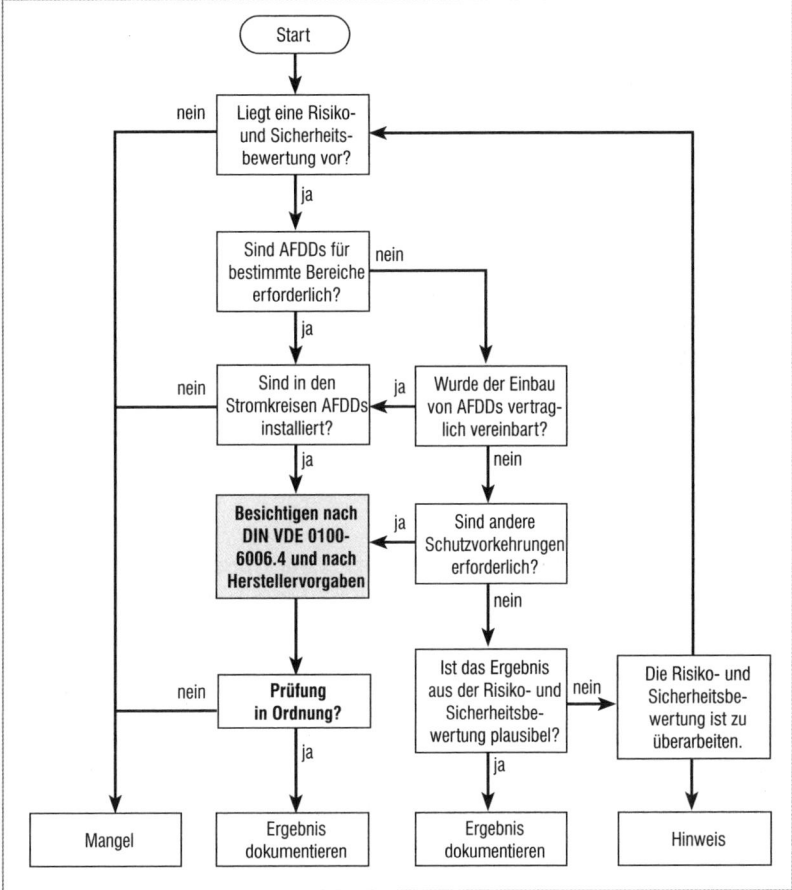

Bild 5.9 Bewertung von Endstromkreisen mit AFDDs

5.5 Auswahl und Anordnung von Leuchten und Beleuchtungsanlagen

Leuchten sind Betriebsmittel, durch die das von einer oder mehreren Lampen erzeugte Licht verteilt, gefiltert oder umgewandelt wird. Eine Leuchte umfasst demnach alle Teile, die zur Befestigung und zum Schutz der Lampen erforderlich sind. Die Lampe, auch Leuchtmittel genannt, gehört nicht zur Leuchte.

Zur Leuchte gehört je nach Ausführung auch ein Lampenbetriebsgerät.

Als Lampenbetriebsgeräte werden alle Bauteile bezeichnet, die zwischen den Netzanschlussklemmen der Leuchte und des Leuchtmittels angeordnet sind. Lampenbetriebsgeräte dienen folgenden Zwecken:
- Transformation der Netzspannung,
- Begrenzung von Strom und Spannung,
- Erzeugung der Startspannungen,
- Erzeugen eines Vorheizstroms,
- Verhindern von Kaltstarten,
- Verbesserung des Leistungsfaktors,
- Dimmen,
- Verhindern von Funkstörungen.

5.5.1 Montage von Leuchten

Unterschieden werden zudem Leuchten für Glühlampen und Leuchten für Entladungslampen. An Glühlampen entstehen 85 % bis 95 % Wärmeverluste. Demnach entstehen an Oberflächen von Glühlampen hohe Temperaturen. Eine herkömmliche 100-W-Glühlampe kann Oberflächentemperaturen von 200 °C bis 260 °C annehmen. Bei Niedervolt-Halogenlampen liegen die Oberflächentemperaturen über 500 °C.

Die abgegebene Wärmeleistung darf im normalen Betrieb grundsätzlich Befestigungsflächen und Materialen nicht unzulässig erwärmen. Allein hier sieht man, welche Temperaturen in einer Leuchte entstehen. Bei der Auswahl und Montage von Leuchten sind die thermischen Auswirkungen der Strahlungs- und Wärmeenergie zu berücksichtigen (**Tabelle 5.7**).

Im Rahmen der Prüfung ist demnach festzustellen, dass die Montagestellen sowie angrenzenden Materialien im Wirkungsbereich der Leuchte über eine ausreichend hohe Wärmebeständigkeit verfügen. Hierzu ist die Leuchte gemäß den Angaben des Herstellers zu montieren.

5.5.2 Abstände zu brennbaren Materialien

Die Abstände zu brennbaren Materialien sind zu beachten. Nach VDE 0100-420 Absatz 422.3.1 müssen Leuchten einen ausreichenden Abstand von brennbaren Materialien haben. Die Leuchten sind entsprechend den Installationsorten gemäß Tabelle 5.7 auszuwählen. Wenn andere Herstellerangaben nicht gemacht werden, müssen kleine Scheinwerfer und Projektoren von brennbaren Materialien folgenden Mindestabstand haben:
- < 100 W: 0,5 m;
- 100 W bis 300 W: 0,8 m;

5.5 Auswahl und Anordnung von Leuchten und Beleuchtungsanlagen

- 300 W bis 500 W: 1,0 m;
- 500 W: größere Abstände können notwendig sein.

Die Abstände gemäß der Herstellerangaben sind dabei vorrangig zu beachten.

Installationsorte/-flächen			Leuchten, DIN EN 60598 (VDE 0711) (alle Teile)	Lampenbetriebsgeräte als unabhängiges Zubehör
nichtbrennbare Baustoffe			F, F, D, M, M/M, ⊠ und Leuchten ohne diese Zeichen	⊕
brennbare Baustoffe[a]			F, F, D, M, M/M	⊕ 110, ⊕ 130
besondere Bereiche	Überdeckung mit Wärmedämmung		F	⊕ F [b]
	Einrichtungsgegenstände (Möbel)		M[c], M/M	⊕ 130 [c], ⊕ 110
	feuergefährdete Betriebsstätten – DIN VDE 0100-420 (VDE 0100-420):2013-02, 422-3		M/M, D	⊕ 110
		Staub- und/oder Faseranfall	F/F, D [d]	⊕ D [b]

a Schwer oder normal entflammbare Baustoffe nach DIN 4102.
b Diese Zeichenkombinationen sind nicht genormt; die Sicherheitskriterien müssen denen der Leuchte entsprechen; Bestätigung vom Hersteller einholen.
c Nur zulässig, wenn der Werkstoff mindestens normal entflammbar ist.
d Nur zulässig, wenn Leuchten mit enthaltenen Lampen mindestens der Schutzart IP5X entsprechen.

Anmerkung: Mit dem Zeichen F/F gekennzeichnete Leuchten nach DIN VDE 0710-5 (VDE 0710-5):1983-02 durften nur bis 2005-08-01 hergestellt werden.

Tabelle 5.7 Auswahl von Leuchten und Lampenbetriebsgeräten in Abhängigkeit der Installationsfläche nach DIN VDE 0711-1 und DIN VDE 0100-559

5.5.3 Durchführung der Prüfung

Durch Besichtigen ist festzustellen, dass

- die Leuchte gemäß ihrer vom Hersteller angegebenen Montageart montiert ist,
- die vom Hersteller angegebene Leistung der Leuchtmittel nicht überschritten wird,
- die Art des Leuchtmittels laut Leuchtenhersteller zulässig ist,

- die Abstände zu brennbaren Materialen eingehalten sind,
- geeignete Mittel zur Befestigung verwendet wurden,
- Hängeleuchten mindestens eine Last von 5 kg tragen können,
- Leuchten mit einer Gesamtmasse von über 5 kg über Verkehrswegen und Ansammlungsbereichen in geeigneter Form gesichert sind (hier sind u. a. die Anforderungen nach DIN VDE 0100-718 zu beachten),
- die Schutzart der Leuchte gemäß den Umgebungsbedingungen geeignet ist (IP-Schutzart),
- die Einführung der Leitung gemäß der vom Leuchtenhersteller angegebenen Schutzart verschlossen ist,
- sich keine losen Klemmverbindungen sich in Durchgangsverdrahtungen befinden,
- Silikonschäuche über die basisisolierten Leiter gestülpt sind.

5.5.4 Verfügbarkeit und Aufteilung der Stromkreise für Beleuchtung

Die Auswahl und Anordnung der Schutzeinrichtung sowie der angeschlossenen Kabel- und Leiterquerschnitte sind beim Besichtigen der Verteiler zu prüfen. Hier ist darauf zu achten, dass

- der Endstromkreis (Beleuchtungsstromkreis) über eine Schutzeinrichtung verfügt, die alle Außenleiter trennt,
- Beleuchtungsstromkreise in abgeschlossenen elektrischen Betriebsstätten von Steckdosenstromkreisen getrennt sind,
- Leuchtengruppen, die zwischen den Außenleitern eines Drehstromsystems einen gemeinsamen Neutralleiter besitzen, mit einer Schutzeinrichtung zu versehen sind, die alle Außenleiter gleichzeitig trennt. Hierzu sind u. a. 3-polige Leitungsschutzschalter zu verwenden. Schraubsicherungen trennen nicht alle Außenleiter gleichzeitig und sind daher unzulässig,
- Beleuchtungsstromkreise in Arbeitsstätten und öffentlichen Bereichen so aufgeteilt sind, dass bei Ausfall eines Beleuchtungsstromkreises eine ausreichende Restbeleuchtungsstärke vorhanden ist. Die Beleuchtungsstärken sind zum Beispiel aus der Arbeitsstättenrichtlinie (kurz ASR) oder anderen zutreffenden Regelwerken zu entnehmen. Sammel-RCDs sind demnach unzulässig.

(siehe Abschnitt 5.4.2 *Auswahl von Fehlerstrom-Schutzeinrichtungen (RCD)*)

5.5.5 Besichtigen der Anschlussstellen

Zwischen Leuchte und ortsfester elektrischer Anlage stellt sich in der Praxis die Frage nach der Schnittstelle zwischen elektrischer Anlage und dem ortsfesten fest angeschlossenen elektrischen Betriebsmittel. In der Regel endet der Anwendungsbereich der DIN VDE 0100-Reihe an den Anschlussklemmen der Leuchte.

Anschlussleitungen von Leuchten sind in eine Anschlussdose oder ein Betriebsmittel einzuführen. Nach DIN VDE 0100-559 Abs. 559.6.1 sind fest installierte Leitungen, die für den Anschluss von Leuchten vorgesehen sind, in eine Installations- oder Anschlussdose zu führen. Aufgrund der direkt berührbaren basisisolierten Leiter ist der Schutz durch automatische Abschaltung oder der Schutz durch doppelte oder verstärkte Isolierung nach DIN VDE 0100-410 unwirksam.

Nach DIN VDE 0100-599 Abs. 599.5 muss der Anschluss von Leuchten an der Kabel- und Leitungsanlage

- in einer Installationsdose nach DIN VDE 0606 eingeführt sein, oder
- in einer Steckdose einer Vorrichtung für den Anschluss von Leuchten nach den Normen der Reihe DIN EN 61995 (VDE 0620) eingeführt sein, die in einer Installationsdose installiert ist, oder
- in einem elektrischen Betriebsmittel eingeführt sein, das für den direkten Anschluss an die Kabel und Leitungsanlage vorgesehen ist.

5.5.6 Leuchtstofflampen

Defekte Starter von Leuchtstofflampen bergen ein erhöhtes Brandrisiko. Flackert die Leuchtstofflampe, kommt es im Starter infolge von abwechselndem permanenten Öffnen und Schließen zu Lichtbögen. Diese erwärmen den Starter, sodass dieser unzulässig hohe Temperaturen annehmen und so einen Brand verursachen kann.

Ein anderes Extrem ist der permanent geschlossene defekte Starter. Dieser hält den Stromkreis geschlossen, sodass in den Glühwendeln der Leuchtstoffröhren ein Strom fließt. Dieser Fehler macht sich dadurch bemerkbar, dass die Leuchtstoffröhre nicht durchzündet und an den Glühwendeln ein Glimmen zu sehen ist. Der Stromfluss wird nur durch den Leiterwiderstand und die vorgeschaltete Induktivität begrenzt, sodass diese unzulässig hohe brandgefährliche Temperaturen annehmen können.

Wie hoch die Temperaturen werden, sollen die folgenden Abbildungen zeigen. **Bild 5.11** zeigt das Thermografiebild einer durchgezündeten Leuchtstofflampe. Der Stromfluss durch die Glühwendeln auf Höhe der T8-Sockel wurde durch den Starter nach der Vorglühzeit unterbrochen und die Leuchte zündete durch. Die Temperatur im Betrieb liegt hier im Beispiel bei unter 40 °C.

Bild 5.12 zeigt hingegen eine nicht durchgezündete Leuchtstofflampe mit defektem Starter. In den Glühwendeln fließt ein Strom, wodurch eine Temperatur von 180 °C gemessen wurde.

Sowohl flackernde Leuchtstofflampen als auch glimmende Glühwendeln stellen eine Brandgefahr dar. Beides ist vom Prüfer als brandgefährlicher Mangel aufzuführen.

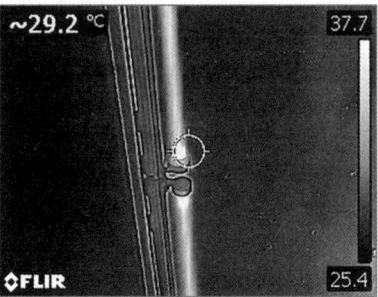

Bild 5.11 Thermografieaufnahme einer Leuchtstofflampe mit intaktem Starter im eingeschalteten Zustand

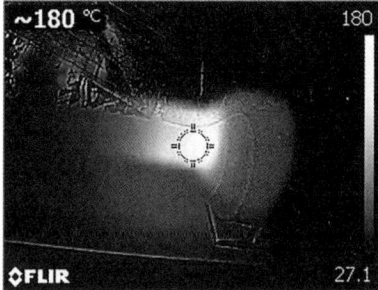

Bild 5.12 Thermografieaufnahme eines T8-Sockels mit defektem Starter

5.5.7 Stroboskopischer Effekt

Neben der Verfügbarkeit der Beleuchtung durch geeignete Aufteilung der Stromkreise ist an Orten, wo Maschinen mit sich bewegenden Teilen in Betrieb sind, der stroboskopische Effekt zu berücksichtigen. Der Stroboskopische Effekt täuscht den Stillstand beweglicher Teile vor. Dieser Effekt ist insbesondere bei rotierenden Teilen, wie Erststücke in Drehbänken, in der Gefährdungsbeurteilung des Betreibers zu berücksichtigen und entsprechende Maßnahmen sind festzulegen. Dieser Effekt kann durch elektronische Hochfrequenz-Lampenbetriebsgeräte verhindert werden.

Bei konventionellen Beleuchtungsanlagen im Bestand wurde auch aus diesem Grund die Stromversorgung der Beleuchtung aus allen drei Außenleitern in einem Bereich aufgeteilt. Die Anforderungen aus der Gefährdungsbeurteilung, der ASV sowie aus weiteren zutreffenden, sind hierbei zu beachten.

5.5.8 Hängeleuchten

Hängeleuchten sind grundsätzlich mit flexiblen Anschlussleitungen anzuschließen. Hintergrund der Anforderung ist, dass nach DIN VDE 0100-520 Abs. 522.7.2 bei fest angeschlossenen und abgehängten Betriebsmitteln (u. a. Leuchten) Schwingungen zu erwarten sind (**Bild 5.13**). Erfolgt der Anschluss über starre Leiter, wirken die bei der Schwingung auftretenden Kräfte direkt auf die Anschlussklemmen. Die Leuchten sind demnach mit mittelflexibler Leitung anzuschließen.

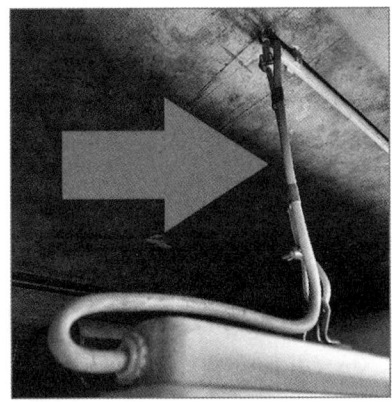

Bild 5.13 Hängeleuchte, die an einer Leitung mit starren Leitern angeschlossen ist

Buch Shop

Fachbücher, E-Books und WissensFächer für das Elektrohandwerk

Das volle Programm rund um die Uhr online bestellen: **shop.elektro.net**

 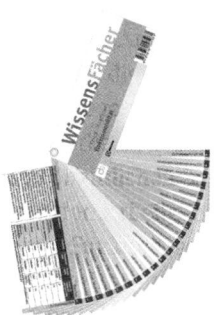  

shop.elektro.net

Ihre Bestellmöglichkeiten auf einen Blick:

- Fax: +49 (0) 89 2183-7620
- E-Mail: buchservice@huethig.de
- Web-Shop: shop.elektro.net

Hier Ihr Fachbuch direkt online bestellen!

6 Beurteilung der Kabel, Leitungen und Stromschienen hinsichtlich der Strombelastbarkeit

▌ Kenngrößen bzw. Einstellwerte der Schutzeinrichtungen,
▌ Strombelastbarkeit der Kabel und Leitungen,
▌ Anforderungen an den Überlast- und Kurzschlussschutz nach VDE 0100-430.

Im Rahmen der Prüfung ist durch Besichtigen der Schutzeinrichtungen und der Leiterquerschnitte unter Berücksichtigung der Verlegeart festzustellen, dass der Schutz bei Überstrom in den Verteiler- und Endstromkreisen sichergestellt sind. Hierzu ist der Schutz bei Überlast und der Schutz bei Kurzschluss zu überprüfen.

6.1 Auswahl und Anordnung der Schutzeinrichtungen

Die Auswahl der Überstrom-Schutzeinrichtungen für den Schutz bei Überlast und Kurzschluss ist unter Berücksichtigung der Anforderungen nach DIN VDE 0100-530 Abs. 533 zu überprüfen. Demnach müssen die folgenden Einrichtungen zum Schutz bei Überlast und Kurzschluss mit einer oder mehreren der folgenden Herstellernormen entsprechen:
▌ Niederspannungssicherungen,
▌ Leitungsschutzschalter (LS),
▌ Leistungsschalter (CB),
▌ Steuer- und Schutz-Schaltgeräte (CPS),
▌ Fehlerstrom-Schutzschalter mit eingebautem Überstromschutz (RCBOs).

6.2 Prüfung des Überlastschutzes von Kabeln und Leitungen

Der Schutz bei Überlast ist gemäß DIN VDE 0100-430 Abs. 433 unter Berücksichtigung der Anforderungen nach DIN VDE 0298-3 und DIN VDE 0298-4 auszuführen. Der Schutz bei Überlast trifft typischerweise durch zu hohe Betriebsströme oder fehlerhafte Betriebsmittel auf. Im Vergleich zum

Kurzschluss ist der Überlaststrom wesentlich geringer. Allerdings kommt es aufgrund der höheren Stromwärmeverluste langfristig zur Schädigung vom Isolationsmaterial.

Im Rahmen der Planung werden die Leiterquerschnitte nach den Betriebsströmen und der Strombelastbarkeit unter den entsprechenden Verlegebedingungen ausgewählt. Hier stellt sich dem Planer die Frage, welche Leiterquerschnitte für die Stromkreise unter den gegeben Bedingungen auszuwählen sind. Bei der Prüfung dreht sich die Fragestellung um. Hier liegt der Fokus nicht auf der Auswahl der Leiterquerschnitte gemäß den benötigten Betriebsströmen, sondern darauf, ob der Leiterquerschnitt und der Bemessungsstrom der Überstrom-Schutzeinrichtung für den Anwendungsfall korrekt ausgewählt sind. Der Schutz bei Überlast ist gegeben, wenn die Nennstromregel und die Auslöseregel nach DIN VDE 0100-430 Abs. 433 eingehalten sind (siehe Band 1, Abschnitt 30.1 *Schutz bei Überlast*).

Bei der Auswahl der Kabel und Leitungen hinsichtlich der Strombelastbarkeit ist zwischen der Belastbarkeit des Leiters und der betriebsbedingten Belastung zu unterscheiden. Mit Strombelastbarkeit werden die höchstzulässigen Ströme unter bestimmten Bedingungen bezeichnet. Die Strombelastbarkeit ist damit der mögliche höchstzulässige Strom, mit dem ein Kabel oder eine Leitung belastet werden darf.

Als Strombelastung werden die während des Betriebs tatsächlich auftretenden Ströme bezeichnet. Die Strombelastung ist durch eine bestimmte Betriebsart oder einen Fehlerfall gegeben.

Die Betriebsart beschreibt den zeitlichen Verlauf eines Stroms. Die Tabellen gemäß DIN VDE 0298-4 legen die Strombelastbarkeit von Kabeln und Leitungen im Dauerbetrieb zugrunde. Im Dauerbetrieb fließt über einen längeren Zeitraum ein konstanter Strom, dessen Dauer ausreicht, den thermischen Beharrungszustand der Leitung zu erreichen. In elektrischen Anlagen in Wohngebäuden ist das typischerweise der Beleuchtungsstromkreis, der während der Abendstunden über einen längeren Zeitraum mit konstanter Last betrieben wird. Neben der Betriebsart Dauerbetrieb gibt es u. a. den Kurzzeitbetrieb oder Aussetzbetrieb. Beim Kurzzeitbetrieb wird eine Last für eine begrenzte Zeitdauer zugeschaltet und dann wieder abgeschaltet. Innerhalb der Einschaltdauer erwärmt sich die Leitung aufgrund der Stromwärmeverluste. Während im Dauerbetrieb die Erwärmung den Beharrungszustand erreicht, erfolgt im Kurzzeitbetrieb die Abschaltung der Last vor Erreichen der maximal zulässigen Temperatur am Leiter. Der Höhe der Stromwärmeverluste am Leiter beeinflusst im Kurzzeitbetrieb die Anstiegszeit der

Temperaturen am Leiter. Folglich darf ein Kabel oder eine Leitung kurzzeitig auch über der zulässigen Strombelastbarkeit betrieben werden, sofern der Betriebsstrom vor Erreichen der zulässigen Betriebstemperatur abgeschaltet wird und die Abkühlzeit ausreichend hoch ist, damit bei erneutem kurzzeitigen Zuschalten eines Verbrauchers die zulässige Betriebstemperatur am Leiter nicht überschritten wird.

6.2.1 Ermittlung der Betriebsströme

Der Betriebsstrom I_b kommt im normalen fehlerfreien Betrieb zum Fließen. In der Regel wird der Stromkreis über das öffentliche Stromversorgungsnetz gespeist, sodass der Strom über die Kundenanlage in den Endstromkreis bzw. den Verteilerstromkreis fließt. Bei Stromkreisen mit dezentralen netzgekoppelten Erzeugungsanlagen fließt der Betriebsstrom von der Erzeugungsanlage in das Stromversorgungssystem der Kundenanlage. Gleiches gilt bei Speichern im netzgekoppelten Betrieb. Beim Laden wirken diese wie ein Verbraucher, sodass der Betriebsstrom IB vom Stromversorgungssystem der Kundenanlage zum Speicher fließt, während sich beim Entladen des Speichers das Vorzeichen des Betriebsstroms wie bei einer netzgekoppelten Erzeugungsanlage umdreht. Der Betriebsstrom kann demnach in zwei Richtungen fließen.

Es ist bei der Bestimmung des Betriebsstroms zwischen folgenden Fällen zu unterscheiden:
- fest angeschlossene elektrische Betriebsmittel,
- Steckdosen.

Fest angeschlossene elektrische Betriebsmittel

Der Betriebsstrom wird bei fest angeschlossenen Betriebsmitteln, z. B. Haushaltsgeräten, Maschinen oder Leitungsumrichtern vom Hersteller angegeben. Bei Haushaltgeräten ist davon auszugehen, dass der primäre Nutzen der elektrischen Energie in Form von Wärme o. Ä. liegt, wodurch die Betriebsmittel nahezu ausschließlich Wirkleistung benötigen. Demnach ist ein Verschiebungsfaktor von $\cos \varphi = 1$ anzunehmen.

Aus Typenschildern von Haushaltgeräten o. Ä. entspricht die Angabe der Leistung der elektrisch aufgenommenen Wirkleistung des Betriebsmittels.

Für Haushaltsgeräte kann demnach der Betriebsstrom wie folgt ermittelt werden:

Bei 1-phasigen Betriebsmitteln: $I_B = \dfrac{S}{U}$

Bei 3-phasigen Betriebsmitteln: $I_B = \dfrac{S}{\sqrt{3} \cdot U}$

Während bei Haushaltsgeräten o. Ä. überwiegend von der Wirkleistungsaufnahme auszugehen ist, verhalten sich drehende elektrische Maschinen am Netz als ohmsch-induktive Last. Hier kann der Verschiebungsfaktor nicht vernachlässigt werden. Zu beachten ist, dass es sich bei der Leitungsangabe auf dem Typenschild von elektrischen Maschinen um die an der Welle abgegebene mechanische Wirkleistung handelt. Ist der Betriebsstrom nicht auf dem Typenschild angegeben, ist dieser zur Dimensionierung der Leiterquerschnitte mit dem angegebenen Nennwirkungsgrad zu berechnen. Für den Betriebsstrom elektrisch drehender Maschinen gilt folgende Formel:

$$I_B = \dfrac{P_{mech}}{\sqrt{3} \cdot U \cdot \cos\varphi \cdot \eta} \qquad (1)$$

Ist kein Wirkungsgrad angegeben, kann dieser entweder über das Verhältnis von mechanisch abgegebener Leitung zur elektrisch ausgenommenen Leitung berechnet werden.

$$\eta = \dfrac{P_{mech}}{P_{el}} = \dfrac{P_{mech}}{\sqrt{3} \cdot U \cdot \cos\varphi} \qquad (2)$$

Stellt man die obere Formel (2) nach P_{el} um und setzt man diese in Formel (1) ein, ergibt sich für die Ermittlung des Betriebsstroms folgender Zusammenhang:

$$I_B = \dfrac{P_{el}}{\sqrt{3} \cdot U \cdot \cos\varphi} \qquad (3)$$

Beispiel
Es soll anhand des Typenschilds (**Bild 6.1**) der Betriebsstrom eines Drehstromsynchronmotors, kurz DSAM, ermittelt werden.

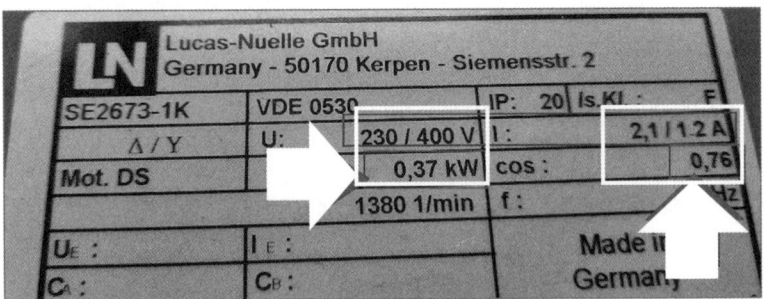

Bild 6.1 Beispiel: Typenschild eines Drehstromsynchronmotors

Im ersten Schritt ist die elektrisch aufgenommene Wirkleistung zu berechnen. Hierzu ist die verkettete Spannung (Außenleiter gegen Außenleiter) und der Strangstrom abzulesen. Da der Motor in Stern geschaltet ist, ist die kleinere Spannung (230 V) auf dem Typenschild die maximale Strangspannung und die höhere Spannung die Netzspannung. Zur Berechnung der elektrisch aufgenommenen Wirkleistung ist der Verschiebungsfaktor cos φ abzulesen. Dieser liegt bei 0,76.

Abzulesen sind folgende Werte:
- verkettete Spannung: $U = 400$ V
- Strangstrom: $I = 1,2$ A
- Leitungsfaktor: cos $\varphi = 0,76$

Die elektrisch aufgenommene Wirkleistung wird über folgende Formel berechnet:

$$P_{el} = \sqrt{3} \cdot U \cdot I \cdot \cos\varphi$$

Mit Einsetzen der Werte wird vom Motor folgende elektrische Wirkleistung benötigt:

$$P_{el} = \sqrt{3} \cdot 400 \text{ V} \cdot 1,2 \text{ A} \cdot 0,76 = 631,85 \text{ W}$$

Steckdosen

Der Verschiebungsfaktor cos φ hängt vom eingesteckten elektrischen Betriebsmittel ab und kann im Vergleich zu fest angeschlossenen elektrischen Betriebsmitteln nicht als fester Wert im Rahmen der Anlagenplanung angesehen werden. Bei Stromversorgungssystemen mit synchroner Verbindung zu einem öffentlichen Stromversorgungssystem (stellen den Normalfall dar) gibt der Netzbetreiber die Spannungs- und Frequenzgrenzen nach DIN EN 60038 (VDE 0175-1) und DIN EN 50160 vor. Demnach ist der Verschiebungsfaktor cos φ bei 0,9 ind/kap zu halten. Bei Ermittlung der Betriebsströme in den Stromkreisen ist bei Wechselstromkreisen dieser bei vorgegebenen Leitungsangaben zu berücksichtigen. Allerdings sind die Kabel und Leitungen nach dem Betriebsstrom der Steckdosen auszulegen. Bei Angabe des Betriebsstroms ist somit der Verschiebungsfaktor nicht relevant.

Bei Stromkreisen, die zum Anschluss von Geräten mit Steckvorrichtung vorgesehen sind, ist der Betriebsstrom mit dem Bemessungsstrom der Steckvorrichtung gleichzusetzen. Typischerweise beträgt der Bemessungsstrom von Steckdosen mit Schutzkontakt- und CEE-Steckvorrichtungen 16 A, 32 A oder 63 A. Gerätesteckvorrichtungen für den Hausgebrauch und ähnliche allgemeine Zwecke dürfen einen Bemessungsstrom von höchstens 16 A besitzen (DIN EN 60320-1 (VDE 0625-1)). Nebenbei erwähnt, gibt es auch Schutzkontaktsteckdosen, die gemäß Herstellerangaben einen Betriebsstrom von 10 A dauerhaft führen können. In solchen Fällen sollte der Endstromkreis nach den 10 A bemessen sein.

6.2.2 Ermittlung der maximal zulässigen Strombelastbarkeit

Die Strombelastbarkeit I_Z im ungestörten Betrieb wird durch den Betriebsstrom I_B bzw. die Summe der Betriebsströme aller gleichzeitig betriebenen Verbraucher oder Erzeugungsanlagen im normalen Betrieb bestimmt. Die Strombelastbarkeit I_Z eines Leiters bzw. einer mehradrigen Leitung ist durch ihre zulässige Betriebstemperatur am Leiter im ungestörten Betrieb unter Berücksichtigung der Verlegeart sowie weiteren Reduktionfaktoren bestimmt. Die zulässige Betriebstemperatur am Leiter hängt zudem von den thermischen Eigenschaften des Isolationsmaterials ab.

Demnach ist bei der Auswahl der Leiterquerschnitte darauf zu achten, dass die aufgrund des Leiterwiderstands verursachten Stromwärmeverluste die Isolation der Kabel und Leitungen nicht unzulässig beeinträchtigen. Der Dimensionierung von Kabeln und Leitungen hinsichtlich der Stromwärmeverluste und damit die zulässige Strombelastbarkeit I_Z werden gemäß DIN VDE 0298-4 Abs. 5.3 folgende Aspekte zugrunde gelegt:
- Betriebsart,
- Oberschwingungen,
- Verlegebedingungen,
- Umgebungsbedingungen.

Die Faktoren sind in den Verlegebedingungen nach DIN VDE 0298-4 durch die sogenannten Reduktionsfaktoren berücksichtigt.

$$I_Z = \prod_{i=1}^{N} \cdot f_i \cdot I_Z = f_{ges} \cdot I_R$$

I_R Bemessungswert der Strombelastbarkeit bei vereinbarten Betriebsbedingungen gemäß der Referenzverlegeart

I_Z Strombelastbarkeit bei tatsächlichen Bedingungen mit Berücksichtigung der Reduktionsfaktoren

f_{ges} Produkt aller zu beachtenden Reduktionsfaktoren f_i

Betriebsart

Die Betriebsart beschreibt den zeitlichen Verlauf eines Stroms. Die Tabellen gemäß DIN VDE 0298-4 legen die Strombelastbarkeit von Kabeln und Leitungen im Dauerbetrieb zugrunde. Im Dauerbetrieb fließt über einen längeren Zeitraum ein konstanter Strom, dessen Dauer ausreicht, den thermischen Beharrungszustand der Leitung zu erreichen. In elektrischen Anlagen in Wohngebäuden ist das typischerweise der Beleuchtungsstromkreis, der während der Abendstunden über einen längeren Zeitraum mit konstanter Last betrieben wird. Neben der Betriebsart Dauerbetrieb gibt es u. a. den Kurzzeitbetrieb oder Aussetzbetrieb. Beim Kurzzeitbetrieb wird eine Last für eine begrenzte Zeitdauer zugeschaltet und dann wieder abgeschaltet. Innerhalb der Einschaltdauer erwärmt sich die Leitung aufgrund der Stromwärmeverluste. Während im Dauerbetrieb die Erwärmung den Beharrungszustand erreicht, erfolgt im Kurzzeitbetrieb die Abschaltung der Last vor Erreichen der maximal zulässigen Temperatur am Leiter. Die Höhe der Stromwärmeverluste am Leiter beeinflusst im Kurzzeitbetrieb die Anstiegszeit der Temperaturen am Leiter. Folglich darf ein Kabel oder eine Leitung kurzzeitig auch über der zulässigen Strombelastbarkeit betrieben werden, sofern der Betriebsstrom vor Erreichen der zulässigen Betriebstemperatur abgeschaltet wird und die Abkühlzeit ausreichend hoch ist, damit bei erneutem kurzzeitigen Zuschalten eines Verbrauchers die zulässige Betriebstemperatur am Leiter nicht überschritten wird (siehe Band 1, Abschnitt 28.3.4 *Die Betriebsarten*).

Oberschwingungen

Mit linearen Verbrauchern ist eine Überlastung des Neutralleiters nicht zu erwarten. Bei symmetrischer Belastung addieren sich die Außenleiterströme in einer Sternschaltung aufgrund der gleichen Ströme und der Phasenverschiebungen von jeweils 120° geometrisch zu Null auf, sodass rechnerisch im Neutralleiter durch die 50 Hz Grundschwingung kein Strom fließt. Nicht lineare Verbraucher, wie Phasenanschnittsteuerungen, Leistungselektronik, Leuchtstofflampen, Frequenzumrichter etc., verursachen Oberschwingungen. Hierbei ist die dritte Oberschwingung mit einer Frequenz von 150 Hz besonders ausgeprägt. Die dritte Oberschwingung mit ihren 150 Hz sowie deren vielfachen Oberschwingungen, die sogenannten Verzerrungsströme, addieren sich geometrisch im Sternpunkt nicht zu Null. Diese Verzerrungsströme addieren sich im Neutralleiter. Übersteigt der Effektivwert des Verzerrungsstroms I_V im Neutralleiter die zulässige Strombelastbarkeit I_Z, wird dieser überlastet.

Ab einem Oberschwingungsanteil bzw. ab einem Verzerrungsstromanteil im Neutralleiter größer als 15 % muss der Leiterquerschnitt des Neutralleiters mindestens dem Leiterquerschnitt der Außenleiter entsprechen. Demnach sind Reduktionsfaktoren für die Oberschwingungen bei der Auswahl des Leiterquerschnitts zu berücksichtigen. Die Auswahl erfolgt je nach Oberschwingungsanteil, bezogen auf den Außenleiter- oder Neutralleiterstrom. Beträgt der Neutralleiterstrom mehr als 135 % des Außenleiterstroms und wurde das Kabel bzw. die Leitung nach dem Neutralleiterstrom dimensioniert, werden die drei Außenleiter nicht bis zur Dauerstrombelastbarkeit I_Z belastet. Die Reduzierung der Strombelastbarkeit mit den entsprechenden Reduktionsfaktoren wird demnach ab einem Oberschwingungsanteil von 33 % in den Außenleitern vom Neutralleiter bestimmt (**Tabelle 6.1**) (siehe Band 1, Abschnitt 29.2.3 *Oberschwingungsströme*).

dritte Oberschwingung Anteil am Außenleiterstrom in %	Reduktionsfaktor	
	Auswahl des Querschnitts nach dem Außenleiterstrom	Auswahl des Querschnitts nach dem Neutralleiterstrom
0 ... 15	1,0	–
15 ... 33	0,86	–
33 ... 45	–	0,86
> 45	–	1,0

Tabelle 6.1 Reduktionsfaktoren für Oberschwingungsströme nach DIN VDE 0100-520 Bbl. 3

Die Verlegebedingungen

Die Strombelastbarkeit eines Kabels oder einer Leitung hängt vorwiegend von den Verlegebedingungen ab.

Die zulässigen Betriebstemperaturen am Leiter der verschiedenen Kabel und Leitungen sind den Herstellernormen zu entnehmen. Die Verlegebedingungen werden von den Bedingungen wie ein Kabel oder eine Leitung bemessen, die durch Stromwärmeverluste entstehende Erwärmung an die Umgebung abgeben kann.

Folglich können Kabel und Leitungen, die frei in Luft verlegt sind, die Wärme besser und schneller an die Umgebung abgeben als Kabel und Leitungen, die in Wärmedämmungen verlegt sind. Die DIN VDE 0298-4 definiert hierzu die sogenannten Referenzverlegearten (**Tabelle 6.2**).

Die Strombelastbarkeitstabellen gemäß DIN VDE 0298-4 richten sich nach den in Tabelle 6.2 gelisteten Referenzverlegearten. Die Strombelastbarkeiten der Kabel und Leitungen sind unter Dauerbetrieb gemäß den jeweiligen Referenzverlegearten und dem Leiterquerschnitt angegeben (siehe Bild 5.10). Darüber hinaus ist zwischen zwei und drei belasteten Leitern zu unterscheiden. Zwei belastete Leiter sind 1-phasige Wechselstromkreise und Gleichstromkreise. Es gibt quasi einen Hin- und einen Rückleiter.

6.2 Prüfung des Überlastschutzes von Kabeln und Leitungen

Verlegeart	Beschreibung
A1	Aderleitung im Elektroinstallationsrohr in einer wärmegedämmten Wand
A2	mehradrige Kabel oder mehradrige ummantelte Installationsleitung in einem Elektroinstallationsrohr in einer wärmegedämmten Wand
B1	Aderleitung im Elektroinstallationsrohr auf einer Wand
B2	mehradrige Kabel oder mehradrige Leitungen im Elektroinstallationsrohr auf einer Wand
C	ein- oder mehradriges Kabel oder ein- oder mehradrige ummantelte Installationsleitung auf einer Wand
D	mehradriges Kabel oder mehradrige ummantelte Installationsleitung in einem Elektroinstallationsrohr (Kunststoff, Steingut oder Metall) oder einem Kabelschacht im Boden
E	mehradriges Kabel oder mehradrige ummantelte Installationsleitung frei in Luft mit einem Abstand von mindestens $0,3 \cdot d$ zur Wand
F	einadrige Kabel oder einadrige ummantelte Installationsleitung mit Berührung, frei in Luft, mit Abstand von mindestens dem $1 \cdot d$ durch Wand
G	einadrige ummantelte Installationsleitung mit Berührung, frei in Luft, mit Abstand von mindestens $1 \cdot d$ durch Wand

Tabelle 6.2 Referenzverlegearten nach DIN VDE 0298-4

Die angegebene maximal zulässige Strombelastbarkeit I_Z gemäß den Tabellen aus DIN VDE 0298-4 gilt unter der Voraussetzung, dass die Bedingungen der angegebenen Referenzverlegearten und Referenzbedingungen eingehalten sind. Bei vorliegenden Referenzbedingungen und der Belastung der Kabel und Leitungen mit einem Betriebsstrom I_B in Höhe der Strombelastbarkeit I_Z erreicht im Dauerbetrieb das Kabel bzw. die Leitung die maximale Betriebstemperatur am Leiter (**Tabelle 6.3**).

Umgebungstemperatur und Häufung

Bei der Ermittlung der Strombelastbarkeit I_Z sind die Umgebungsbedingungen zu berücksichtigen. Durch abweichende Umgebungsbedingungen kann je nach Ausführung die Wärmeabgabe des Kabels oder der Leitung an die Umgebung begünstigt oder beeinträchtigt werden. Als Umgebungsbedingungen sind im Wesentlichen folgende Aspekte zu berücksichtigen:
- Umgebungstemperatur,
- Häufung.

Umgebungstemperatur

Die Strombelastbarkeitstabellen gemäß DIN 0298-4 setzen eine Umgebungstemperatur von 30 °C voraus. Bei Kabeln und Leitungen, die in Erde verlegt sind, ist eine Umgebungstemperatur von 20 °C anzusetzen. Die Ausgangstemperatur der Strombelastbarkeit von 30 °C ist daran erkennbar, dass der Reduktionfaktor bei 30 °C genau 1 beträgt. Liegt die Umgebungstem-

6 Beurteilung der Kabel, Leitungen und Stromschienen hinsichtlich der Strombelastbarkeit

Tabelle 6.3 Strombelastbarkeitstabelle für die Referenzverlegearten gemäß DIN VDE 0100-520 Beiblatt 2 bei Umgebungstemperaturen von 25 °C

Verlegeart[a]	Verlegung in wärmegedämmten Wänden, z. B. in Hohlwänden, die mit Mineralwolle, Styropor o. dgl. ausgefüllt sind		Verlegung in Elektroinstallationsrohren oder -kanälen auf oder in Wänden bzw. abgehängt, in Kanälen für Unterflurverlegung, Kabelkanälen		Direkte Verlegung auf oder in Wänden, unter Decken oder in ungelochten Kabelwannen		Stegleitungen im o. unter Putz	Verlegung von ein- und mehradrigen Kabeln in Erde		Verlegung frei in Luft, an Tragseilen sowie auf Kabelpritschen, -konsolen oder in gelochten Kabelwannen	
	Aderleitungen oder einadrige Kabel/Mantelleitungen in Elektroinstallationsrohren oder -kanälen	mehradrige Kabel/Mantelleitungen	Aderleitungen oder einadrige Kabel/Mantelleitungen	mehradrige Kabel/Mantelleitungen	ein- oder mehradrige Kabel/Mantelleitungen			in einem Elektroinstallationsrohr o. in einem Kabelschacht im Erdboden	direkt im Erdreich	mehradrige Kabel/Mantelleitungen	
Referenzverlegeart	A1		A2		B1		B2	C	D		E	
Anzahl der gleichzeitig belasteten Adern	2	3	2	3	2	3	3	3	2	3	2	3
Leitermennquerschnitt in mm²	maximal zulässiger Bemessungsstrom I_n eines Leitungsschutzschalters / Sicherung mit Charakteristik gG in A											
1,5	16/13	13	16/13	13/10	16	16/13	16/13	16/13	20	16	20/16	16
2,5	20/16	16	20/16	16	25/20	20/16	20	20/16	25	25	25	20
4	25	25/20	25/20	20	32/25	25	32/25	25	35	32/25	35/32	32/25
6	35/32	32/25	32/25	25	40/35	35/32	40/35	32/25	40	40/35	40	40/35
10	40	40	40/35	40/35	50	50/40	50/40	40	63	50/40	63/50	50/40
16	63/50	50	50	50/40	80/33	63	63	63/50	80	63/50	80/63	63
25	80/63	63	80/63	63	100/80	80	80	80/63	100	80/63	100/80	80
35	100/80	80	80	80/63	125/100	100	100	100/80	125	100	125/100	100/80
50	125/100	100	100	100/80	160/125	125	125	125/100	160	125	125	125/100

[a] Kennziffern ausgewählter Verlegearten nach DIN VDE 0298-4 (VDE 0298-4):2023-06, Tabelle 9

peratur über 30 °C, ist die Wärmeabgabe der Leitung an die Temperatur beeinträchtigt, sodass die zulässigen Stromverluste geringer sind. Im Umkehrschluss kann die Leitung die Wärme bei niedrigeren Umgebungstemperaturen besser abgeben. Der Reduktionsfaktor liegt über 1, sodass die Strombelastbarkeit des Kabels oder der Leitung höher ist.

Daneben ist noch anzumerken, dass bei Anwendung von Auslegungshilfen, wie der DIN VDE 0100 Beiblatt 5, die Reduktionsfaktoren der Umgebungstemperatur auf Basis von 25 °C angegeben sind.

Häufung

Für geschlossene Räume, Kabelkanäle, Kabelzwischenböden und Gehäuse sind neben der Umgebungstemperatur die Reduktionsfaktoren für die Häufungen anzuwenden. Die Reduktionsfaktoren nach DIN VDE 0298-4 sind für Häufungen isolierter Leiter, Kabel und Leitungen mit gleichen maximalen Betriebstemperaturen anzuwenden. Liegen diese auseinander, ist die niedrigste zulässige Betriebstemperatur für die Betrachtung hinzuzuziehen.

Sind die Kabel und Leitungen lediglich bis 30 % ihrer zulässigen Strombelastbarkeit belastet, ist davon auszugehen, dass durch Häufung die Wärmeabgabe an die Umgebung sowie die gegenseitige thermische Beeinträchtigung zu vernachlässigen ist.

Unterschiedliche Leiterquerschnitte sind bei der Häufung gesondert zu betrachten. Als unterschiedliche Leiterquerschnitte gelten Querschnitte, die mindestens zwei Nennleiterquerschnitte auseinander liegen. Der Reduktionsfaktor für die Häufung unterschiedlicher Querschnitte in Rohren oder Elektroinstallationskanälen und auf Kabelrinnen richtet sich nach dem kleinsten Leiterquerschnitt.

6.2.3 Einhaltung der Auslöseregel

Nun ist der große Prüfstrom der Überstrom-Schutzeinrichtung zu ermitteln. Der große Prüfstrom I_f bzw. I_2 ist der Strom, in der eine Überstrom-Schutzeinrichtung innerhalb einer vorgegebenen Zeit, der konventionellen Prüfdauer, auslösen muss. Der große Prüfstrom ist ein Vielfaches vom Bemessungsstrom der Überstrom-Schutzeinrichtungen. Die konventionelle Prüfdauer unterscheidet sich je nach Art der Überstrom-Schutzeinrichtungen (siehe Band 1, Abschnitt 30.3 *Auswahl der Überlast-Schutzeinrichtung,* Tabelle 30.1). Im Rahmen von Erst- und Wiederholungsprüfungen werden überwiegend Schmelzsicherungen, Leitungsschutzschalter und in Zählerverteilungen

SLS-Schalter verwendet, sodass der Fokus hier auf diesen liegt. Weitere Angaben sind in Band 1, Abschnitt 30.3 *Auswahl von Überlast-Schutzeinrichtungen* oder in den entsprechenden Produktnormen zu finden.

Der große Prüfstrom ist wie folgt zu ermitteln:

$I_2 = \text{Faktor} \cdot I_Z$

Für Leitungsschutzschalter vom Typ B, C und D mit einem Bemessungsstrom bis 63 A liegt der Faktor bei 1,45. Die konventionelle Prüfdauer beträgt hier eine Stunde, sodass beim 1,45-Fachen des Bemessungsstroms der Leitungsschutzschalter innerhalb einer Stunde abschalten muss. Bei Schmelzsicherungen und selektivem Hauptschalter (SLS-Schalter) vom Typ E bis zu einem Bemessungsstrom von 63 A ist ein Faktor 1,6 anzusetzen. Hier liegen die konventionellen Prüfdauerzeiten bei 2 h. Bei der Anwendung der Auslöseregel ist zwischen Leitungsschutzschaltern und Schmelzsicherungen zu unterschieden.

Der große Prüfstrom der Überstrom-Schutzeinrichtung ist mit der Ungleichung der Auslöseregel gleichzusetzen.

$I_2 \leq 1{,}45 \cdot I_Z$

Hier fällt gleich auf, dass der Faktor von 1,45 sowohl in der Berechnung des großen Prüfstroms für Leitungsschutzschalter als auch bei der Ermittlung der Nennstromregel vorkommt.

Setzt man in die Auslöseregel für den großen Prüfstrom statt I_2 die Berechnungsformel ein, kürzt sich der Faktor 1,45 auf beiden Seiten heraus. Es gilt für Leitungsschutzschalter:

$I_N \leq I_Z$

Damit ist bei Leitungsschutzschaltern grundsätzlich die Auslöseregel erfüllt, sofern ihr Bemessungsstrom die höchstzulässige Strombelastbarkeit der angeschlossenen Kabel und Leitungen nicht überschreitet.

Ein Beispiel zur Veranschaulichung:

> **Beispiel**
> In einem Endstromkreis soll eine Leitung vom Typ NYM-J 5 × 2,5 verlegt werden. Der Verlegung der Leitung wird die Referenzverlegeart B2 zugeordnet. Die Häufung kann vernachlässigt werden. Die Umgebungstemperatur beträgt 30 °C. Über die Strombelastbarkeitstabelle nach DIN VDE 0298-4 beträgt die zulässige Strombelastbarkeit I_Z bei drei belasteten Adern 26 A.

Während der Planer vor Ausführung der Installationsarbeiten den Leiterquerschnitt festlegen kann und erforderlichenfalls den Leiterquerschnitt erhöhen kann, muss der Prüfer die Auswahl der Schutzeinrichtung mit dem gegebenen Leiterquerschnitt beurteilen.

Erster Fall: Leitungsschutzschalter
Im ersten Fall ist die Leitung mit einem 3-poligen Leitungsschutzschalter des Typs B25 geschützt. Setzt man für den Nennstrom 25 A und die Strombelastbarkeit 26 A ein, wird schnell klar, dass die Bedingung der Auslöseregel grundsätzlich gegeben ist.

$$1{,}45 \cdot 25\,A \leq 1{,}45 \cdot 26\,A$$
$$25\,A \leq 26\,A$$

Hier ist im Rahmen der Prüfung nur der Bemessungsstrom mit der Strombelastbarkeit der Leitung zu vergleichen.
Bei Schmelzsicherungen ist die Ungleichung genauer zu betrachten. Löst man die Ungleichung nach I_n auf, ergibt sich zwischen Bemessungsstrom der Überstrom-Schutzeinrichtung und der zulässigen Dauerstrombelastbarkeit der Kabel und Leitungen folgender Zusammenhang:

$$I_n \leq \frac{1{,}45}{1{,}6} \cdot I_Z = 0{,}9 \cdot I_Z$$

Damit ist die Auslöseregel bei Schmelzsicherungen nur erfüllt, wenn deren Bemessungsstrom 10 % unterhalb der höchstzulässigen Dauerstrombelastbarkeit liegt.

Zweiter Fall: Schmelzsicherung gG
In der zweiten Variante wird der Leitungsschutzschalter vom Typ B25 durch Schmelzsicherungen vom Typ gG mit einem Bemessungsstrom von 25 A ersetzt. Setzt man jetzt in die Nennstromregel den Bemessungsstrom der Schmelzsicherung mit einem Faktor von 1,6 ein, muss folgende Ungleichung erfüllt sein:

$$1{,}6 \cdot I_n \leq 1{,}45 \cdot I_Z$$
$$1{,}6 \cdot 25\,A \leq 1{,}45 \cdot 26\,A$$
$$40\,A \leq 37{,}7\,A$$

Die Auslöseregel ist demnach nicht erfüllt. Nun kann man entweder die Strombelastbarkeit I_Z durch Wahl des nächsthöheren Leiterquerschnitts erhöhen oder Schmelzsicherungen mit einem geringeren Bemessungsstrom einsetzen. Da die Auswahl des Leiterquerschnitts eine Planungsleistung darstellt, sollte im Rahmen der Prüfung nicht der zu geringe

Leiterquerschnitt, sondern der zu hohe Bemessungsstrom der Überstrom-Schutzeinrichtung bemängelt werden.
Werden nun Schmelzsicherungen mit einem Bemessungsstrom von 20 A eingesetzt, sind die Bedingungen erneut zu prüfen. Es gilt:

$1{,}6 \cdot 20\,\text{A} \leq 1{,}45 \cdot 26\,\text{A}$
$32\,\text{A} \leq 37{,}7\,\text{A}$

Die Ungleichung der Auslöseregel zeigt, dass beim Einsatz von Schmelzsicherungen mit einem Bemessungsstrom die Auslöseregel erfüllt ist. Allerdings kann die Änderung des Bemessungsstroms die Selektivität sowie die Verfügbarkeit des Stromkreises hinsichtlich ungewollter Abschaltungen beeinträchtigen, sodass diese Aspekte ebenso neu zu bewerten sind.

6.2.4 Einhaltung der Nennstromregel

Im vierten Schritt ist die Einhaltung der Nennstromregel zu überprüfen. Es gilt:

$I_b \leq I_n \leq I_Z$

Wie aus der Nennstromregel aus Abschnitt 6.2.3 *Einhaltung der Auslöseregel* hervorgeht, sind bei Leitungsschutzschaltern grundsätzlich beide Bedingungen erfüllt. Überschreitet der Bemessungsstrom des Leitungsschutzschalters nicht die zulässige Dauerstrombelastbarkeit des Kabels- bzw. der Leitung und wird der Betriebsstrom nicht überschritten, gelten beide Regeln (Auslöseregel und Nennstromregel) als erfüllt. Bei Schmelzsicherungen kann hier die Auslöseregel aufgrund des höheren Faktors für den großen Prüfstrom nicht grundsätzlich als eingehalten betrachtet werden.

Das Beispiel von Abschnitt 6.2.3 *Einhaltung der Auslöseregel* vom zweiten Fall Schmelzsicherung gG soll den Sachverhalt verdeutlichen:

Beispiel

Die folgende Gleichung ist zuerst nach dem Bemessungsstrom I_n der Schmelzsicherung aufzulösen. Es gilt:

$I_n \leq 0{,}9 \cdot I_Z$

Aus Sicht der zulässigen Dauerstrombelastbarkeit kann bei Einhaltung der Nennstromregel mit einer Schmelzsicherung der Leiter nur bis zu 90 % ausgelastet werden.

Dreht man die Fragestellung nach dem Bemessungsstrom um, ist die Ungleichung der Auslöseregel nach I_Z aufzulösen:

$$\frac{1{,}6}{1{,}45} \cdot I_n \leq I_Z$$

$$1{,}1 \cdot I_n \leq I_Z$$

Die Nennstromregel ist demnach nur erfüllt, wenn die maximale Dauerstrombelastbarkeit der Leiter 10 % über dem Bemessungsstrom der Schmelzsicherung liegt.

Die hier beschriebenen Varianten sind demnach entsprechend der Fragestellung zu wählen. Während sich beim ersten Beispiel die Fragestellung auf die Auswahl der der Überstrom-Schutzeinrichtung auf die gegebenen Kabel und Leitungen bezieht, verweist die zweite Variante auf die Wahl der Leiterquerschnitte bei vorgegebener Überstrom-Schutzeinrichtung (siehe Band 1, Abschnitt 30 *Schutz bei Überstrom*).

6.3 Prüfung des Kurzschlussschutzes

Im Rahmen der Prüfung ist durch Besichtigen die Auswahl, Einstellung und Koordination des Kurzschlussschutzes festzustellen. Der Schutz bei Kurzschluss ist gegeben, wenn die durch einen Kurzschluss auftretende thermische Energie die Isolation der Kabel und Leitungen nicht unzulässig und dauerhaft schädigt. Demnach darf die zulässige Grenztemperatur am Leiter nicht überschritten werden. Die Bedingung zur Erfüllung des Kurzschlussschutzes bei Abschaltung innerhalb von 5 s drückt die folgende Ungleichung aus:

$$I_k^2 \cdot t_k \leq (k \cdot S)^2$$

Die linke Seite der Ungleichung mit dem Ausdruck $I^2 \cdot t$ beschreibt die thermische Energie, die bei einem Kurzschluss auftritt. Sie hängt damit quadratisch vom auftretenden Kurzschlussstrom und der Kurzschlussdauer ab. Der Ausdruck wird als sogenannter Strom-Wärme-Impuls bezeichnet. Hier wird klar, dass der Schutz bei Überstrom sowohl durch die Begrenzung des Kurzschlussstroms als auch durch Begrenzung der Kurzschlussdauer bzw. einer Kombination daraus sicherzustellen ist. Die rechte Seite der Ungleichung beschreibt die maximal zulässige Wärmeenergiemenge, die die Isolation der Kabel und Leitungen verträgt, damit keine dauerhafte Schädigung der Isolation eintritt. Der rechte Teil der Ungleichung wird als Joule-Integral bezeichnet. Der Faktor k beschreibt die Materialeigenschaften der Isolation. Der Leiterquerschnitt S geht wie der Faktor k quadratisch in die rechte Seite der Ungleichung mit ein. Selbstredend, dass höhere Leiterquerschnitte einen geringeren Leiterwiderstand über die Länge aufweisen, wodurch die Stromwärmeverluste und damit die Temperaturentwicklung am Leiter kleiner sind als bei niedrigeren Leiterquerschnitten (siehe Band 1, Abschnitt 30.4 *Schutz bei Kurzschluss*).

Der Kurzschlussschutz ist gemäß DIN VDE 0100-430 durch Besichtigen der Auswahl und Anordnung der Schutzeinrichtungen in Verbindung mit der Kurzschlussstromberechnung des Planers zu überprüfen. Letzteres liegt allerdings in der Praxis für kleinere Verteilerstromkreise und Endstromkreise innerhalb von Kundenanlagen nach dem Hausanschlusskasten nicht vor. In der Praxis ist unter folgenden Voraussetzungen keine Kurzschlussstromberechnung erforderlich:

- Die Anforderungen an den Schutz bei Überlast durch Einhaltung der Nennstromregel und Auslöseregel gemäß DIN VDE 0100-430 sind erfüllt.
- Das Bemessungsausschaltvermögen der Überstrom-Schutzeinrichtung liegt über dem maximalen Kurzschlussstrom.
- Die maximal zulässigen Leitungslängen werden nicht überschritten.

Innerhalb der elektrischen Anlage wird in Endstromkreisen der Kurzschlussstrom durch die Impedanz der Stromquelle (Transformator), der Kabel- und Leitungsanlage bis hin zur Steckdose oder den Anschlussklemmen eines Betriebsmittels begrenzt.

Das vorlagerte Mittelspannungsnetz hat demnach keinen wesentlichen Einfluss auf den Kurzschlussstrom, sodass dieses bei Kundenanlagen in der Regel nicht weiter zu betrachten ist. Beim Kurzschlussfall spricht man demnach auch von einem generatorfernen Kurzschluss.

6.3.1 Einrichtungen zum Kurzschluss

Schmelzsicherungen, Leitungsschutzschalter und Leistungsschalter sind innerhalb von Kundenanlagen die gängigsten Schutzeinrichtungen zum Kurzschlussschutz. Die Schutzeinrichtungen erfüllen gleichzeitig auch die Anforderungen an den Schutz bei Überlast, sodass bei Anordnung an der Einspeisestelle am Anfang des zu schützenden Stromkreises beide Schutzziele erfüllt werden können.

Das Beispiel in **Bild 6.2** zeigt die Kennlinien von zwei Schmelzsicherungen der Charakteristik gG. Das Joule-Integral mit den Faktoren $(k \cdot S)$ ist in den beiden Diagrammen als fallende Geraden eingezeichnet. Zur Bewertung des Kurzschlussschutzes ist der Schnittpunkt zwischen Joule-Integral und des

6.3 Prüfen des Kurzschlussschutzes

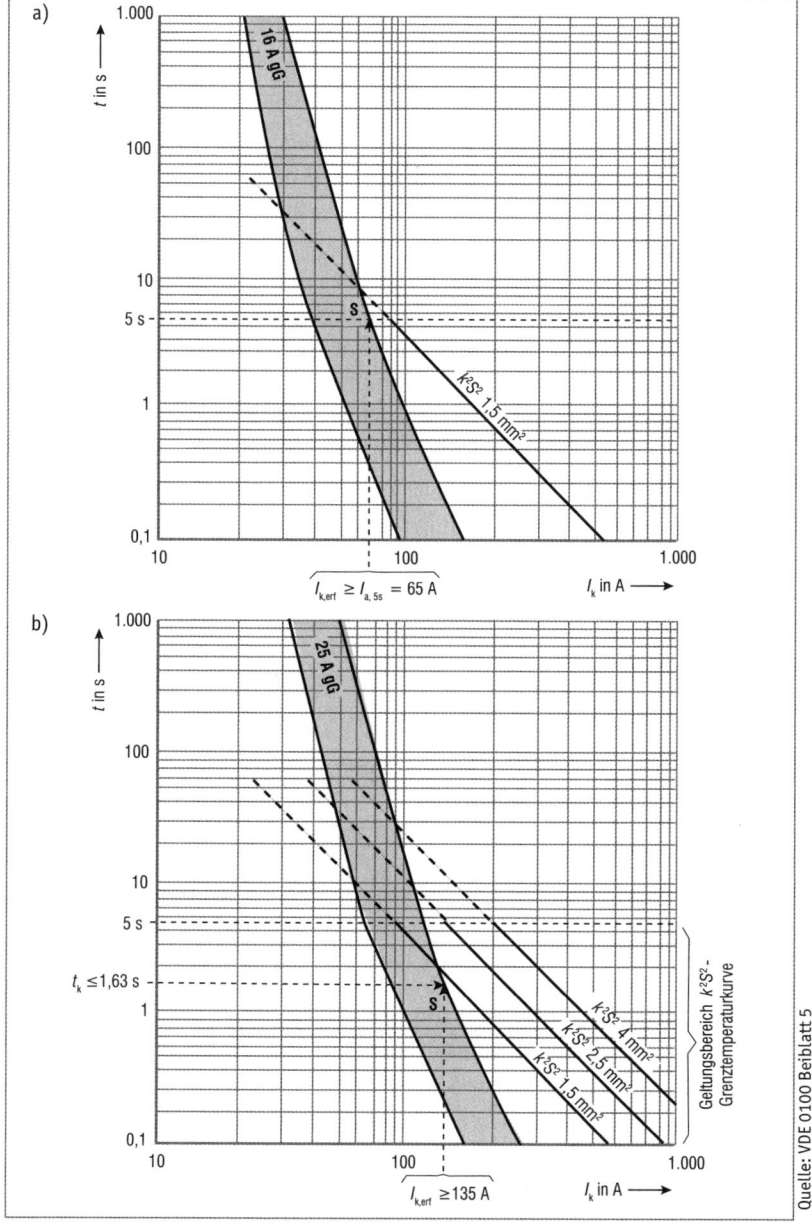

Bild 6.2 Beispiel für den Kurzschlussschutz für eine Leitung mit einer PVC-isolierten Leitung mit einem Leiterquerschnitt von 1,5 mm² Kupfer
a) Sicherung Typ 16 A gG b) Sicherung Typ 25 A gG

rechten äußeren Streubereichs (oberes Toleranzband), ab dem die Sicherung auslösen muss, zu ermitteln.

Der Kurzschlussschutz der Leitung im linken Bild liegt oberhalb der maximal zulässigen Abschaltzeit von 5 s. Aus dem Schnittpunkt S ist der Strom abzulesen. Dieser liegt im linken Beispiel bei 65 A. Somit ist ein Kurzschlussstrom von mindestens 65 A erforderlich. Damit wäre theoretisch der Kurzschlussschutz mit einer Schmelzsicherung mit einem Bemessungsstrom von 63 A sichergestellt.

Im rechten Bild ist die Kennlinie einer Schmelzsicherung vom Typ GG mit einem Bemessungsstrom von 35 A dargestellt. Auch hier wird der Schnittpunkt zwischen der Sicherungskennlinie zum Joule-Integral gebildet.

Bei Verwendung einer 25-A-gG-Sicherung liegt der Schnittpunkt der beiden Kennlinien unterhalb 5 s. Damit wird bereits nach 1,6 s die zulässige Kurzschlusstemperatur der Leitung von 160 °C bei einem erforderlichen Kurzschlussstrom von 135 A erreicht. Hier ist der Leiterquerschnitt zu erhöhen. Wird die Leitung gegen eine PVC-Leitung mit einem Leiterquerschnitt von 2,5 mm^2 ausgetauscht, liegt der Schnittpunkt der Kennlinien oberhalb von 5 s.

Werden anstatt Schmelzsicherungen Leitungsschutzschalter eingesetzt, lösen die magnetischen Schnellauslöser bei dem erforderlichen Abschaltstrom innerhalb 0,1 s aus (siehe Band 1, Abschnitt 26.1.2, Tabelle 26.1 *Faktoren für Schnellauslösung* (magnetischer Schnellauslöser von LS-Schaltern) *und Schmelzsicherungen*).

Damit ergibt sich ein erforderlicher Kurzschlussstrom in Höhe des Abschaltstroms des Leitungsschutzschalters für die magnetische Auslösung. Es gilt:

$$I_{k,erf} = I_a = k \cdot I_N$$

Bild 6.3 zeigt die Kennlinie eines Leitungsschutzschalters vom Typ B 16. Auch hier wird der Schnittpunkt mit dem Joule-Integral einer PVC-Leitung mit einem Leiterquerschnitt von 1,5 mm^2 gebildet. Der Schnittpunkt der Kennlinien liegt genau bei 5 s. Anhand der Kennlinie des Leitungsschutzschalters ist hier zu erkennen, dass sich die Auslösung im Grenzbereich von der thermischen Auslösung und der magnetischen Auslösung befindet. Welcher hier auslöst, bleibt damit dem Zufall überlassen. Wichtig ist nur, dass einer auslöst. Da es sich bei Kurzschlussströmen im Vergleich zum Überlaststrom um hohe Ströme mit schnellen Anstiegszeiten handelt, ist zur Beurteilung des Kurzschlussschutzes die Charakteristik des magnetischen Schnellauslösers zu betrachten.

6.3 Prüfen des Kurzschlussschutzes

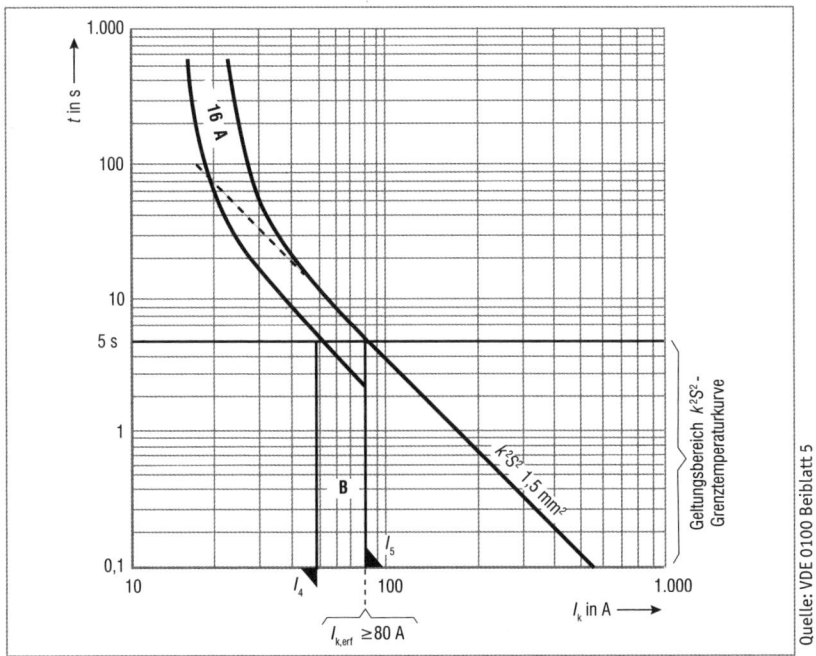

Bild 6.3 Beispiel 2 für den Kurzschlussschutz für eine Leitung mit einer PVC-isolierten Leitung mit einem Leiterquerschnitt von 1,5 mm² Kupfer

6.3.2 Prüfung des Kurzschlussschutzes in der Praxis

Bei Kurzschluss-Ausschaltzeiten im Bereich unterhalb 0,1 s bei Betrachtung der Kurzschlussenergie ist der Einfluss der Gleichstromkomponente nicht mehr zu vernachlässigen. Zudem sind die strombegrenzenden Eigenschaften der Kurzschlussschutzeinrichtung hinsichtlich des Stromverlaufs und der Kurzschlussenergie zu berücksichtigen.

In diesen Fällen sind die vom Hersteller der Schutzeinrichtung angegebenen Durchlassenergiewerte einzusetzen. Es gilt demnach:

$(I^2 \cdot t)_D \leq (k \cdot S)^2$

In der Praxis bietet das den Vorteil, dass der Kurzschlussschutz nicht auch von den Kennlinien abzulesen ist, sondern einfach die Tabellen der vom Hersteller angegebenen oberen Grenzen der Durchlassenergiewerte mit den Werten der Joule-Integrale der Kabel und Leitungen miteinander verglichen werden können.

In den **Tabellen 6.4** und **6.5** sind die I^2t-Werte für Schmelzsicherungen vom Typ gG und Leitungsschalter der Typen B und C gelistet. Der Schutz bei Kurzschluss ist gegeben, wenn der maximale I^2t-Wert der Schutzeinrichtung niedriger ist als das berechnete Joule-Integral des nachgeschalteten Leitungsabschnitts.

Für isolierte Kabel und Leitungen gelten die k-Faktoren aus **Tabelle 6.6**.

I_n bei gG in A	I^2t_{min} in A²s	I^2t_{max} in A²s	I_n bei gG in A	I^2t_{min} in A²s	I^2t_{max} in A²s
16	300	1.000	160	86.000	350.000
20	500	1.800	200	140.000	400.000
25	1.000	3.000	250	350.000	760.000
32	1.800	5.000	315	400.000	1.300.000
40	3.000	9.000	400	760.000	2.250.000
50	5.000	16.000	500	1.300.000	3.800.000
63	9.000	27.000	630	2.250.000	7.500.000
80	16.000	46.000	800	3.800.000	13.600.000
100	27.000	86.000	1.000	7.840.000	25.000.000
125	46.000	140.000	1.250	13.700.000	47.000.000

Quelle: VDE 0100 Beiblatt 5

Tabelle 6.4 Schmelz-I^2t-Werte von gG-Sicherungen bis 0,01 s

Bemessungsstrom I_n in A	Bemessungsausschaltvermögen I_{cn} in A	Energiebegrenzungsklasse			
		2		3	
		B	C	B	C
		I^2t_{min} in A²s	I^2t_{max} in A²s	I^2t_{min} in A²s	I^2t_{max} in A²s
≤ 16	3.000 *	31.000	37.000	15.000	17.000
	4.500 *	60.000	75.000	25.000	28.000
	6.000	100.000	120.000	35.000	40.000
	10.000	240.000	290.000	70.000	80.000
20 < I_n ≤ 32	3.000 *	40.000	50.000	18.000	20.000
	4.500 *	80.000	100.000	32.000	37.000
	6.000	130.000	160.000	45.000	52.000
	10.000	310.000	370.000	90.000	100.000
40	3.000 *	–	–	21.600	24.000
	4.500 *	–	–	38.400	45.000
	6.000	–	–	54.000	63.000
	10.000	–	–	108.000	120.000
50, 63	3.000 *	–	–	28.000	30.000
	4.500 *	–	–	48.000	55.000
	6.000	–	–	65.000	75.000
	10.000	–	–	135.000	145.000
* Leitungsschutzschalter mit einem Bemessungsausschaltvermögen < 6.000 A werden in Deutschland nicht verwendet.					

Quelle: VDE 0100 Beiblatt 5

Tabelle 6.5 Zulässige I^2t-(Durchlass-)Werte für LS-Schalter Typ B und Typ C mit Bemessungsströmen bis einschließlich 63 A nach DIN EN 60898-1/A13 (VDE 0641-11/A13)

Isolationsmaterial	Materialbeiwert k des Leitermaterials in $(A \cdot \sqrt{s})/mm^2$	
	Kupfer	Aluminium
Gummi	141	87
PVC (Polyvinylchlorid)	115	76
VPE (vernetztes Polyethylen), EPR (Ethylen-Propylen-Gummi)	143	94
IIK (Butylgummi)	134	89

Tabelle 6.6 Materialbeiwerte für verschiedene Isolationsmaterialien

6.4 Besichtigen von Elektroverteilern hinsichtlich des Kurzschlussschutzes

Der Schutz bei Kurzschluss ist an der Einspeisestelle anzuordnen. Neben der korrekten Auswahl und Einstellung des Kurzschlussschutzes ist durch Besichtigen festzustellen, dass der Leiterquerschnitt nur nach einer Kurzschlussschutzeinrichtung im Leitungsstrang reduziert ist.

Reduzierung der Leiterquerschnitte

Die Reduzierung des Leiterquerschnitts ohne Überstrom-Schutzeinrichtung als Vorkehrung zum Kurzschlussschutz ist unzulässig.

Nach DIN EN 60204-1 (VDE 0113) Abs. 7.2.8 bzw. DIN VDE 0100-430 und DIN VDE 0100-520 sind Überstrom-Schutzeinrichtungen dort anzuordnen, wo der Leiterquerschnitt reduziert wird, sich die Strombelastbarkeit aufgrund der Verlegebedingung reduziert oder sich die Strombelastbarkeit aus anderen Gründen reduziert anordnen.

Auf eine Überstrom-Schutzeinrichtung innerhalb Elektroverteilern darf nur verzichtet werden, wenn alle der folgenden Bedingungen erfüllt sind:
- die Strombelastbarkeit des Leiters ist mindestens gleich der, die sich aus der Last ergibt,
- der Leiterabschnitt ist nicht länger als 3 m,
- die Leiter sind Erd- und Kurzschlusssicher z. B. durch ein Gehäuse oder Kabelkanal verlegt.

Das folgende Beispiel (**Bild 6.4**) zeigt den typischen Fall einer wiederkehrenden Prüfung in einer elektrischen Anlage.

Beispiel

Bei Erweiterung der elektrischen Anlage um einen Endstromkreis wurde an der Versorgungsseite der Stiftkammschiene ein Leiter mit einem Querschnitt von 1,5 mm² (Kupfer) zur Versorgungsseite des links im Bild dargestellten Leitungsschutzschalters geführt. Die Stiftkammschiene mit den nachgeschalteten Leitungsschutzschaltern sowie die interne Verdrahtung der Leiterabschnitte sind mit einer Schmelzsicherung vom Typ gG 3 × 50 A gegen Überlast- und Kurzschluss abgesichert. Der Leiterquerschnitt der internen Verdrahtung sowie der Stiftkammschiene beträgt 10 mm². Der Leiterabschnitt zwischen Stiftkammschiene und Leitungsschutzschalter ist demnach unzureichend gegen Überstrom geschützt. Zwar ist der Überlastschutz aufgrund der zulässigen Verschiebung der Schutzeinrichtung im Leitungsstrang sichergestellt, der Schutz bei Kurzschluss jedoch nicht. Demnach ist der Leiterquerschnitt entsprechend den Bemessungswerten der vorgelagerten Überstrom-Schutzeinrichtung zu erneuern.

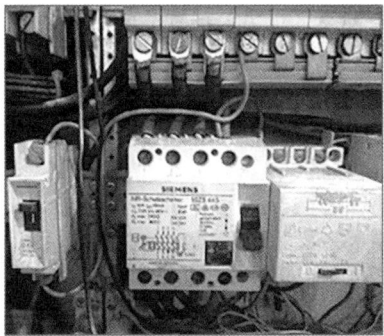

Bild 6.4 Reduzierung der Leiter ohne Überstrom-Schutzeinrichtung

7 Beurteilung des Spannungsfalls

7.1 Prüfung des Spannungsfalls

Die Versorgungsspannung elektrischer Betriebsmittel muss innerhalb festgelegter Spannungsgrenzen gehalten werden (**Bild 7.1**). Zum einen ist damit die sichere und bestimmungsgemäße Funktion der Betriebsmittel sicherzustellen, zum anderen erfordern die Schutzmaßnahmen „Schutz gegen elektrischen Schlag" zur Einhaltung der Abschaltbedingungen eine stabile Netzspannung, damit an der Fehlerstelle ein ausreichend hoher Strom zum Fließen kommt und so eine automatische Abschaltung innerhalb der erforderlichen Abschaltzeiten gemäß DIN VDE 0100-410 Abs. 411 bewirkt. Ein weiteres Problem zu großer Spannungsfälle besteht bei Geräten und Betriebsmitteln mit Leitungsregelung. Liegt die Versorgungsspannung am Anschlusspunkt unterhalb der Toleranzen, erhöht sich bei solchen Geräten bedingt durch die Regelung der Betriebsstrom, sodass dadurch eine Brandgefahr besteht.

Der Spannungsfall wird beeinflusst durch
- die Leitungslänge,
- den Leiterquerschnitt,
- den spezifischen Leiterwiderstand,
- den Wirkleistungsfaktor bzw. Phasenverschiebungswinkel cos φ,
- den Betriebsstrom,
- die Leitertemperatur (Betriebstemperatur des Leiters: ca. 55 °C).

Es ist zwischen dem Spannungsfall an der Leitung $\Delta U'$ und dem Spannungsfall am Ende der Leitung ΔU zu unterscheiden (**Bild 7.2**). Der Spannungsfall an der Leitung $\Delta U'$ ist ursächlich für die Leitungsverluste und wird über die

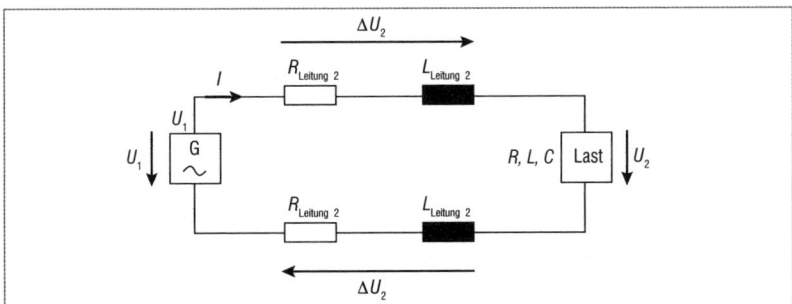

Bild 7.1 Vereinfachtes Ersatzschaltbild einer Leitung

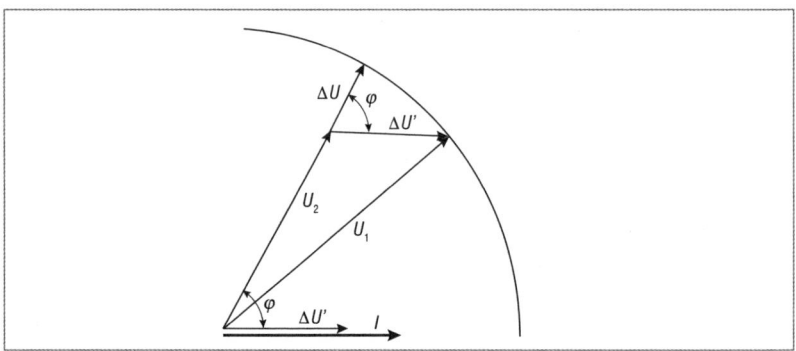

Bild 7.2 Zeigerdiagramm Spannungsabfall auf einer Leitung mit und ohne Phasenverschiebung

geometrische Differenz von der Spannung am Anfang der Leitung U_1 und der Spannung am Ende der Leitung U_2 berechnet. Der Spannungsfall am Ende der Leitung ΔU ist die Differenz der Beträge aus der Spannung am Anfang der Leitung und der Spannung am Ende der Leitung $\Delta U = |U_2| - |U_1|$. Der Spannungsfall am Ende der Leitung ist maßgeblich für die Versorgung der Betriebsmittel. Der Spannungsfall am Ende der Leitung ΔU und der Spannungsfall an der Leitung $\Delta U'$ lassen sich über den Wirkleistungsfaktor cos φ über folgende Beziehung umrechnen:

$\Delta U = \Delta U' \cdot \cos \varphi$

Bei Verbrauchern, die ausschließlich Wirkleistung aufnehmen, sind die Beträge der Spannungsfälle am Ende der Leitung und an der Leitung gleich.

Innerhalb der Kundenanlage gelten ab dem Hausanschlusskasten bis zu den Anschlusspunkten der Endstromkreise die Grenzwerte nach DIN VDE 0100-520 Anhang G. Für die Betrachtung des Spannungsfalls ist hier der Spannungsfall am Ende der Leitung bzw. am Ende des betrachteten Leitungsabschnitts ΔU zu bewerten. Es ist zwischen Systemen mit synchroner Verbindung zu einem Energieversorgungsnetz und autarken Systemen zu unterscheiden. Durch inselnetzbildende Systeme wie Speicher, die sowohl im Netzparallelbetrieb als auch im Inselbetrieb eine autarke Stromversorgung bereitstellen, wird dennoch empfohlen, die Grenzwerte an Niederspannungsanlagen aufgrund der Verbrauchsmittel im Netzbetrieb mit einem öffentlichen Energieversorgungsnetz einzuhalten. In Verbraucheranlagen darf zwischen dem Netzanschlusspunkt der Kundenanlage und dem Anschlusspunkt des Verbrauchsmittels gemäß DIN VDE 0100-520

7.1 Prüfung des Spannungsfalls

ein Spannungsfall von 4 % nicht überschritten werden. Nach NAV sollte der Spannungsfall im Endstromkreis 3 % nicht überschreiten. Bei autarken Systemen liegt der höchstzulässige Spannungsfall für Beleuchtungsstromkreise bei 6 % und für andere elektrische Betriebsmittel bei 8 %. Die Grenzwerte für den Spannungsfall sind auch bei Kleinspannungsstromkreisen anzuwenden, vorausgesetzt, dass diese beim höchsten vorkommenden Spannungsfall noch bestimmungsgemäß funktionieren. Die festgelegten Grenzwerte beziehen sich demnach auf statische Betriebsvorgänge im ungestörten Betrieb. Hohe Anlaufströme, wie beispielsweise beim Anlauf von Motoren, und Fehlerströme können temporär höhere Spannungsfälle verursachen. Der Spannungsfall wird jedoch ausschließlich bei normalem Betrieb und normaler Betriebstemperatur am Leiter betrachtet.

Im Hauptstromversorgungssystem gelten die Grenzwerte nach Niederspannungsanschlussverordnung (NAV) und VDE-AR-N 4100. Hier verweist die VDE-AR-N 4100 auf die NAV und umgekehrt. Der zulässige Spannungsfall im Hauptstromversorgungssystem einer Kundenanlage, also zwischen der Übergabestelle und Messeinrichtung, darf höchstens 0,5 % betragen (**Bild 7.3**). Für Wohngebäude ist ein Bemessungsstrom von 63 A anzunehmen. Bei Hauptstromversorgungssystemen (ungezählte Leitungsabschnitte) mit Leitungslängen über 100 m ist ein höherer Spannungsfall zulässig. In diesem Leitungsabschnitt darf der maximale Spannungsfall um 0,005 %/1 m

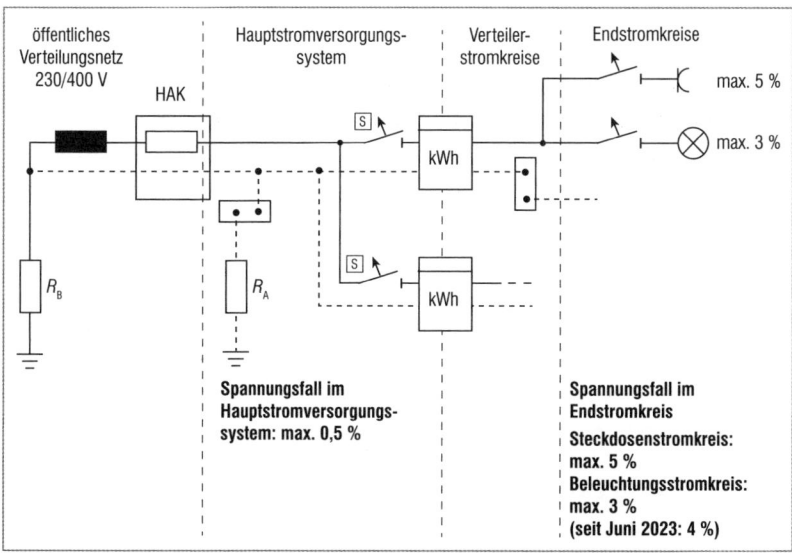

Bild 7.3 Zulässiger Spannungsfall in verschiedenen Abschnitten von Kundenanlagen

erhöht werden. Dabei darf der zulässige Spannungsfall innerhalb der Kundenanlage bis zum Endstromkreis nicht überschritten werden.

▪ Der Spannungsfall im Hauptstromversorgungssystem darf nach NAV § 13 höchstens 0,5 % betragen (Grundlage in Wohngebäuden 63 A).

▪ Hinter der Übergabestelle (Anschlussnutzeranlage) darf der Spannungsfall die nach DIN 18015-1 vorgegebenen Werte von 3 % für Beleuchtungsanlagen und 5 % für andere elektrische Betriebsmittel nicht übersteigen.

▪ Nach DIN VDE 0100-520 darf der Spannungsfall am Endstromkreis höchstens 4 % betragen.

▪ Innerhalb der Anschlussnutzeranlage zwischen Zähler und Steckdose sollte nach DIN 18015-1 der Spannungsfall höchsten 3 % betragen.

▪ In Großbauten wie Industrieanlagen mit eigenem Niederspannungstransformator darf der Spannungsfall zwischen der Messeinrichtung und dem Übergabepunkt höchstens folgende Werte betragen:
– ab 100 kVA bis 250 kVA: 1 %
– ab 250 kVA bis 400 kVA: 1,25 %
– ab 400 kVA: 1,5 %

Der Spannungsfall ist im Rahmen der Erstprüfung nach DIN VDE 0100-600 Abs. 6.4.3.11 durch Berechnen oder Messen zu ermitteln. Vor der Berechnung bzw. Messung sind die Grenzwerte der höchstzulässigen Spannungsfälle zu ermitteln. Der Spannungsfall wird durch den Stromverbrauch der elektrischen Verbrauchsmittel sowie vom Gleichzeitigkeitsfaktor und den Betriebsströmen der Stromkreise bestimmt. Ist nichts anderes festgelegt, gelten die Anforderungen der zutreffenden Normen und Bestimmungen.

Im Rahmen der Prüfung ist der Spannungsfall zu beurteilen. Elektrische Anlagen werden i.d.R. während ihrer Lebensdauer erweitert und Verbrauchsmittel werden getauscht. Unter dem Aspekt der Leistungsreserve sollte deshalb, wenn möglich, der zulässige Spannungsfall nicht voll ausgenutzt werden.

Der Spannungsfall kann durch Berechnung oder Messung ermittelt werden:
▪ Nachweis des Spannungsfalls durch Berechnen,
▪ Nachweis des Spannungsfalls durch Messung.

Leitungslänge bei zwei belasteten Leitern:

$$l = \frac{A \cdot \gamma \cdot \Delta U}{2 \cdot I \cdot \cos\varphi}$$

Leitungslänge im symmetrisch belasteten Drehstromsystem
mit drei belasteten Adern:

$$l = \frac{A \cdot \gamma \cdot \Delta U}{\sqrt{3} \cdot I \cdot \cos\varphi}$$

A Nennleiterquerschnitt
γ spezifische Leitfähigkeit in m/($\Omega \cdot$ mm²)
   (bei Kupfer 56 m/($\Omega \cdot$ mm²) bei 20 °C Leitertemperatur)
I Ladenennstrom (maximaler Ladenennstrom)

Zur Berechnung des Spannungsfalls in Gleichstromsystemen ist cos φ gleich 1 zu setzen.

Bei der Betrachtung des Spannungsfalls ist die Leitfähigkeit γ des Leitermaterials zu berücksichtigen. Als erste überschlägige Berechnung kann die Leitfähigkeit bei einer Leitertemperatur von 20 °C angenommen werden. Allerdings handelt es sich hierbei lediglich um eine Abschätzung, da im Betrieb die Betriebsströme eine Erhöhung der Leitertemperatur verursacht. Demnach ist die Erhöhung der Temperatur am Leiter bei der Messung zu berücksichtigen. Es ergeben sich daraus folgende Beziehungen:

$$\gamma = \frac{\gamma_{20\,°C}}{1 + 0{,}004\, K^{-1} \cdot \Delta\vartheta} \quad \text{mit } \Delta\vartheta = \vartheta_B - 20\,°C$$

Der Spannungsfall ist demnach gemäß der o.a. Formeln proportional zum Kehrwert der Leitfähigkeit.

Spannungsfall bei zwei belasteten Leitern:

$$\Delta U = \frac{2 \cdot I \cdot l \cdot \cos\varphi}{A \cdot \gamma(\vartheta_{\text{Leiter}})}$$

Spannungsfall im symmetrisch belasteten Drehstromsystem
mit drei belasteten Adern:

$$\Delta U = \frac{\sqrt{3} \cdot I \cdot l \cdot \cos\varphi}{A \cdot \gamma(\vartheta_{\text{Leiter}})}$$

Allein die Messung im unbelasteten Stromkreis ist demnach für die Beurteilung des Spannungsfalls unzureichend. Für die Bewertung des Messergebnisses sind die Betriebstemperaturen zu berücksichtigen (siehe Band 1, Abschnitt 28.3 *Physikalische Betrachtung im thermischen Ersatzschaltbild*).

7.2 Messung des Spannungsfalls

Der Spannungsfall ist im Rahmen der Erstprüfung durch Berechnung oder Messung zu ermitteln. Für die Bewertung des Spannungsfalls durch Messen ist wie auch bei der Bewertung durch Berechnung die genaue Kenntnis über Art und Aufbau der Stromkreise unerlässlich. Dies setzt idealerweise eine lückenlose und eindeutige Dokumentation der Kundenanlage und des Stromversorgungssystems bis zum Transformator voraus.

Es gibt drei Möglichkeiten zur Vorgehensweise:
- Messung der Spannungen mit und ohne angeschlossene Nennlast und Vergleich des Spannungsunterschieds,
- Messung der Spannungen mit und ohne angeschlossene Verbraucher und Hochrechnung auf Nennlast,
- Messung der Impedanz des Stromkreises.

Beim Spannungsfall ist es grundsätzlich so, dass es sich hierbei um eine Betriebsgröße handelt.

Das heißt, der Sachverhalt müsste unter Betriebsbedingungen bewertet werden. Die Betriebsbedingungen bedeuten, dass hier „theoretisch" der Nennstrom des Stromkreises fließt und die Leitertemperatur auf die Betriebstemperatur beim Nennstrom (Bemessungsstrom) ansteigt. Durch den Temperaturanstieg steigt auch der Widerstand des Leiters, sodass im Leerlauf (also wenn die Steckdose nicht betrieben wird) die Leitertemperatur etwa der Umgebungstemperatur entspricht. Aufgrund dieses Sachverhalts ist der Spannungsfall durch Berechnen vom Errichter beizufügen.

Die Normen DIN VDE 0100, DIN 18015-1 sowie die VDE-AR-N 4100 und die Niederspannungsanschlussverordnung (NAV) legen hierzu Grenzwerte an den Spannungsfall fest. Neben der reinen Bewertung, ob ein Grenzwert eingehalten ist oder nicht, ist der Spannungsfall auf Plausibilität zu überprüfen. Ohne rechnerische Nachweise des Errichters ist die Bewertung demnach nicht möglich.

Siehe Grenzwerte: Spannungsfälle
- DIN VDE 0100-520,
- NAV, VDE-AR-N 4100,
- DIN 18015-1.

7.3 Berechnung des Spannungsfalls

Das Ergebnis ist deshalb um den Faktor des erhöhten Leiterwiderstands bei Betriebstemperatur zu multiplizieren (**Tabelle 7.1**). Der Aufschlagsfaktor für den Spannungsfall kann wie folgt berechnet werden:

$$\Delta U \sim \frac{1}{\gamma}$$

Wird der Spannungsfall bei einer Leitertemperatur von 20 °C gemessen, liegt dieser bei Betriebstemperatur bezogen auf die 20 °C um folgenden Faktor höher:

$$Aufschlagsfaktor = \frac{\gamma_{X°C}}{\gamma_{20°C}}$$

Leitertemperatur ϑ_b in °C	Formelzeichen	elektrische Leitfähigkeit in m/Ω mm²		Aufschlagsfaktor bei Messung im unbelasteten Stromkreis zum Referenzwert 20 °C	
		Kupfer	Aluminium	Kupfer	Aluminium
20	$\gamma_{20°C}$	56	35	1	1
50	$\gamma_{50°C}$	50	31	1,12	1,12
70	$\gamma_{70°C}$	46	29	1,2	1,2
90	$\gamma_{90°C}$	43,75	27,35	1,28	1,28

Tabelle 7.1 Leitwert in Abhängigkeit der Leitertemperatur

7.4 Beurteilung der maximalen Leitungslänge unter Betrachtung des Spannungsfalls

Zur Beurteilung des Spannungsfalls kann auch im Umkehrschluss die maximal zulässige Leitungslänge betrachtet werden (**Tabelle 7.2**). Für folgende fest verlegten oder in Bauwerken verlegten Kabel und Leitungen mit Kupferleiter kann zur Beurteilung der maximalen Leitungslängen für Drehstromkreise mit einer Nennspannung von 400 V/50 Hz in Abhängigkeit des Betriebsmessstroms, des Leiterquerschnitts und des Spannungsfalls die Tabelle für die maximal zulässigen Kabel- und Leitungslängen bei einem Spannungsfall von 3 % und einer Umgebungstemperatur von 30 °C hinzugezogen werden. Bei im Erdreich verlegten Kabeln und Leitungen ist eine Umgebungstemperatur von 20 °C anzunehmen.

In Dreiphasen-Wechselstromkreisen heben sich bei symmetrischer Belastung die Strangströme auf, sodass für den Spannungsfall die einfache Leitungslänge anzusetzen ist. Bei Einphasen-Wechselstromkreisen ist der Span-

Betriebsstrom in A		maximale Leitungslänge bei einem zulässigen Spannungsfall von 3 % in Drehstromkreisen mit einer Nennspannung von 400 V/50 Hz											
		Leiterquerschnitt in mm^2											
		1,5	2,5	4	6	10	16	25	35	50	70	95	120
6	3 AC	92	150										
	1 AC	45	75										
10	3 AC	55	90	141									
	1 AC	27,5	45	70,5									
16	3 AC	34	56	88	132								
	1 AC	17	28	44	66								
20	3 AC	28	45	70	106								
	1 AC	19	22,5										
25	3 AC			36	56	85	142						
	1 AC			18	28	42,5	71						
35					40	60	101	160					
40						53	89	140	220				
50							71	112	176	242			
63							56	89	140	192	257		
80								70	110	151	203	287	
100									88	121	162	229	
125										97	130	183	246
160											101	143	192	234
200												115	154	188
250													123	150
315													98	119
400														94
Faktor 0,5: Einphasen-Wechselstromkreise													

Tabelle 7.2 Maximal zulässige Kabel- und Leitungslängen mit einem zulässigen Spannungsfall von 3 % für Leitungen mit drei belasteten Leitern nach DIN VDE 0100-520 Beiblatt 2 Abs. 5

nungsfall des Außenleiters und des Neutralleiters zu betrachten. In diesem Fall sind die zulässigen Leitungslängen mit dem Faktor 0,5 zu multiplizieren.

Weicht der Sollwert des Spannungsfalls von einem höchstzulässigen Spannungsfall ab, sind die Leitungslängen mit den Umrechnungsfaktoren für die maximal zulässigen Kabel- und Leitungslängen für abweichende Spannungsfälle zu multiplizieren (**Tabelle 7.3**). Für die Berechnung des Spannungsfalls ist in jedem Leitungsabschnitt der Bemessungsstrom der vorgeschalteten Überstrom-Schutzeinrichtung zugrundezulegen.

Spannungsfall in %	Faktor
1	0,33
1,5	0,5
3	1
4	1,33
5	1,67
8	2,67
10	3,33

Tabelle 7.3 Minimale Schleifenimpedanzen bzw. Innenwiderstände in Abhängigkeit des Bemessungsausschaltvermögens der Schutzeinrichtung bei 230 V

7.5 Spannungsfall unter Betrachtung der Kabel- und Leitungsverluste

Seit Oktober 2015 wurde mit Anwendungsbeginn der DIN VDE 0100-801 neben den sicherheitstechnischen Aspekten elektrischer Anlagen Anforderungen an die Energieeffizienz aufgenommen. Der Spannungsfall einer elektrischen Anlage, der Leiterquerschnitt, die Leitungslängen sowie die Oberschwingungen haben direkten Einfluss auf die Energieeffizienz der Anlage. Leitungsverluste energieintensiver Verbraucher sollten demnach unter diesem Aspekt mitberücksichtigt werden. Im Gegensatz zur Betrachtung des Spannungsfalls am Ende der Leitung ist bei der Betrachtung der Kabel- und Leitungsverluste der Spannungsfall an der Leitung zu betrachten.

Die Leistungsverluste werden wie folgt berechnet:

Gleichstrom	Wechselstrom	Drehstrom
$P_V = \dfrac{2 \cdot I^2 \cdot l}{\gamma \cdot A}$		$P_V = \dfrac{3 \cdot I^2 \cdot l}{\gamma \cdot A}$

Sind z. B. im Rahmen der Errichtung Anforderungen an die Energieeffizienz festgelegt, sollte dieser Sachverhalt in die Bewertung mit einfließen.

das elektrohandwerk
www.elektro.net

Wichtige Grundlagen

Prüfer, Sachverständige, Gutachter, Planer und Betreiber erhalten in Band 1 einen Überblick über die Planungsgrundlagen elektrischer Anlagen.

Diese Themen sind u.a. enthalten:
- Raumarten und Aufstellorte,
- Gefahren des elektrischen Stromes,
- Schutzarten von Betriebsmitteln,
- Qualifikationen von Personen,
- Gesetzespyramide (europäisches Recht, Regeln der Technik und Stand der Technik),
- Normen und VDE-Bestimmungen,
- Risikobeurteilung,
- Unterscheidung Maschine und Anlage,
- Bestandsschutz und Anpassung.

Ihre Bestellmöglichkeiten auf einen Blick:

 Fax: +49 (0) 89 2183-7620

 E-Mail: buchservice@huethig.de

 Web-Shop: shop.elektro.net

 Hier Ihr Fachbuch direkt online bestellen!

Hüthig GmbH, Im Weiher 10, D-69121 Heidelberg
Tel.: +49 (0) 800 2183-333

8 Beurteilung der Selektivität
(DIN VDE 0100-530 Abs. 536.4.1.1)

Die Betrachtung der Selektivität zwischen verschiedenen Schutzeinrichtungen dient der Versorgungssicherheit der elektrischen Anlage. Selektivität ist gegeben, wenn die Schutzeinrichtung, die bei Kurzschluss, Überlast oder Fehlerströmen abschaltet, die der Fehlerstelle direkt vorgeschaltet ist.

Unter *Überstromselektivität* versteht man die Koordination von mindestens zwei hintereinander geschalteten Überstrom-Schutzeinrichtungen, sodass bei Auftreten von Überströmen oder Fehlerströmen die Einrichtung, die der Fehlerstelle am nächsten liegt, abschaltet. Überstromselektivität zwischen den hintereinandergeschalteten Überstrom-Schutzeinrichtungen ist gegeben, wenn sich die Streubänder der Auslösekennlinien an keinem Punkt überschneiden.

Volle Selektivität ist gegeben, wenn die Überstrom-Schutzeinrichtung auf der Lastseite bis zum maximalen unbeeinflussten Kurzschlussstrom an deren Anschlusspunkt anspricht.

Teilselektivität ist gegeben, wenn die Überstrom-Schutzeinrichtung auf der Lastseite bis zu einem Fehlerstrom anspricht, der geringer als der maximale unbeeinflusste Kurzschlussstrom an den Anschlusspunkten ist.

Es ist zu unterscheiden zwischen:
- Selektivität unter Überlastbedingungen,
- Selektivität unter Kurzschlussbedingungen,
- Selektivität zwischen Fehlerstrom-Schutzeinrichtungen.

Grundsätzlich darf die Wirksamkeit der Schutzeinrichtungen nicht aufgrund der Betriebsbedingungen beeinträchtigt werden. Bei der Auswahl und Anordnung sind deshalb die Anforderungen nach DIN VDE 0100-530 sowie die Herstellervorgaben der Schutzeinrichtungen und der angeschlossenen Betriebsmittel zu beachten.

8.1 Selektivität unter Überlast- und Kurzschlussbedingungen

Die Selektivität bei Überstrom-Schutzeinrichtungen wird durch Vergleich der Streubänder der Strom-Zeit-Kennlinien überprüft. Selektivität zwischen zwei hintereinanderliegenden Schutzeinrichtungen ist gegeben, wenn sich die Streubänder der Strom-Zeit-Kennlinien nicht überschneiden und die linke Kennlinie die der an der Fehlerstelle (Lastseite) am nächsten liegenden Schutzeinrichtung entspricht.

Selektivität zwischen Sicherungen (DIN VDE 0100-530 Abs. 536.4.1.2.3)

- Keine Überschneidung der Streubänder der Strom-Zeit-Kennlinien,
- Abschaltzeit der OCPD der Lastseite < minimale Schmelzzeit der OCPD auf der Versorgungsseite.

Bei Schmelzsicherungen nach DIN EN 60269-1 (VDE 0636-1) der gleichen Betriebsklasse ist volle Selektivität gegeben, sofern das Verhältnis der Bemessungsströme zwischen Versorgungs- und Lastseite mindestens 1,6 entspricht (Tabelle 8.1).

$$\frac{I_{n,\text{Versorgungsseite}}}{I_{n,\text{Lastseite}}} \geq 1{,}6$$

vorgeschaltete Sicherung (Versorgungsseite)		Überstromselektivität						
		nachgeschaltete Sicherung (Lastseite)						
		16 A	20 A	25 A	35 A	50 A	63 A	80 A	100 A
Grau	16 A	1	< 1	< 1	< 1	< 1	< 1	< 1	< 1
Blau	20 A	1,25	1						
Gelb	25 A	1,56	1,25	1					
Schwarz	35 A	2,18	1,75	1,4	1				
Weiß	50 A	> 2,18	> 1,75	2	1,4	1			
Kupfer	63 A			> 2	1,8	1,26	1		
Silber	80 A				> 1,8	1,6	1,26	1	
Rot	100 A					> 1,6	1,58	1,25	1

■ keine volle Selektivität zwischen den Sicherungen   ▪ volle Selektivität zwischen den Sicherungen

Tabelle 8.1 Überstromselektivität verschiedener Kombinationen von Schmelzsicherungen bis 100 A

Zu Veranschaulichung ein Beispiel:

Beispiel

In **Bild 8.1** ist eine Verteilung mit Sicherungen der Betriebsklasse gG dargestellt. Die nachgelagerten Stromkreise sind mit der Vorsicherung F1 mit einem Bemessungsstrom von 63 A abgesichert. Die zwei nachgelagerten Stromkreise sind einmal mit 50 A und mit 35 A abgesichert. Zwischen der Sicherung F1.1 und F1 beträgt das Verhältnis der Bemessungsströme 1,26. Damit ist das Bemessungsstromverhältnis kleiner als 1,6, wodurch im Stromkreis F1.1 keine volle Selektivität gegeben ist. Gleiches gilt bei F1.2.1 zu F1.2. Auch hier ist die Anforderung nicht erfüllt. Bei F1.2 beträgt zu F1 das Bemessungsstromverhältnis 1,8, womit das Verhältnis über 1,6 ist und demnach die Bedingung erfüllt ist. Gleiches gilt bei F1.2.2 zu F1.2

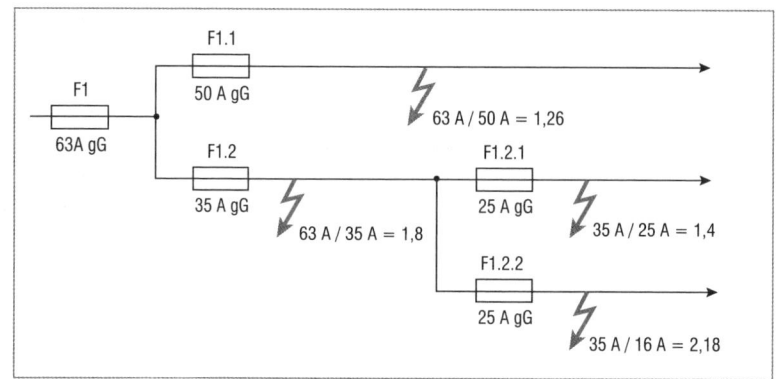

Bild 8.1   Beispiel einer Auswahl an Sicherungen unter Beachtung der Selektivität

Das folgende Beispiel soll den Sachverhalt verdeutlichen:

Beispiel

Das **Bild 8.2** zeigt die NH-Sicherungen eines Hausanschlusskastens. Der Bemessungsstrom beträgt 3×200 A (gG). Durch Besichtigen wurde festgestellt, dass die Überstrom-Schutzeinrichtung (Hauptsicherung) der angeschlossenen Hauptverteilung mit einem Bemessungsstrom von 3×160 A abgesichert ist **(Bild 8.3)**.

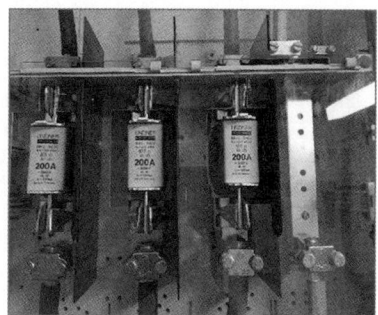

Bild 8.2   Überstromselektivität/HAK

Bild 8.3   Überstromselektivität/HVT

Damit beträgt das Verhältnis der Bemessungsströme der vorgeschalteten Überstrom-Schutzeinrichtung zur nachgeschalteten Überstrom-Schutzeinrichtung 1,25 (200 A / 160 A = 1,25). Das Verhältnis ist demnach kleiner als 1,6, sodass keine Selektivität gegeben ist.

8.2 Selektivität zwischen Leistungsschalter/Leitungsschutzschalter und nachgeschalteter Sicherung

Selektivität zwischen Leistungsschalter/Leitungsschutzschalter und nachgeschalteter Sicherung liegt vor, wenn sich die Streubänder der Kennlinien in den entsprechenden Bereichen (Überlast, Kurzschluss) nicht überschneiden und die Kennlinie der nachgeschalteten Schutzeinrichtung sich links der Kennlinie der vorgeschalteten Schutzeinrichtung befindet.

Bei Schutzeinrichtungen mit magnetischem Schnellauslöser besteht zudem das Problem, dass sich im Schnellauslösebereich die Streubänder der Kennlinien überschneiden.

Im folgenden Beispiel ist der Verteilerstromkreis einer Steckdosen-Schaltgerätekombination mit einem dreipoligen Leitungsschutzschalter des Typs B32 abgesichert (**Bild 8.4**). Die angeschlossene Steckdosen-Schaltgerätekombination verfügt je Steckdosenstromkreis über Leitungsschutzschalter des Typs B16 (**Bild 8.5**). Das Verhältnis der Bemessungsströme liegt bei 2 (32 A / 16 A = 2), sodass die Anforderungen erfüllt sind. Die Kennlinien im Schnellauslösebereich überschneiden sich, sodass die Selektivität nicht gegeben ist.

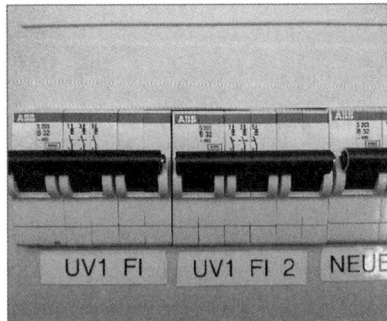

Bild 8.4 Selektivität: Vorsicherung einer Steckdosen-Schaltgerätekombination mit einem LS-Schalter vom Typ B32

Bild 8.5 Selektivität: nachgeschaltete Steckdosen-Schaltgerätekombination mit integrierten Leitungsschutzschaltern vom Typ B16

Selektivität zwischen Fehlerstrom-Schutzeinrichtungen

Im Allgemeinen sind Fehlerstrom-Schutzeinrichtungen (RCDs) vom Typ A ausreichend. Übersteigt der DC-Anteil der Schutzleiterströme 6 mA, reichen RCDs vom Typ A nicht mehr aus und es sind Fehlerstrom-Schutzeinrichtungen (RCDs) vom Typ B oder B+ in Übereinstimmung mit VDE 0664-400/-404 zu verwenden. Gleiches gilt, wenn der Speicherhersteller die Verwendung von allstromsensitiven RCDs (Typ B) in der Betriebsanleitung vorschreibt. Allerdings dürfen einer allstromsensitiven Fehlerstrom-Schutzeinrichtung (RCD Typ B) keine Fehlerstrom-Schutzeinrichtungen des Typs A vorgeschaltet sein, da diese sonst durch den Gleichstromanteil unwirksam wird (vgl. DIN VDE 0100-530, **Bild 8.6**). Demnach dürfen RCDs vom Typ B RCDs vom Typ A nicht vorgeschaltet werden.

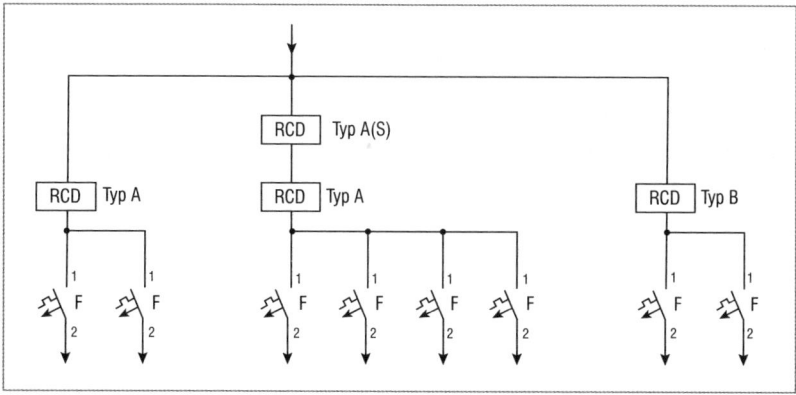

Bild 8.6 Zulässige Anordnung von Fehlerstrom-Schutzeinrichtungen nach DIN VDE 0100-530

Die Selektivität bei Fehlerströmen ist unter folgenden Bedingungen gegeben (**Tabelle 8.2**):
- Der vorgeschaltete RCD ist selektiv (Typ S) oder verfügt über eine Zeitverzögerung mit entsprechender Einstellung und
- das Verhältnis der Nennfehlerströme zwischen vorgeschalteten RCD zum nachgeschalteten RCD beträgt mindestens 3:1.

Es gilt:

$$\frac{I_{\Delta n, \text{Versorgungsseite}}}{I_{\Delta n, \text{Lastseite}}} \geq \frac{3}{1}$$

vorgeschalteter RCD (Versorgungsseite)	Überstromselektivität						
	nachgeschaltete Sicherung (Lastseite)						
	10 mA	30 mA	100 mA	300 mA	300 mA [S]	500m A	1 A
10 mA	> 3	< 3	< 3	< 3	< 3	< 3	< 3
30 mA		3					
100 mA		> 3	3,3				
300 mA [S]			> 3	3			
500 mA				> 3			
1 A					3,3	3,3	

■ keine volle Selektivität zwischen den Sicherungen ▨ volle Selektivität zwischen den Sicherungen

Tabelle 8.2 Selektivität verschiedener Kombinationen von Fehlerstrom-Schutzeinrichtungen

8.3 Selektivität unter Kurzschlussbedingungen

Selektivität unter Kurzschlussbedingungen ist gegeben, wenn der Stromwärmeimpuls des Durchlassmesstroms der nachgeschalteten Schutzeinrichtung gegenüber der vorgeschalteten Schutzeinrichtung geringer ist.

Es gilt:

$$I_{D,F0}^2 \cdot t > I_{D,F1}^2 \cdot t > I_{D,F2}^2 \cdot t$$

9 Beurteilung der Maßnahmen gegen Überspannung

Die elektrische Anlage ist nach DIN VDE 0100-100 Abs. 131.1 u. a. durch geeignete Maßnahmen gegen Überspannungen und elektromagnetische Beeinflussungen zu schützen. Nach DIN VDE 0100-443 Abs. 443.4 ist durch Errichtung von Überspannungs-Schutzeinrichtungen (SPDs) der Schutz durch Begrenzung von Überspannungen entsprechend der Isolationskoordination sicherzustellen. Damit wird das Risiko durch Überspannungen durch direkte und indirekte Blitzeinschläge und das Risiko gefährlicher Funkenbildung sowie das daraus resultierende Brandrisiko reduziert. Der Schutz bei Überspannungen ist vorzusehen, wenn Auswirkungen zu erwarten sind auf:

- Menschenleben, z. B. bei Anlagen für Sicherheitszwecke und medizinisch genutzte Bereiche,
- öffentliche Einrichtungen, z. B. Ausfall öffentlicher Dienste, Telekommunikationszentren und nicht wiederbringbaren Kulturgütern, z. B. in Museen,
- Gewerbe- oder Industrieaktivitäten, z. B. Hotels, Banken, Industriebetriebe etc.,
- Ansammlungen von Personen, z. B. Schulen, Büros, große Gebäude.

Zudem ist ein Überspannungsschutz bei Einzelpersonen in Wohngebäuden und kleinen Büros, in denen Betriebsmittel der Überspannungskategorie I und II errichtet sind, vorzusehen. Mittlerweile ist in Wohngebäuden grundsätzlich davon auszugehen, dass Betriebsmittel der Überspannungskategorie I und II an die feste Installation angeschlossen sind.

Die Überspannungskategorie ist zum Zweck der Isolationskoordination festgelegt. Die Klassifikation wird nach DIN VDE 0100-534 durch die Bemessungsstoßspannung festgelegt. Die Bemessungsstoßspannung wird vom Hersteller der Betriebsmittel angegeben.

9.1 Überspannungs-Schutzgeräte

Überspannungs-Schutzgeräte oder kurz SPD (surge protective device) sind Schutzeinrichtungen, die dazu bestimmt sind, Überspannungen in elektrischen Anlagen zu begrenzen und Impulsströme abzuleiten. Die Überspannungs-Schutzgeräte sind komplette Baueinheiten, an die die aktiven Leiter, der PA-Leiter und der Schutzleiter angeschlossen werden können. Überspannungs-Schutzgeräte, die für den Anlagenschutz vorgesehen sind, sind in der Regel als Reiheneinbaugeräte ausgeführt und sind für den Einbau in Verteilern und Niederspannungs-Schaltgerätekombinationen geeignet.

Überspannungs-Schutzgeräte dienen dem Zweck, den Schutzpegel U_p innerhalb elektrischer Anlagen zu erhöhen. Der Schutzpegel U_p ist als maximale Spannung definiert, die an den Anschlussklemmen der Überspannungs-Schutzeinrichtung (SPD) während der Belastung mit einem Impuls festgelegter Spannungssteilheit und Belastung mit einem Ableitstoßstrom gegebener Amplitude und Wellenform auftreten kann. An den Anschlussklemmen der Überspannungs-Schutzeinrichtungen (SPD). Der Schutzpegel U_p wird vom Hersteller angegeben.

Überspannungs-Schutzgeräte sind in drei Typen unterteilt. Die Typen unterscheiden sich gemäß der Produktnorm DIN EN 61643-11 (VDE 0675-6-11) in ihrer Prüfklasse und den damit verbundenen Referenzparametern (Tabelle 9.1).

SPD-Typ	Prüfklasse	Referenzparameter
Typ 1	I	I_{imp}
Typ 2	II	I_n
Typ 3	III	U_{oc}

Tabelle 9.1 Gegenüberstellung der SPD-Typen und Prüfklassen nach DIN EN 61643-11 (VDE 0675-6-11)

9.1.1 Überspannungs-Schutzgeräte Typ 1

Überspannungs-Schutzgeräte vom Typ 1 sind nach dem Blitzstroßstrom I_{imp} für die Prüfung der Klasse 1 geprüft. Der Blitzstoßstrom I_{imp} ist der Stromscheitelwert eines Ableitstoßmessstroms durch eine Überspannungs-Schutzeinrichtung mit einer festgelegten Ladung Q und einer festgelegten Energie W/R innerhalb einer festgelegten Zeit.

9.1.2 Überspannungs-Schutzgeräte Typ 2

Überspannungs-Schutzgeräte vom Typ 2 sind nach dem Nennableitstrom I_n für die Prüfung der Klasse 2 geprüft. Der Nennableitstrom I_n ist der Scheitelwert des durch die Überspannungs-Schutzeinrichtung fließenden Stroms mit der Impulsform 8/20. Die Impulsform 8/20 bedeutet eine Stirnzeit des ansteigenden Stromimpulses von 8 ms und eine Rückenhalbwertzeit von 20 ms.

9.1.3 Überspannungs-Schutzgeräte Typ 3

Überspannungs-Schutzgeräte vom Typ 3 sind nach der Leerlaufspannung U_{oc} für die Prüfung der Klasse 3 geprüft. Diese Art der Überspannungsableiter stellt den sogenannten Feinschutz dar. Diese ist in der Regel in Steckdosenverlängerungen und in ortsveränderlichen Geräten mit Stecker zu finden.

9.2 Auswahl nach der Überspannungskategorie

Die Überspannungs-Schutzgeräte müssen entsprechend der Überspannungskatgegorie der Betriebsmittel ausgewählt werden. Das Konzept der Überspannungskategorie wird für Betriebsmittel angewendet, die direkt vom Niederspannungsnetz gespeist werden. Das Konzept beruht auf Wahrscheinlichkeitsüberlegungen. Es beruht jedoch nicht auf der tatsächlichen Abschwächung der Überspannungen im Verlauf der Installation. Jede Überspannungskategorie wird in Abhängigkeit der Bemessungsstoßspannung angegeben. Der Wert der Bemessungsstoßspannung wird vom Hersteller angegeben und ist der Spannungswert eines festgelegten Isoliervermögens gegenüber einer transienten Überspannung. Die Isolationskoordination wird von Betriebsmittelherstellern für die Bemessungsstoßspannungen 330 V, 500 V, 800 V, 1.500 V, 2.500 V, 4.000 V, 6.000 V, 8.000 V, 12.000 V verwendet. Bei der Anwendung des Prinzips der Isolationskoordination ist zwischen zwei Arten von transienten Überspannungen zu unterscheiden:

- transiente Überspannungen, die an den Eingangsklemmen an einem Betriebsmittel ausgehend von einem Stromversorgungssystem anstehen, und
- transiente Überspannungen, die ausgehend von einem Betriebsmittel auf das Stromversorgungssystem einwirken.

Die Überspannungskategorie beschreibt einen Zahlenwert (I bis IV), der eine Bedingung bzgl. der transienten Überspannung festlegt (**Tabelle 9.2**). Maßgebend für die Zuordnung der Betriebsmittel zu einer Überspannungskategorie ist die Spannungsfestigkeit. Bei Betriebsmitteln am Niederspannungsnetz mit einer Nennspannung von 230 V/400 V erstreckt sich die Bemessungsstoßspannungsfestigkeit von 1.500 V (Überspannungskategorie I) bis 6.000 V (Überspannungskategorie IV).

Überspannungs-kategorie	Bemessungs-stoßspannung in V	Anordnung in Kundenanlagen	Beispiele
I	1.500	Geräte mit Steckvorrichtungen, die über ein Netzteil/Trafo Betriebsmittel versorgen	Laptops, Telefone, LAN/WLAN-Router, etc.
II	2.500	Geräte mit Steckvorrichtungen (Kaltgerätestecker) sowie fest angeschlossene Betriebsmittel an einem Endstromkreis	Haushaltsgeräte, handgeführte Geräte, PCs, Küchengeräte etc.
III	4.000	fest angeschlossene Geräte und Betriebsmittel	Betriebsmittel in Verteilungen wie z. B. Schutz- und Schaltgeräte (RCDs, SPDs Typ 2, KNX-Schaltaktoren etc.), fest angeschlossene Maschinen und Anlagen, z. B. Drehbänke, Hebebühnen, Herd, Backofen etc.
IV	6.000	Geräte am Einspeisepunkt und im Hauptstromversorgungssystem	Zähler, SPDs Typ 1, Rundsteuerempfänger, Hauptschalter

Tabelle 9.2 Überspannungskategorien

9.3 Anschlussschemata

9.3.1 Anschlussschema 1

Beim Anschlussschema 1 (**Bild 9.1**) sind alle aktiven Leiter am Überspannungs-Schutzgerät angeschlossen. Jeder aktive Leiter ist über einen Schutzpfad (Varistor) mit dem Schutzleiter verbunden. Man spricht hier von einer sogenannten 4+0-Schaltung. Bei TN-C-Systemen mit PEN-Leiter sind die drei Außenleiter über eigene Schutzpfade mit dem PEN-Leiter verbunden. Diese Schaltung wird als 3+0-Schaltung bezeichnet. Sowohl 4+0- als auch 3+0-Schaltung schützen das Stromversorgungssystem vor Gleichtaktstörungen.

Die 4+0-Schaltung ist grundsätzlich in TN- und TT-Systemen anzuwenden. Der Schutz des Neutralleiters über einen separaten Schutzpfad darf jedoch in TN-S- und TN-C-S-Systemen entfallen, wenn die Stelle der Auftrennung des PEN-Leiters in Schutzleiter und Neutralleiter und der Errichtungsort der Überspannungs-Schutzeinrichtung

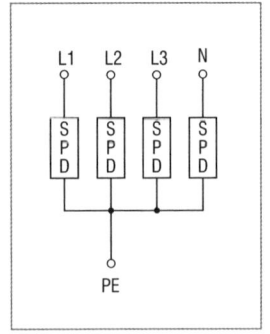

Bild 9.1 Anschlussschema 1: 4+0-Schaltung in einem 3-phasigen System mit Neutralleiter

weniger als 0,5 m auseinander liegen (**Bild 9.2**). Mit Anwendungsbeginn der VDE-AR-N 4100 vom April 2018 muss die Auftrennung im Hausanschlusskasten bzw. an der erstmöglichen Stelle im Gebäude z. B. in der Hauptverteilung erfolgen. Bei neu errichteten Gebäuden liegen in der Regel zwischen dem Hausanschlusskasten (HAK) und der Zählerverteilung mehr als 0,5 m, sodass die Ausnahme in der Regel nicht zutrifft.

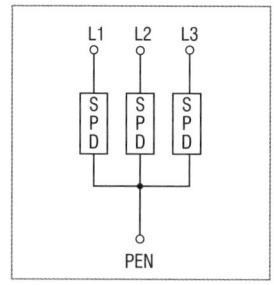

Bild 9.2 Anschlussschema 1: 3+0-Schaltung in einem 3-phasigen System mit PEN-Leiter

9.3.2 Anschlussschema 2

Beim Anschlussschema 2 (**Bild 9.3**) handelt es sich um die sogenannte 3+1-Schaltung. Bei der 3+1-Schaltung sind die drei Außenleiter über einen eigenen Schutzpfad mit dem Neutralleiter des Stromversorgungssystems (Sternpunkt) verbunden. Zwischen Sternpunkt und Schutzleiter ist ein separater Schutzpfad eingebaut.

Neben den Gleichtaktstörungen wie bei Anschlussschema 1 schützt das Anschlussschema 2 der 3+1-Schaltung auch vor Gegentaktstörungen.

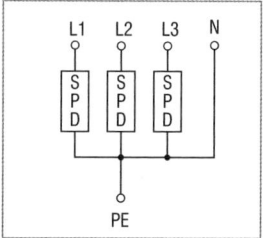

Bild 9.3 Anschlussschema 2: 3+1-Schaltung in einem 3-phasigen System mit Neutralleiter

9.4 Auswahl und Anschluss nach Art der Netzform

Bei der Auswahl und dem Anschluss der Überspannungs-Schutzgeräte ist der Fehlerschutz zu berücksichtigen. Demnach ist die Wirksamkeit der Schutzmaßnahme: „Schutz durch automatische Abschaltung im Fehlerfall gemäß DIN VDE 0100-410 Abs. 411" sicherzustellen.

Sind die Überspannungs-Schutzeinrichtungen (SPDs) in der Nähe des Speisepunkts der elektrischen Anlage errichtet, sind nach DIN VDE 0100-534 Anschlussvarianten anwendbar, wie in (**Tabelle 9.3**) beschrieben.

In TN-Systemen ist der Schutz durch vorgeschaltete Überstrom-Schutzeinrichtungen vorzusehen. Die Überstrom-Schutzeinrichtung muss so ausgewählt sein, dass die Abschaltzeiten nach DIN VDE 0100-410 Tabelle 41.1

System	Anschlussschema 1	Anschlussschema 2
TN-System	anwendbar	anwendbar
TT-System	nur nach einer Fehlerstrom-Schutzeinrichtung	anwendbar
IT-System mit herausgeführtem Neutralleiter	anwendbar	anwendbar
IT-System ohne herausgeführtem Neutralleiter	anwendbar	nicht anwendbar

Tabelle 9.3 Anschlussvarianten für Systeme nach Art der Erdverbindung

sichergestellt sind. Zudem sind die Angaben des Herstellers zu beachten. Zulässig sind grundsätzlich beide Anschlussschemata. In TT-Systemen ist der Schutz durch automatische Abschaltung im Fehlerfall durch eine Fehlerstrom-Schutzeinrichtung sicherzustellen.

Um bei Fehlerstrom-Schutzeinrichtungen (RCDs) Fehlauslösungen oder das Verschweißen von Kontakten zu vermeiden, sollte eine Belastung mit hohen Impulsströmen oder Blitzteilströmen möglichst vermieden werden. Deshalb sollten Überspannungs-Schutzeinrichtungen (SPDs) Typ 1 oder Typ 2 auf der Versorgungsseite (Einspeiseseite) der Fehlerstrom-Schutzeinrichtung (RCD) errichtet werden. Sind Überspannungen von der Lastseite (Ausgangsseite) der Fehlerstrom-Schutzeinrichtung (RCD) zu erwarten, z. B. durch im Außenbereich angebrachte Betriebsmittel, die nicht durch ein Blitzschutzsystem geschützt sind, sollten Überspannungs-Schutzeinrichtungen (SPDs) Typ 1 oder Typ 2 auch auf der Lastseite der Fehlerstrom-Schutzeinrichtung (RCD) errichtet werden. In IT-Systemen sind keine zusätzlichen Maßnahmen erforderlich.

9.5 Koordination von Überspannungs-Schutzeinrichtungen mit RCD

Liegt die Überspannungs-Schutzeinrichtung hinter der einer Fehlerstrom-Schutzeinrichtung, kann es zu ungewollten Abschaltungen aufgrund von Impulsströmen kommen. Der Schutz bei Überspannung des zu schützenden Abschnitts der elektrischen Anlage wäre demnach nicht sichergestellt. Zur Vermeidung solch ungewollter Abschaltungen sind Überspannungs-Schutzeinrichtungen grundsätzlich vor Fehlerstrom-Schutzeinrichtungen anzuordnen.

9.6 Auswahl entsprechend der höchsten Dauerspannung

In Wechselspannungssystemen sind die Überspannungs-Schutzgeräte nach der höchsten Dauerspannung U_c auszuwählen. Die Auswahl erfolgt nach Art des Stromversorgungssystems. Zwischen den Außenleitern und dem Neutralleiter sowie zwischen Außenleitern und Schutzleitern ist die maximale zulässige Strangspannung mit einem Aufschlagsfaktor von 1,1 auszuwählen. Der Aufschlagsfaktor von 1,1 entspricht dem nach DIN VDE 0175-1 festgelegten oberen Toleranzbereich der Versorgungsspannung. In IT-Systemen heben sich die Spannungen der nicht fehlerbehafteten Außenleiter auf die Höhe der Spannung zwischen zwei Außenleitern (Netzspannung) gegen Erde an, sodass nicht die Strangspannung U_0 gegen Erde, sondern die SPDs in IT-Systemen zwischen Außenleitern und Erde und die Spannung zwischen zwei Außenleitern auszuwählen sind.

In Systemen mit starrer Erdung des Sternpunkts der Stromquelle (TT- und TT-Systemen) ist aufgrund der Verbindung von Neutral- und Schutzleiter bei Fehlerbedingungen nicht davon auszugehen, dass die Spannung des Neutralleiters auf die maximale Strangspannung U_0 ansteigt. Hier kann auf den Aufschlagsfaktor 1,1 verzichtet werden (**Tabelle 9.4**).

Anschluss SPD zwischen den Leitern	Art des Stromversorgungssystems (Netzform)		
	TN-System	TT-System	IT-System
Außenleiter und Neutralleiter	$\frac{1{,}1 \cdot U}{\sqrt{3}} = 0{,}64 \cdot U$		
Außenleiter und Schutzleiter	$\frac{1{,}1 \cdot U}{\sqrt{3}} = 0{,}64 \cdot U$		$1{,}1 \cdot U$
Außenleiter und PEN-Leiter	$\frac{1{,}1 \cdot U}{\sqrt{3}} = 0{,}64 \cdot U$		nicht anwendbar
Neutralleiter und Schutzleiter	$\frac{U}{\sqrt{3}}$ (ungünstigster Fall: Netztoleranz von 10 % wird nicht berücksichtigt)		$\frac{1{,}1 \cdot U}{\sqrt{3}} = 0{,}64 \cdot U$
zwischen den Außenleitern	$1{,}1 \cdot U$		

Tabelle 9.4 Maximale Dauerspannung U_c zum Einbau von SPDs in Abhängigkeit des Systems nach Art der Erdverbindung nach DIN VDE 0100-534

9.7 Auswahl des Überspannungsschutzes im Hauptstromversorgungssystem

In Hauptstromversorgungssystemen besteht das Risiko direkter Blitzeinschläge. Hierfür sind Überspannungs-Schutzeinrichtungen vom Typ 1 in Übereinstimmung der Produktnorm DIN EN 61643-11 (VDE 0675-6-11) im Hauptstromversorgungssystem vorzusehen.

- Es ist sicherzustellen, dass bei einem inneren Kurzschluss der SPD dauerhaft vom Netz getrennt wird.
- Es sind ausschließlich spannungsschaltende SPDs vom Typ 1 (mit Funkenstrecken) einzusetzen.
- Es dürfen keine Varistoren verwendet werden. Eine Parallelschaltung mit einem Varistor und Funkenstrecke ist unzulässig.
- Es dürfen durch Statusanzeigen (z. B. LED-Anzeigen) keine Betriebsströme verursacht werden.
- Die Kurzschlussfestigkeit ISCCR des SPDs vom Typ 1 muss mindestens 25 kA betragen.
- Der Folgestrom I_r darf nicht zum Auslösen der Hausanschlusssicherung führen. (Das Folgestromverhalten hat der Hersteller anzugeben.)
- Die schutzisolierten Gehäuse für die Aufnahme der SPDs vom Typ 1 müssen plombierbar sein.
- Eine Überprüfung der Statusanzeige muss ohne Öffnung plombierter Gehäuse möglich sein.

Die Verwendung von kombinierten SPDs, die zusätzlich Anforderungen eines SPDs vom Typ 2 und ggf. Typ 3 der Produktnormen DIN EN 61643-11 (VDE 0675-6-11) erfüllen, sind bei gleichzeitiger Erfüllung der genannten Anforderungen zulässig.

Bei Anlagen mit erhöhtem Sicherheitsbedürfnis, wie in Krankenhäusern, Industriebetrieben etc., sind Fernmeldekontakte zulässig, wenn

- der Hilfsstromkreis aus dem gemessenen Teil der Anschlussnutzeranlage stammt und
- die Fernanzeige Teil der Anschlussnutzeranlage ist.

Die Einrichtungen zum Schutz bei Überspannung vom Typ 1 in Hauptstromversorgungssystemen sind nach DIN VDE 0100-534 nach Art der Erdverbindung auszuwählen. Der SPD Typ 1 Hauptstromversorgungssystem ist seitens der Erdverbindung an der Haupterdungsschiene/Haupterdungsklemme und zusätzlich mit dem Schutzleiter der Kundenanlage anzuschließen. Die Verbindung ist nach DIN VDE 0100-534 Abs. 534.4.10 mit einem Leiterquerschnitt von mindestens 16 mm² oder gleichwertig anzuschließen. SPDs vom Typ 1 im Hauptstromversorgungssystem dürfen nicht im Hausanschlusskasten installiert werden. Sie sind im netzseitigen Anschlussraum des Zählerschranks, in einem Hauptverteiler oder in einem separaten Gehäuse zu installieren.

Freileitungseinspeisungen
Bei Freileitungseinspeisungen ist mit direkten Blitzeinschlägen in die Kundenanlage seitens der Einspeisestelle zu rechnen. Hierfür ist der direkte Blitzeinschlag in den letzten Mast vor dem Gebäudeeintritt der Leitung zu berücksichtigen. Hierzu sind die Überspannungs-Schutzgeräte nach den Anschlussschemata, insbesondere nach dem Blitzstoßstrom I_{imp} gemäß DIN VDE 0100-534 Anhang B (**Tabelle 9.5**), auszuwählen.

Bei Gebäuden mit Freileitungseinspeisung besteht ein höheres Risiko eines direkten Blitzeinschlags in den letzten Mast. Die Leiterverbindungen und damit die Induktivitäten zwischen SPD und Haupterdungsschiene sind möglichst kurz zu halten. Aus funktionalen Gründen ist eine Anordnung in der Nähe der Gebäudeeinspeisung zu empfehlen.

Anschlussschema	I_{imp} in kA			
	System nach Art der Erdverbindung			
	Einphasen-Systeme		Dreiphasen-Systeme	
	1	2	1	2
L – N		5		5
L – PE	5		5	
N – PE	5	10	5	20

Tabelle 9.5 Auswahl des Blitzstoßstroms nach DIN VDE 0100-534 Anhang B für Freileitungseinspeisung (Tabelle gilt für die Blitzschutzklassen III und IV)

9.8 Besichtigen der Überspannungs-Schutzeinrichtungen im Rahmen wiederkehrender Prüfungen

Im Rahmen einer wiederkehrenden Prüfung ist zu überprüfen, ob dass die Überspannungs-Schutzgeräte noch im ordnungsgemäßen Zustand sind. Es ist hierbei festzustellen, dass die erforderlichen Überspannungs- und Überstrom-Schutzeinrichtungen noch vorhanden und richtig eingestellt sind. Die Feststellung der korrekten Einstellung und Auswahl setzt voraus, dass die erforderlichen Schaltungsunterlagen vorhanden sind und die Angaben zu den

Schutzeinrichtungen in den Schaltungsunterlagen oder auf einer Stromkreislegende eingetragen sind. Es ist festzustellen, dass
- die Überspannungs-Schutzeinrichtungen (SPDs), sofern erforderlich, vorhanden sind und diese gemäß den Schaltungsunterlagen angeschlossen sind. (4+0-Schaltung, 3+1-Schaltung),
- die Auslöseanzeige der Überspannungs-Schutzeinrichtung keine Auslösung anzeigt und
- die Bemessungsströme der Überstrom-Schutzeinrichtungen, insbesondere der Schmelzsicherungen, mit den vorgegebenen Bemessungsströmen und den Schaltungsunterlagen übereinstimmen und die höchst zulässige Strombelastbarkeit der angeschlossenen Kabel- und Leitungen nicht überschritten wird.

9.9   Zulässige Leitungslängen

Im Falle einer Überspannung ist das Potential der Elektroverteiler und der mit Erde verbundenen Teile schnellstmöglich auf das Potential der Überspannung anzuheben. Aufgrund der schnell ansteigenden Überspannung wirken sich die induktiven Anteile der Leitungslängen auf die Leitungsimpedanzen aus, sodass im Moment der Überspannungsstöße der Leitungswiderstand um ein Vielfaches höher ist. Demnach sind gemäß DIN VDE 0100-534 Abs. 534.9 zum optimalen Schutz bei Überspannung die Anschlussleitungen zu den Überspannungs-Schutzeinrichtungen so kurz wie möglich zu halten. Die gesamte Anschlusslänge zwischen Netzanschlussklemme und SPD darf in der gesamten Länge höchstens 1 m betragen. Leiterschleifen sind zu vermeiden. Des Weiteren sind aktive Leiter der elektrischen Anlage möglichst nahe an der Hauseinführung mit dem Überspannungsschutz vom Typ 1 zu verbinden.

Gemäß DIN VDE 0100-534 Abs. 534.4.8 ist bei der Anordnung und beim Anschluss von Überspannungs-Schutzeinrichtungen (SPD) darauf zu achten, dass die Gesamtlänge aller Leitungen zwischen den Anschlusspunkten eine Länge von 0,5 m nicht überschreiten.

In den Unterverteilungen sind nach DIN VDE 0100-443 für den Schutz vor transienten Überspannungen Überspannungs-Schutzgeräte (SPD) in den Unterverteilungen zu installieren, wenn Betriebsmittel der Überspannungskategorien I oder II errichtet sind.

Hier ist im Rahmen der Besichtigung aufgrund der elektrischen Betriebsmittel, wie PCs, Elektronik etc., grundsätzlich davon auszugehen, dass Be-

9.9 Zulässige Leitungslängen

triebsmittel der Überspannungskategorien I und/oder II an der elektrischen Anlage angeschlossen sind. Ist innerhalb von Wohngebäuden die Planungsgrundlage gemäß DIN 18015-1 Abs. 9.4 vereinbart, sind grundsätzlich Überspannungs-Schutzgeräte in den Unterverteilungen vorzusehen.

Im Rahmen wiederkehrender Prüfungen ist durch Besichtigen festzustellen, dass die Auslöseanzeigen der Überspannungs-Schutzgeräte noch intakt sind und keine Auslösung anzeigen (**Bild 9.4**). Sofern die Auslöseanzeige eine Auslösung anzeigt, ist die Schutzfunktion des Überspannungs-Schutzgeräts (SPD) nicht mehr sichergestellt. Das defekte Überspannungs-Schutzgerät ist auszutauschen.

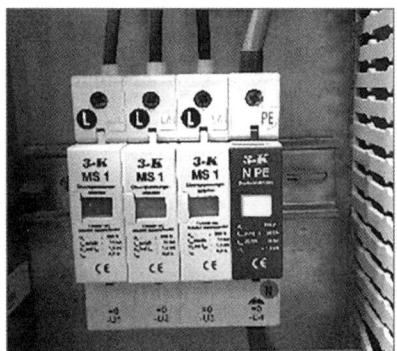

Bild 9.4 Überspannungsschutzgerät (SPD) mit Auslöseanzeige an L1

Richtig prüfen!

Dabei hilft Ihnen der praxisbezogene Leitfaden für Wiederholungsprüfungen nach VDE DIN 0105.

Diese Themen sind u.a. enthalten:
- Notwendigkeit und Konsequenzen von Wiederholungsprüfungen,
- Pflicht zur Wiederholungsprüfung,
- Arbeitsschutz bei der Wiederholungsprüfung,
- Wiederholungsprüfung in verschiedenen Gebäudearten,
- Wiederholungsprüfung elektrischer Geräte/Betriebsmittel,
- Wiederholungsprüfung von elektrischen Maschinenausrüstungen und mobilen Stromerzeugern sowie
- Prüfmittel.

Ihre Bestellmöglichkeiten auf einen Blick:

 Fax: +49 (0) 89 2183-7620

 E-Mail: buchservice@huethig.de

 Web-Shop: shop.elektro.net

 Hier Ihr Fachbuch direkt online bestellen!

10 Bewertung von Betriebsmitteln nach äußeren Einflüssen

Elektrische Anlagen sind gemäß DIN VDE 0100-100 Abs. 132.5 entsprechend ihren zu erwartenden Umgebungsbedingungen und den zu erwartenden äußeren Einflüssen zu planen. Betriebsmittel sind demnach so auszuwählen, zu planen und zu errichten, dass die Betriebsmittel über die notwendigen Merkmale bezüglich äußerer Einflüsse geeignet sind und demnach nicht in ihrer sicheren und bestimmungsgemäßen Funktion beeinträchtigt werden. Hierzu gehört u. a. die Auswahl der Betriebsmittel entsprechend den vom Hersteller angegebenen Aufstellorten. Es kann sein, dass die Schutzart, die vom Hersteller angegeben wird, für die Umgebungsbedingungen geeignet ist, jedoch in ihrer Montage und Bedienungsanleitung die Installation im Freien untersagt ist. Folglich sind sowohl die Angaben der Hersteller auf dem Typenschild als auch die normativen Vorgaben hinsichtlich der Auswahl entsprechend den zu erwartenden äußeren Beanspruchungen zu beachten.

Betriebsmittel, die nicht die erforderlichen Merkmale aufweisen, dürfen dennoch für solche Bedingungen verwendet werden, wenn sie mit einem geeigneten zusätzlichen Schutz versehen werden. Mit zusätzlichem Schutz ist hier nicht die Schutzmaßnahme gegen elektrischen Schlag gemeint, sondern konstruktive Maßnahmen zur Vermeidung oder Reduzierung äußerer Beanspruchungen. Die äußeren Einflüsse sind nach DIN VDE 0100-510 Anhang ZA (informativ) in folgende unterschiedliche Kategorien mit verschiedenen Einflussgraden unterteilt:

- Temperatur,
- Luft,
- Seehöhe,
- Vorhandensein von Wasser,
 (siehe Abschnitt 10.1 *Auswahl der IP-Schutzart*)
- Auftreten von festen Körpern,
 (siehe Abschnitt 10.1 *Auswahl der IP-Schutzart*)
- Schlag, (siehe Abschnitt 10.1 *Auswahl der IP-Schutzart*)
- Schwingungen,
- andere mechanische Beanspruchungen,
- Vorhandensein von Pflanzen,

- Vorhandensein von Tieren,
- elektromagnetische, elektrostatische und ionisierende Einflüsse,
- Sonneinstrahlung,
- Erdbebenauswirkung,
- Blitze,
- Luftbewegung,
- korrosive Schadstoffe,
- Fähigkeit von Personen, (siehe Band 1, Kapitel 6 *Qualifikationen von Personen*)
- elektrischer Widerstand des menschlichen Körpers,
- Verbindungen mit Erdpotential,
- Räumungsmöglichkeiten im Ernstfall,
- Bauweise von Bauwerken und Gebäudestruktur, (siehe Band 1, Abschnitt 3.7 *Gebäude und Gebäudeklassen*)
- Art der bearbeiteten und gelagerten Stoffe.

(siehe DIN VDE 0100-510 Anhang ZA)

10.1 Auswahl der IP-Schutzart

Die Schutzart der Betriebsmittel ist entsprechend der Umgebung auszuwählen. Die Eignung hinsichtlich der IP-Schutzart und dem mechanischen Schutz (IK-Code) ist anhand des Typenschilds oder anhand der Montage und Bedingungsanleitung festzustellen. Hierfür sind die Anforderungen der zutreffenden Errichtungsnormen als Bewertungskriterium hinzuzuziehen.

Betriebsmittel müssen gemäß den Herstellervorgaben für die Raumnutzung geeignet sein. Hierfür sollte eine Betriebsmittelliste erstellt werden. Die Eignung des Betriebsmittels ist anhand des Typenschilds und aus der Montage- und Bedienungsanleitung zu entnehmen.

Im Rahmen der Erstprüfung ist die korrekte Auswahl und Installation der Betriebsmittel hinsichtlich der äußeren Umgebungsbedingungen durch Besichtigen zu prüfen. Hierzu sind die Umgebungsbedingungen, die mechanische Beanspruchung sowie das Auftreten von festen Körpern und Flüssigkeiten für die vorgesehene Nutzung zu berücksichtigen. Die IP-Schutzart der Betriebsmittel ist anhand des Typenschilds festzustellen. Darüber hinaus muss das Betriebsmittel entsprechend der bestimmungsgemäßen Verwendung des Herstellers für den Aufstellort geeignet sein. Hierzu sind die Montage- und Bedienungsanleitungen der Betriebsmittel hinzuzuziehen.

10.1 Auswahl der IP-Schutzart

Grundsätzlich muss die Schutzart der Betriebsmittel nach Einführung der Kabel und Leitungen erhalten bleiben (vgl. DIN VDE 0100-520 Abs. 522.6.4). Hierzu sind die Leitungseinführungen sowohl entsprechend dem Betriebsmittel und der geforderten IP-Schutzart auszuwählen. Für Kabel und Leitungsanlagen sollte nach DIN VDE 0100-520 Beiblatt 1 der Schutzgrad mindestens IP2X entsprechen. Hier sind ggf. Leitungseinführungen mit Verschraubung und Leitungseinführungen mit Dichtungsgummis zum Schutz vor Eindringen von Wasser zu verwenden.

Der Teil der Prüfung gilt als bestanden, wenn

- das Betriebsmittel mindestens der IP-Schutzart und dem IK-Code den vorgegebenen Umgebungseinflüssen entspricht,
- das Betriebsmittel gemäß den Herstellerangaben für den Aufstell- und Montageort geeignet ist,
- das Betriebsmittel den für den Anwendungsfall zutreffenden Anforderungen entspricht,
- das Betriebsmittel gemäß den Herstellervorgaben befestigt ist und bei höheren Anforderungen an die IP-Schutzart (IP4X, IP4X, IP6X) die Befestigungsschrauben mit Dichtungen versehen sind,
- die Einführung der Kabel und Leitungen die Schutzart des Betriebsmittels nicht unzulässig beeinträchtigt und
- die Leitungseinführungen so ausgeführt sind, dass die Schutzart des Betriebsmittels nicht beeinträchtigt wird. Mechanische Beanspruchungen, z. B. Zugbeanspruchungen der Kabel und Leitungen, sind zu berücksichtigen.

Im Rahmen der wiederkehrenden Prüfung ist der Zustand der Betriebsmittel hinsichtlich den Umgebungseinflüssen durch Besichtigen zu prüfen. Insbesondere ist zu prüfen, ob

- die Abdeckungen noch fachgerecht angebracht sind,
- nachträglich in Schaltgerätekombinationen und Betriebsmittel eingeführte Leitungen entsprechend der Anforderungen an die Schutzart installiert wurden,
- die nicht benutzten Leitungseinführungen von z. B. demontierten und rückgebauten Kabeln und Leitungen entsprechend der Schutzart des Betriebsmittels verschlossen sind,
- das Betriebsmittel, z. B. bei Änderungen der Raumnutzung oder der Umgebungseinflüsse, den Anforderungen entspricht,
- Beschädigungen an Gehäusen vorhanden sind, die die Schutzart des Betriebsmittels beeinträchtigen.

10.1.1 Beispiel: Ausgerissene Leitungseinführung in einer Gärtnerei

Im Beispiel (**Bild 10.1**) handelt es sich um eine Aufputz-Schutzsteckdose in einer Gärtnerei. Gärtnereien fallen in den Anwendungsbereich der DIN VDE 0100-705 „Elektrische Anlagen von landwirtschaftlichen und gartenbaulichen Betriebsstätten". Nach DIN VDE 0100-705 Abs. 705.512.2 müssen elektrische Betriebsmittel in landwirtschaftlichen und gartenbaulichen Betriebsstätten, die für den normalen Gebrauch verwendet werden, mindestens der Schutzart IP44 entsprechen. Bei der Prüfung vor Ort konnte festgestellt werden, dass das Gehäuse der Schutzart IP44 entspricht und gemäß den Herstellervorgaben für den Anwendungsfall geeignet ist, wodurch das Betriebsmittel korrekt entsprechend den äußeren Einflüssen ausgewählt ist. Allerdings ist die Schutzart des Betriebsmittels durch den ausgerissenen Kabelanschluss beeinträchtigt, weshalb die Einführung ausgetauscht werden musste.

Bild 10.1 Aufputzsteckdose mit offener Leitungseinführung

10.1.2 Beispiel: Änderung der Umgebungsbedingungen beim Aufstellort eines Photovoltaik-Wechselrichters

Im folgenden Beispiel (**Bild 10.2**) wurde ein Photovoltaik-Stromversorgungssystem auf einem Hallendach installiert. Die Gehäuse bzw. die Schaltschänke der Wechselrichter des Typs Fronius IG 300 entsprechen laut Typenschild der Schutzart IP21. Diese sind an der Wand innenseitig aufgestellt. Zum Zeitpunkt der Errichtung wurde die Halle zur Lagerung von nichtbrennbaren Materialien verwendet. Nach einigen Jahren kam es zu einer Nutzungsänderung. In der Halle wurden Schweißmaschinen zur Trennung von Stahlblechen aufgestellt und betrieben. Damit lag eine Änderung der äußeren Umgebungsbedingungen vor, sodass eine Anpassung der elektrischen Anlage, insbesondere der Schutzart der Betriebsmittel, erforderlich gewesen wäre.

Nach DIN VDE 0100-420 Abs. 422.3 ist aufgrund der Entstehung von leitfähigen Stäuben durch den Verarbeitungsprozess die Raumnutzung als feuergefährdete Betriebsstätte einzustufen. Demnach sind Betriebsmittel nach

DIN VDE 0100-420 Abs. 422.3.3, die nicht dem Zweck des Betriebs dienlich sind, entweder außerhalb der Betriebsstätte zu installieren oder sie müssen im Falle von leitfähigem Staub mindestens der Schutzart IP6X entsprechen. Durch Umwehrung mit Trockenbauwänden hat der Betreiber versucht, die Wechselrichter von der Betriebstätte zu trennen. Allerdings führte die unzureichende Ausführung der Trockenbauwände nicht zum gewünschten Ergebnis. Darüber hinaus wurde im Rahmen der Prüfung durch Besichtigen festgestellt, dass die Türen der Wechselrichter (Schaltgerätekombinationen) sich teilweise nicht verschließen lassen. Zudem waren die Klemmen im unteren Bereich teilweise nicht fingersicher gegen direktes Berühren geschützt sowie die Abdeckungen lose, wodurch leitfähiger Staub in die Leistungselektronik der Wechselrichter eindringen konnte und es so zu vermehrten Ausfällen kam (**Bild 10.3**).

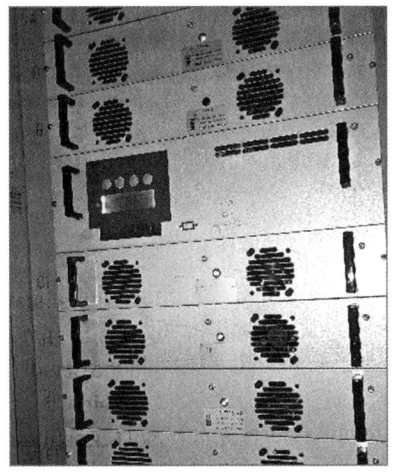

Bild 10.2 Leistungsracks eines Photovoltaik-Wechselrichters in einer Werkstatt mit leitfähigen Stäuben

Bild 10.3 Schutzeinrichtungen eines Photovoltaik-Wechselrichters in einer Werkstatt mit leitfähigen Stäuben

10.1.3 Beispiel: Mechanischer Schutz

Das folgende Beispiel (**Bild 10.4**) zeigt das andere Extrem, wie man das Betriebsmittel mit allen verfügbaren Mitteln gegen mechanische Beschädigung schützen kann. Im konkreten Fall wurde im Rahmen der jährlichen Prüfung nach VdS SK 3602 beim Staplerverkehrsweg in einer metallverarbeitenden Produktion jedes Jahr beschädigte Schalter und Steckdosen im Durchgangsverkehr der Gabelstapler festgestellt. Irgendwann reichte es der Wartungs- und Instandhaltungsabteilung und sie bauten kurzerhand einen mechanischen Schutz vor alle Schalter und Steckdosen.

Bild 10.4 Mechanischer Schutz eines Schalters

10.2 Beurteilung der Leitungseinführungen von Betriebsmitteln

Grundsätzlich muss nach DIN VDE 0100-520 Absatz 522.6.4 die Schutzart der Betriebsmittel nach Einführung der Kabel oder Leitungen erhalten bleiben. Die offenen Leitungseinführungen sind demnach mit geeigneten Maßnahmen (z. B. Blindverschraubungen) zu verschließen. Durch Besichtigen ist demnach festzustellen, dass ungenutzte Leitungseinführungen entsprechend der geforderten Schutzart des Betriebsmittels unter Berücksichtigung der Umgebungsbedingungen verschlossen sind.

Das folgende Beispiel (**Bild 10.5**) zeigt einen Elektroverteiler mit offenen, nicht verschlossenen Leitungseinführungen. Typischerweise meinen es viele Elektriker bei der Errichtung zu gut und sehen, wie in der Abbildung ersichtlich, für eventuelle Erweiterungen Leitungseinführungen vor. Allerdings ist damit das Betriebsmittel nicht entsprechend der geforderten IP-Schutzart verschlossen. Gleiches gilt selbstverständlich für ausgerissene und gebrochene Leitungseinführungen (**Bild 10.6**). Neben der Erfordernis der IP-Schutzart hinsicht-

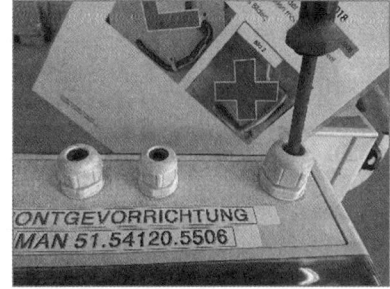

Bild 10.5 Offene Leitungseinführungen eines Verteilers

lich des Schutzes gegen äußere Einflüsse ist zudem der Schutz gegen direktes Berühren gemäß DIN VDE 0100-410 Anhang A zu beachten. Demnach müssen horizontale Oberflächen von aktiven Teilen im Bereich von Laien mindestens mit der Schutzart IP4X oder IPXXD verschlossen sein. Die Schutzarten bedeuten, dass ein Draht mit einem Durchmesser von 1 mm nicht in das Gehäuse des Betriebsmittels eingeführt werden kann. Hier hat der Prüfer abzuwägen, ob eine Personengefähr-

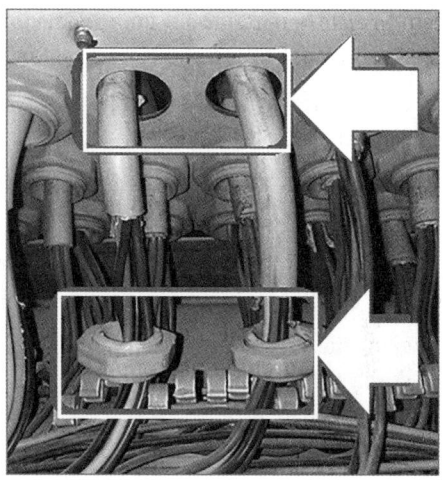

Bild 10.6 Ausgerissene Leitungseinführungen eines Verteilers

dung vorliegt oder nicht. Wie in den folgenden Abbildungen ersichtlich, ist der Durchmesser der Öffnung der nicht verwendeten Leitungseinführungen mehr als 1 mm groß. Allerdings sind diese auch kleiner als 12,5 mm, sodass die Schutzart IP2X erfüllt ist. Sofern allerdings aktive Teile in einem Abstand von mehr als 80 mm vor der Öffnung angebracht sind, ist der Schutz gegen direktes Berühren sichergestellt.

Besonders kritisch ist der Sachverhalt in feuergefährdeten Betriebsstätten sowie in feuchten und nassen Bereichen zu bewerten.

In feuergefährdeten Betriebsstätten sind je nach Art der Stäube folgende IP-Schutzarten erforderlich:

- IP 4X: allgemein in feuergefährdeten Betriebsstätten,
- IP 5X: in feuergefährdeten Betriebsstätten mit brennbaren Stäuben (z. B. Schreinereien),
- IP 6X: in feuergefährdeten Betriebsstätten mit leitfähigen Stäuben.

Das folgende Beispiel soll den Sachverhalt verdeutlichen:

Beispiel

Im vorliegenden Fall wurde im Rahmen einer wiederkehrenden Prüfung in einem metallverarbeitenden Betrieb festgestellt, dass an den Wänden in unmittelbarer Nähe zu den Drehmaschinen herkömmliche Schalter und Steckdosen auf Putz installiert sind. Die Bereiche um die Drehmaschinen sind als feuergefährdete Betriebsstätte mit leitfähigen Stäuben einzustufen. Dies konnte gemäß **Bild 10.7** eindeutig aufgrund der Ablagerungen von Metallstäuben auf den Betriebsmitteln festgestellt werden. Die Leitungseinführungen mit Gummilippen verfügen gemäß der Angabe des Herstellers über die Schutzart IP44. Demnach sind die Leitungseinführungen durch geeignete Kabelverschraubungen zu ersetzen.

Bild 10.7 Unzureichende IP-Schutzart in einer feuergefährdeten Betriebsstätte aufgrund der Leitungseinführungen

11 Beurteilen der ordnungsgemäßen Leiterkennzeichnung

Die Leiter müssen entsprechend ihrer Farbe und Kennzeichnung dem Betriebszweck zugeordnet werden können. Grundsätzlich sind Leiter entsprechend DIN EN 60446 (VDE 0198) zu kennzeichnen (**Tabelle 11.1**). Demnach sind Leiter entweder durch Farben oder alphanumerische Zeichen oder durch eine Kombination aus beiden zu kennzeichnen.

Leiter sind vorzugsweise, falls nichts anderes festgelegt, durchgehend über die gesamte Leiterlänge farblich zu kennzeichnen. Die Farbkennzeichnung muss jedoch mindestens an den Anschlüssen erfolgen. Für die Farbkennzeichnung sind die Farben Schwarz, Braun, Rot, Orange, Gelb, Grün, Blau, Violett, Grau, Weiß, Rosa und Türkis zulässig. Ergänzend ist eine alphanumerische Markierung, unter der Voraussetzung des eindeutigen Erhalts der Farbkennzeichnung, zulässig. Das System der Farbkennzeichnung wird zur Kennzeichnung von einzelnen Leitern und von Leitern innerhalb einer Leitergruppe z. B. in einem mehradrigen Kabel verwendet.

Leiter	Farbkennzeichnung	alphanumerische Kennzeichnung
Neutralleiter	Blau	„N"
Neutralleiter / blanke Leiter	Blau (blauer Streifen 15 mm bis 100 mm breit an jeder zugänglichen Stelle)	
Schutzleiter	Grün-Gelb im gesamten Verlauf	„PE"
PEN-Leiter	Grün-Gelb im gesamten Verlauf	„PEN"
PEL-Leiter		„PEL"
PEM-Leiter	Grün-Gelb im gesamten Verlauf alphanumerische Kennzeichnung	„PEM"
Schutzpotentialausgleich	Grün-Gelb im gesamten Verlauf und alphanumerische Kennzeichnung	„PB"
Schutzpotentialausgleich geerdet (falls Unterscheidung erforderlich)		„PBE"
Schutzpotentialausgleich ungeerdet (falls Unterscheidung erforderlich)	Grün-Gelb im gesamten Verlauf	„PBU"
Funktionserdungsleiter		„FE"
Funktionspotentialausgleichsleiter		„FB"
Neutral- oder Mittelpunktleiter	Blau	keine

Tabelle 11.1 Leiterfarben nach DIN VDE 0198

11.1 Schutzleiter

11.1.1 Farbkennzeichnung

Schutzleiter müssen über den gesamten Verlauf mit den Farben Grün-Gelb gekennzeichnet sein. Andere Farben sind für den Schutzleiter unzulässig. Blanke Leiter müssen entweder über ihre gesamte Länge gekennzeichnet sein, was sich in der Praxis als weniger praktikabel erweist. Deshalb darf hier von der durchgehenden Farbkennzeichnung in Grün-Gelb abgesehen werden, sofern die Leiter an den zugänglichen Stellen bei den Anschlussstellen in Verteilern und Betriebsmitteln an jeder zugänglichen Stelle mit Isolierband in den Farben Grün-Gelb gekennzeichnet sind. Die Isolierbänder können sich im Laufe der Zeit lösen. Demnach sollten diese in geeigneten Abständen angebracht sein, damit eine eindeutige Zuordnung der Leiter möglich ist.

11.1.2 Von der Farbkennzeichnung ausgenommene Leiter

Nicht bei allen Leitern kann aufgrund der Bauform oder der Umgebungsbedingungen eine feste dauerhafte Kennzeichnung angebracht werden. Von der Kennzeichnungspflicht in den Farben Grün-Gelb sind demnach isolierte oder einadrige Leitungen ausgenommen. Diese sind allerdings an den Enden mit grün-gelbem Isolierband zu kennzeichnen. Ebenso sind konzentrische Leiter von Kabeln (z. B. NYCWY) sowie Metallkonstruktionen, die als Schutzleiter verwendet werden, nicht durchgehend zu kennzeichnen. Mineralisolierte Kabel und Leitungen sind an den Enden zu kennzeichnen. Gleiches gilt für Schutzleiter in Freileitungsstromkreisen und Leitungen in aggressiven Atmosphären.

11.2 PEN-Leiter

11.2.1 Farbkennzeichnung

Der PEN-Leiter ist im gesamten Verlauf in der Farbkombination Grün-Gelb zu kennzeichnen. PEN-Leiter und Schutzleiter sind allerdings zu unterscheiden. Während Schutzleiter ausschließlich für den Schutzzweck vorgesehen sind, haben PEN-Leiter die Funktion eines Neutralleiters und eines Schutzleiters. Zur Unterscheidung sind PEN-Leiter an den Enden mit einer blauen Markierung zu kennzeichnen. In einigen Ländern darf der PEN-Leiter auch im gesamten Verlauf blau markiert sein und ist an den Enden mit grün-gelbem Isolierband zu kennzeichnen. Diese Variante ist allerdings in Deutschland unzulässig.

11.2.2 Von der Farbkennzeichnung ausgenommene Leiter

Isolierte einadrige Kabel und Leitungen sowie mineralisolierte Leitungen, die als PEN-Leiter verwendet werden, sind an jedem Leitungsende mit einer grün-gelben sowie einer blauen Markierung zu kennzeichnen.

11.3 Neutralleiter

Neutralleiter sind nach DIN VDE 0100-510 Abs. 514.3.1.Z1 über ihre gesamte Länge durch die Farbe Blau zu kennzeichnen. Bei mehradrigen Kabeln und Leitungen bis fünf Leiter sind die Leiter farblich zu kennzeichnen. Aufgrund der Forderung der farblichen Kennzeichnung von mehradrigen Kabeln und Leitungen, sind Leitungen mit numerischen Kennzeichnungen, z. B. Ölflexleitungen, im Anwendungsbereich der DIN VDE 0100 unzulässig. Grundsätzlich bleibt die durchgängige blaue Kennzeichnung allein dem Neutralleiter vorbehalten. Allerdings ist eine Verwendung der blauen Adern in mehradrigen Kabeln und Leitungen zulässig, sofern eine Verwechslung auszuschließen ist. Typisches Beispiel für die Verwendung des blauen Leiters in einem mehradrigen Kabel ist die Verwendung als geschaltete Leiter einer Ausschaltung oder einer Stromstoßschaltung.

Bei Kabeln und Leitungen sowie flexiblen Leitungen bis zu fünf Adern, die in Hilfs- und Steuerstromkreisen verwendet werden und keine blaue Ader besitzen, darf ein anderer Leiter außer dem grün-gelben Leiter als Neutralleiter verwendet werden.

Bei Kabeln und Leitungen und flexiblen Leitungen mit mehr als fünf Leitern können die Leiter entweder durch eine Farbe oder numerisch gekennzeichnet sein. Ausnahme hiervon ist der Schutzleiter, der weiterhin über den gesamten Verlauf in der Zweifarbenkombination Grün-Gelb zu kennzeichnen ist. Numerisch gekennzeichnete Leiter, die als Neutralleiter verwendet werden, sind an den Leiterenden blau, z. B. mit Isolierband, zu kennzeichnen.

Ebenso empfiehlt es sich in Verteilerplänen, eine eindeutige Zuordnung der numerischen Leiter festzulegen, sodass diese, falls das blaue Isolierband abfällt, innerhalb der gesamten elektrischen Anlage im einheitlichen Kontext zugeordnet werden können. Einige Firmen legen die Verwendung der Nummern auch im Rahmen ihrer Werksnormen fest.

11.4 Mehradrige Kabel und Leitungen

Isolierte Leiter in Kabeln und Leitungen mit bis zu fünf Adern sind in Übereinstimmung nach DIN VDE 0293-308 farblich zu kennzeichnen. Den Außenleitern L1, L2, L3 sind hier die Farben Schwarz, Braun und Grau vorbehalten. Besteht keine Verwechslungsgefahr, darf der blaue Leiter auch als Außenleiter verwendet werden. Dies ist beispielsweise in symmetrischen Stromversorgungssystemen ohne Neutralleiter der Fall. Die Farben Grün und Gelb dürfen in Kabeln und Leitungen nicht einzeln verwendet werden. Sie sind ausschließlich in einer Zweifarbenkombination dem Schutzleiter vorbehalten. Leiter von Kabeln und Leitungen mit mehr als fünf Adern, mit Ausnahme des Schutzleiters, müssen gemäß VDE 0198 numerisch gekennzeichnet sein. Eine ausschließliche alphanumerische Kennzeichnung ist nicht zulässig. Die Leiterfarben sind demnach für den Schutzleiter Grün-Gelb (**Tabelle 11.2**) und für die aktiven Leiter blau, braun, schwarz, grau auszuführen (**Tabelle 11.3**).

Anzahl der Leiter	Farben der Adern				
	Schutzleiter	aktive Leiter			
3	Grün-Gelb	Blau	Braun		
4	Grün-Gelb		Braun	Schwarz	Grau
4*	Grün-Gelb	Blau	Braun	Schwarz	
5	Grün-Gelb	Blau	Braun	Schwarz	Grau
* bestimmte Anwendungen					

Tabelle 11.2 Farbkennzeichnungen von Kabeln und Leitungen mit grün-gelben Adern nach DIN VDE 0100-510 und DIN EN 60446 (VDE 0198)

Anzahl der Leiter	Farben der Adern				
2	Blau	Braun			
3		Braun	Schwarz	Grau	
3*	Blau	Braun	Schwarz		
4	Blau	Braun	Schwarz	Grau	
5	Blau	Braun	Schwarz	Grau	Schwarz
* bestimmte Anwendungen					

Tabelle 11.3 Farbkennzeichnungen von Kabeln und Leitungen ohne grün-gelbe Adern nach DIN VDE 0100-510 und DIN EN 60446 (VDE 0198)

11.5 Kennzeichnung von Schienen

Schienensysteme sind heute noch immer in alten abgeschlossenen elektrischen Betriebsstätten zu finden. Die Außenleiter L1, L2 und L3 sind hier mit den Buchstaben R, S, T bezeichnet. Ergänzend sind die Stromschienen in den Farben Gelb, Grün und Violett gekennzeichnet. Schutzerdungsleiter und Betriebserdungsleiter sind mit grauen Querstreifen gekennzeichnet. Die Streifen müssen durchgehend geschlossen und müssen 15 mm bis 100 mm breit sein. Da die Farben Grün und Gelb einzeln aufgrund der heutigen Verwendung als Schutzleiter in Zweifarbenkombination dem Schutzleiter vorbehalten sind, sollte im Rahmen der Prüfung auf die alte Leiterkennzeichnung hingewiesen werden. Hier sollte der Betreiber im Rahmen seiner Gefährdungsbeurteilung weitere Maßnahmen festlegen.

11.6 Alte und neue Farbkennzeichnung

Bis zum 30. Juni 1970 galten die alten Farbkennzeichnungen von Kabeln und Leitungen nach VDE 0250 bzw. VDE 0265. Prüfer stolpern immer wieder über diese Leiterfarben (**Tabelle 11.4**). Sofern sich die elektrische Anlage im ordnungsgemäßen Zustand befindet, spricht hier auch nichts dagegen. In solchen Anlagen sind allerdings häufig in Endstromkreisen TN-C-Systeme vorhanden. Hier ist eine Anpassung der bestehenden Anlage zu prüfen. In der Praxis lassen sich Kabel und Leitungen in bestehenden elektrischen Anlagen nur schwer austauschen. Häufig werden in solchen Anlagen aus Gründen der Kostenersparnis nur die Verteiler ausgetauscht und die alten Kabel

Jahr	isolierte Leitungen	Papierbleikabel
ab 1930	Hellgrau (Nullleiter)	Weiß (Nullleiter)
ab 1939	Hellgrau (Nullleiter)	Blau/Naturfarben (Nullleiter)
	Rot bei ortsveränderlichen Geräten (Schutzleiter) gültig bis 1965	
ab 1965	Grün-Gelb (Nullleiter)	–
	Grün-Gelb (Schutzleiter)	
ab 1973	Grün-Gelb (PEN)	–
	Grün-Gelb (Schutzleiter)	
ab 1995	Grün-Gelb (Schutzleiter) und blaue Kennzeichnung (PEN)	–
	Grün-Gelb (Schutzleiter)	

Tabelle 11.4 Chronologie der Leiterfarben, vgl. *Werner Hörmann* – de 09.2013 Teilsanierung – Bestandschutz, Leiterfarben und Materiallebensdauer

und Leitungen wiederverwendet. Allerdings ist aufgrund der Erneuerung der Verteilung auch möglicherweise eine Anpassung erforderlich, sodass die Endstromkreise über ein TN-S-System zu speisen sind. Hier fehlt in den alten Kabeln und Leitungen i. d. R. ein Leiter, sodass entweder auf den Neutralleiter oder auf den Schutzleiter verzichtet wird (siehe auch Band 1, Abschnitt 28.1 *Mindestleiterquerschnitt für PEN-Leiter*).

11.7 Kennzeichnungen von Räumen und Anlagenteilen

Im Rahmen der Begehung der Räume, Anlagenteile und Bereiche ist festzustellen, dass die Bereiche, Anlagenteile und Betriebsmittel entsprechend den zutreffenden Anforderungen mit Warn-, Verbots- und Gebotszeichen gekennzeichnet sind.

Hierbei sind neben den zutreffenden Errichtungsbestimmungen u. a. folgende Grundlagen und Anforderungen zu beachten:

- Arbeitsschutzgesetz (ArbSchG) § 5,
- Arbeitsstättenverordnung/Arbeitsplatzgestaltung,
- DGUV Vorschrift 1 – Grundsätze der Prävention/UVV,
- Gefahrstoffverordnung (GefStoffV)/Gefahrstoffe,
- Betriebssicherheitsverordnung (BetrSichV)/Arbeitsmittel,
- DGUV Information 211-041 Sicherheits- und Gesundheitskennzeichnung,
- weitere zutreffende Anforderungen je nach Anwendung,
- ...

Die Kennzeichnung von Räumen, Anlagenteilen und Betriebsbereichen sind vom Betreiber im Rahmen der Gefährdungsbeurteilung vorzunehmen. Die Durchführung einer Gefährdungsbeurteilung ist u. a. durch § 5 des Arbeitsschutzgesetzes (ArbSchG) sowie die zutreffenden Errichtungsbestimmungen begründet. Der Arbeitgeber hat demnach die Arbeitsstätte einzurichten. Das Einrichten der Arbeitsstätte umfasst u. a. nach ArbStättV § (9) Nr. 1 das Anlegen und Kennzeichnen von Verkehrs- und Fluchtwegen sowie das Kennzeichnen von Gefahrenstellen und brandschutztechnischen Ausrüstungen. Die Kennzeichnung von Gefahrstoffen und explosionsgefährdeten Bereichen resultieren aus der Gefahrstoffverordnung.

11.7.1 Klassifikation von Sicherheits- und Gesundheitszeichen

Sicherheits- und Gesundheitszeichen werden je nach Zweck wie folgt klassifiziert:
- Verbotszeichen (Rot mit Umrandung auf Weiß/rund)
- Warnzeichen (Schwarz mit Umrandung auf Gelb/dreieckig)
- Gebotszeichen (Blau/rund)
- Rettungszeichen (Grün/rechteckig)
- Brandschutzzeichen (Rot/rechteckig)

11.7.2 Auswahl und Anordnung

Die Anforderungen an Sicherheits- und Gesundheitskennzeichnungen ist nach ASR Anhang 1.3 unberührt weiterer Anforderungen einzusetzen, wenn Gefährdungen der Sicherheit und Gesundheit der Beschäftigten weder durch technische noch durch organisatorische Maßnahmen in einem ausreichenden Maße vermieden oder begrenzt werden. Sie stellt zudem eine geeignete zusätzliche Maßnahme dar, um die Beschäftigten vor Gefahren zu warnen oder über Verbote und Gebote im Rahmen der Arbeitsschutzorganisation zu informieren.

- Sicherheitszeichen müssen deutlich erkennbar sein. Hierzu ist die Anbringungshöhe und Größe so zu wählen, dass diese erkennbar sind. Hierzu sind die Beleuchtungs- und Lichtverhältnisse zu berücksichtigen.
- Sicherheitszeichen sind am Zugang vor einem Gefahrenbereich anzubringen.
- Die Kennzeichnungen müssen fest und dauerhaft angebracht sein.
- Die Auswahl und Ausführung der Kennzeichnung ist unter Berücksichtigung der Erkennbarkeit (Erkennungsweise bei Sicherheitszeichen) unter den örtlichen Lichtverhältnissen festzulegen.
- Verbots-, Warn- und Gebotszeichen sind vor den Hindernissen anzubringen.
- Brandschutzzeichen sind nach ARS 1.3 § 5 (6) in Laufrichtung zum Fluchtweg anzuordnen. Hierzu müssen Brandschutzzeichen jederzeit erkennbar sein. In langen Fluren und Räumen kann die Anforderung durch Winkelschilder oder Hängeschilder erfüllt werden.
- Bei der Wahl des Werkstoffs und der Beschriftung von Sicherheitszeichen sind die Umgebungseinflüsse zu berücksichtigen.

11.7.3 Kennzeichnung elektrischer Anlagen mit eingeschränktem Zugang

Bereiche mit eingeschränktem Zugang sind nach DIN VDE 0100-729 Abs. 729.30 eindeutig und mit geeigneten Warnhinweisen zu kennzeichnen. Nach DIN VDE 0100-510 Abs. 513 sind alle Betriebsmittel, Verteiler und Kabel und Leitungsanlagen so anzuordnen, dass ihre Bedienung, Instandhaltung und Zugang zu Verbindungen leicht möglich sind. In der Praxis bedeutet dies, dass immer wieder vor Verteilern und Betätigungseinrichtungen Gegenstände unzulässig gelagert werden. Der Sachverhalt stellt demnach einen Mangel dar. Bei der Bewertung des Sachverhalts ist zwischen einem baulich bedingten eingeschränkten Zugang zu Bereichen, die aufgrund von gelagerten oder abgestellten Gegenständen nicht zugänglich sind, zu unterscheiden.

Baulich bedingte Einschränkungen des Zugangs liegen vor, wenn die Verteiler und Steuerschränke zu raumtrennenden Bauteilen angeordnet sind oder wenn sie zu dicht beieinander liegen. Hierzu sind vom Prüfer die Anforderungen nach DIN VDE 0100-729 zu beachten. Nach DIN VDE 0100-729 Abs. 729.513 muss die Breite von Bedienungsgängen, Wartungsgängen und Zugangsbereichen für das Arbeiten und Bedienen geeignet sein. Die Breite von Bedienungsgängen, Wartungsgängen und Zugangsbereichen muss für angemessenes Arbeiten, für den Zugang zum Bedienen, für den Zugang in Notfällen, als Notausgang und für den Transport von Betriebsmitteln geeignet sein.

11.7.4 Elektrische Betriebsstätten

Elektrische Betriebsstätten sind Räume, die im Wesentlichen zum Betrieb elektrischer Anlagen dienen. Sie werden in der Regel nur von elektrotechnisch unterwiesenen Personen betreten. Typischerweise handelt es sich bei elektrischen Betriebsstätten um Schalträume, Schaltwarten, Verteilungen in abgetrennten Räumen, elektrische Prüffelder, Laboratorien und Maschinenräume, deren Maschinen nur von elektrotechnisch unterwiesenen Personen betreten werden (z. B. Aufzugsmaschinenräume).

Abgeschlossene elektrische Betriebsstätten sind gegenüber elektrischen Betriebsstätten grundsätzlich für Laien und unbefugte Personen unter Verschluss zu halten. Die Sicherstellung der Zugangsregelung und damit die Verwahrung von Schlüsseln, Zugangskarten etc. obliegt dem Betreiber im Rahmen seiner Organisationspflichten. Zu abgeschlossenen elektrischen

Betriebsstätten gehören u. a. abgeschlossene Schalt- und Verteileranlagen, Transformatorzellen und Übergabestation etc.

- Abgeschlossene elektrische Betriebsstätten sind nach DIN VDE 0100-731 Abs. 731.410 in geeigneter Weise durch Wände oder Zäune gegen andere Bereiche abzugrenzen.
- An den Zugängen ist das Warnzeichen W012 „Warnung vor elektrischer Spannung“ nach DIN EN ISO 7010 anzubringen (**Bild 11.1**).
- In abgeschlossenen elektrischen Betriebsstätten mit Mittelspannung ist unter dem Schild W012 die Beschriftung „Hochspannung Lebensgefahr“ anzubringen (**Bild 11.2**).
- An äußeren Umzäunungen ist das Warnzeichen in ausreichender Anzahl zu wiederholen.

- DIN 4844-2 D-W008
- ASR A1.3 W012 „Warnung vor elektrischer Spannung“

Bild 11.1 Warnschild „Warnung vor gefährlicher elektrischer Spannung“ bei Niederspannung

- DIN 4844-2 D-W008
- ASR A1.3 W012 „Warnung vor elektrischer Spannung“

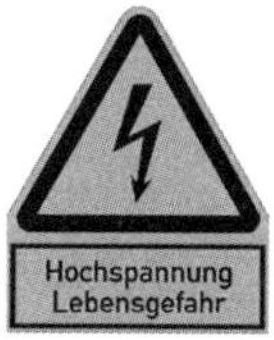

Bild 11.2 Warnschild „Warnung vor Hochspannung" bei Hochspannung

11.7.5 Batterieräume

Batterieräume sind separate Räume, in denen Batterien untergebracht sind. Sie fallen in den Anwendungsbereich der DIN VDE 0501-485-1/-2. Nach DIN VDE 0510-485-2 Abs. 11.1 sind an den Zugangstüren zu Batterieräumen mindestens folgende Kennzeichnungen anzubringen:

- „Gefährliche Spannung“ bei einer Batteriespannung ≥ 60 V (**Bild 11.3**),
- Verbotsschild für „Feuer, offene Flammen, Rauchen verboten“ (**Bild 11.4**),

- DIN 4844-2 D-W008
- ASR A1.3 W012 „Warnung vor elektrischer Spannung“

Bild 11.3 Warnschild „Warnung vor gefährlicher elektrischer Spannung bei DC-Spannungen > 60 V“

- DIN 4844-2 D-P002

Bild 11.4 Verbotsschild „Feuer, offenes Licht und Rauchen verboten“

11 Beurteilen der ordnungsgemäßen Leiterkennzeichnung

▎ Warnschild „Batterie, Batterieraum" (Bild 11.5) und
▎ Warnschild „Warnung vor ätzenden Stoffen" (Bild 11.6), um auf korrosiven Elektrolyt, explosive Gase, gefährliche Spannungen und Ströme hinzuweisen.

– DIN 4844-2 D-W020
– ASR A1.3 / W026
„Warnung vor Gefahren durch das Aufladen von Batterien"

– optionale Zusatzinformation bei VRLA-Batterien
– ASR A1.3 / W023
„Warnung vor ätzenden Stoffen"

Bild 11.5 Warnung vor „Gefahren durch Batterien". Hinweis auf ätzende Elektrolyte, explosive Gase, gefährliche Spannungen und Ströme

Bild 11.6 Warnschild vor stark ätzenden Elektrolyten

11.8 Bedieneinrichtungen und Signalleuchten

Darüber hinaus sind nach DIN VDE 0100-510 Abs. 514.1 Schilder und andere geeignete Kennzeichnungen vorzusehen, um den Zweck eines Schalt- oder Steuergeräts zu erkennen. Kann der Bediener Anlagenteile oder Bereiche nicht einsehen, müssen hierzu geeignete Anzeigen für den Bediener sichtbar angebracht werden. Die Bedien- und Anzeigeeinrichtungen sind entsprechend der Normen DIN EN 60073 (VDE 0199) und DIN EN 60447 (VDE 0196) auszuführen.

▎ Taster und Schalter sind entsprechend ihrer Funktion zu kennzeichnen.
▎ Signalleuchten sind entsprechend ihrer Bedeutung in den zutreffenden Farben auszuführen.
▎ NOT-AUS-Betätigungselemente sind rot zu kennzeichnen. Die Hintergrundfläche muss gelb ausgeführt sein.

11.9 Schaltungsunterlagen und Übersichtspläne

Die technische Dokumentation ist für die Planung, Errichtung und Nutzung während des Betriebs im Rahmen der Wartung, Instandhaltung und Instandsetzung von wesentlicher Bedeutung. Zweck einer technischen Dokumentation ist, dem Anwender die erforderlichen Informationen bereitzustellen. Art und Umfang der technischen Dokumentation werden in gewerblichen und öffentlichen Bereichen vertraglich festgelegt.

11.9 Schaltungsunterlagen und Übersichtspläne

Für die Verteilungen sind Schaltpläne, Zeichnungen oder Tabellen zu erstellen. Art und Umfang der Dokumentation können auch vertraglich festgelegt werden. Hier ist u. a. der Nutzungszweck der Anlage von Bedeutung. Die Anforderungen bzgl. der technischen Dokumentation an Gewerbebetriebe mit internem oder externem Instandhaltungspersonal, öffentlich zugänglichen Gebäuden, kommunalen Gebäuden, wie Schulen etc., sind höher als in Wohngebäuden.

Grundsätzlich ist anhand der Schaltungsunterlagen eine Zuordnung der Stromkreise zu den Betriebsmitteln, Schutzeinrichtungen und deren internen Verschaltungen im Verteiler herzustellen. Die Schaltungsunterlagen, Diagramme und Tabellen sind nach DIN EN 61346-1 und der Normenreihe DIN EN 61082 (VDE 0040-Reihe) zu erstellen.

Ein Schaltplan dient der Darstellung, hauptsächlich unter Nutzung der Zeichnungsform und der Funktionen von Objekten, aus denen ein System zusammengesetzt ist. Die Zusammenhänge werden durch grafische Symbole gezeigt. In der Elektroinstallation finden folgende spezifischen Schalt- und Übersichtspläne Anwendung:

- Übersichtplan,
- Funktionsschaltplan,
- Stromlaufplan,
- Verbindungsschaltplan,
- Anordnungsplan,
- Anschlusstabelle.

Als Schaltpläne gelten auch Übersichtspläne in einfacher einpoliger Darstellung. In jedem Fall muss der Aufbau der Stromkreise ersichtlich sein und die erforderlichen Informationen enthalten. Diese umfassen Angaben über den Aufbau und die Art des Stromversorgungssystems, die angeschlossenen Verbraucher, die Anzahl und den Leiterquerschnitt der Leiter, die Art der Kabel und Leitungen sowie die eindeutige Identifizierung der Schutz-, Trenn- und Schaltfunktionen und deren Einbauorte.

Im Rahmen der Erstprüfung sind die Schaltungsunterlagen hinsichtlich der Angaben auf Vollständigkeit zu überprüfen. Im Einzelnen sind folgende Angaben auf Übereinstimmung der Ausführung zu prüfen:

- Können die Schaltungsunterlagen eindeutig dem Verteiler zugeordnet werden?
- Entsprechen die Anzahl und die Anordnung der Übersichtszeichnung der tatsächlichen Ausführung?
- Stimmen die Bezeichnungen der im Verteiler eingebauten Betriebsmittel mit den Schaltungsunterlagen überein?

- Sind die Angaben hinsichtlich Typ und Leiterquerschnitte der internen Verdrahtung in den Schaltungsunterlagen enthalten?
- Sind Anschlüsse von Betriebsmitteln, insbesondere Schütze und mehrkanälige Schaltgeräte, bezeichnet und können der internen Verdrahtung zugeordnet werden?
- Sind die von außen in den Verteiler eingeführten und angeschlossenen Leitungen eindeutig mit dem Kabeltyp, dem Leiterquerschnitt und den im Verteiler angeschlossenen Klemmen bezeichnet?
- Stimmen die im Klemmenfeld angeschlossenen Leitungen mit den Schaltungsunterlagen überein? Sind Klemmen, die als Reserve gekennzeichnet sind, nicht besetzt?
- Stimmen die Bezeichnungen der Klemmen mit den Schaltungsunterlagen überein?
- Sind Art und Typ der Schutzeinrichtungen ersichtlich?
- Sind die Bemessungsströme und die Einstellwerte der Schutzeinrichtungen (z. B. von Motorschutzschaltern) in den Schaltungsunterlagen eingetragen?
- Bei Schmelzsicherungen ist die Art und der Bemessungsstrom der Überstrom-Schutzeinrichtung anzugeben.
- Bei einstellbaren Schutzeinrichtungen sind die erforderlichen Einstellwerte einzutragen.
- Sind die zu erwartenden Kurzschlussströme und Kurzschluss-Ausschaltvermögen der Schutzeinrichtungen eingetragen?
- Nicht verwendete Betriebsmittel, Klemmen und Anschlüsse sollten ebenso in den Schaltungsunterlagen enthalten sein und als Reserve gekennzeichnet werden.

Schaltpläne für elektrische Anlagen müssen nach DIN VDE 0105-100 verfügbar sein. Im Rahmen von wiederkehrenden Prüfungen muss u. a. nach VDE 0105-100 Abs. 5.3.3.101.1.7 festgestellt werden, ob die Schaltungsunterlagen und Betriebsmittelkennzeichnungen der Stromkreise noch vorhanden sind und ob die Kennzeichnung der in der Elektroverteilung eingebauten Betriebsmittel mit den Schaltungsunterlagen übereinstimmen.

Zusammenfassung

- Stimmen Schalt- und Bestandspläne mit dem tatsächlichen Aufbau und der Gerätekennzeichnungen (Stromkreisbezeichnung, Bezeichnung der Schutzeinrichtungen, Klemmenkennzeichnungen etc.) überein?
- Sind alle Stromkreise, Betriebsmittel und Klemmen gekennzeichnet?

- Sind die erforderlichen Sicherheitszeichen (Verbots-, Gebots-, Rettungs-, Warnzeichen) vorhanden?
- Sind die Montage- und Bedienungsanleitungen der Betriebsmittel vorhanden und sind die Betriebsmittel entsprechend den Herstellervorgaben eingebaut?

11.10 Errichterbescheinigung

Nach DGUV Vorschrift 3 sind elektrische Betriebsmittel im Sinne der Unfallverhütungsvorschrift alle Gegenstände, die als Ganzes oder in einzelnen Teilen dem Anwender elektrische Energie erzeugen, fortleiten, verteilen, speichern, messen und umsetzen in andere Energieformen oder Informationen übertragen, speichern oder verarbeiten. Eine elektrische Anlage wird aus einem Zusammenschluss einzelner Betriebsmittel gebildet. Damit fällt die ortsfeste elektrische Anlage (Anschlussnutzeranlage und Hauptstromversorgungssystem) in den Anwendungsbereich dieser Unfallverhütungsvorschrift. Nach DGUV Vorschrift 3 § 5 hat der Unternehmer dafür zu sorgen, dass die elektrische Anlage und die Betriebsmittel sicher betrieben werden. Hierfür hat er die Prüfungen der elektrischen Anlagen und Betriebsmittel auf ihren ordnungsgemäßen Zustand zu prüfen oder prüfen zu lassen. Die Prüfung ist durchzuführen:

- vor der ersten Inbetriebnahme und vor Wiederinbetriebnahme nach Änderung und Instandsetzung durch eine Elektrofachkraft oder unter Leitung und Aufsicht einer Elektrofachkraft und
- in bestimmten Zeitabständen auf Grundlage der Gefährdungsbeurteilung des Betreibers.

Die Erstprüfung bei Errichtung, Änderung und Erweiterung gemäß DIN VDE 0100-600 erfüllt auch die Anforderungen an die Prüfung vor erster Inbetriebnahme nach DGUV Vorschrift 3 § 5. Allerdings ist die gleiche Prüfung unmittelbar nach der Inbetriebnahme durch den Errichter weder zielführend noch ist sie im wirtschaftlichen Rahmen vertretbar. Deshalb kann die Prüfung nach DGUV Vorschrift 3 § 5 (4) vor erster Inbetriebnahme seitens des Betreibers entfallen, wenn dem Unternehmer (Betreiber) vom Hersteller oder Errichter bestätigt wird, dass die elektrischen Anlagen und Betriebsmittel den Bestimmungen nach DGUV Vorschrift 3 entsprechen.

Errichter elektrischer Anlagen haben nach Errichtung einen Prüfbericht über die Erstprüfung auszustellen. Das Prüfprotokoll ist dem Betreiber auszuhändigen. Beinhaltet die vom Errichter verwendete Vorlage auch die Option „Prüfung nach DGUV Vorschrift 3/4", so ist diese bei gewerblich und öffentlich genutzten Anlagen anzukreuzen.

Hier gilt es zwischen Errichter und Betreiber zu klären, ob dies ausreichend oder ob dennoch eine Errichterbescheinigung nach DGUV Vorschrift 3/4 auszustellen ist. Andernfalls ist eine Errichterbescheinigung auszustellen. Diese ist rechtssicher auszustellen. Die Errichterbescheinigung kann folgenden Wortlaut beinhalten:

> **Beispiel**
> Es wird bestätigt, dass die elektrische Anlage bzw. das elektrische Betriebsmittel / die elektrotechnische Ausrüstung der Maschine oder Anlage den Bestimmungen der Unfallverhütungsvorschrift „Elektrische Anlagen und Betriebsmittel" (DGUV V3) entsprechend beschaffen ist. Diese Bestätigung dient ausschließlich dem Zweck, den Unternehmer davon zu entbinden, die elektrische Anlage / das elektrische Betriebsmittel / die elektrotechnische Ausrüstung der Maschine oder Anlage vor der ersten Inbetriebnahme zu prüfen bzw. prüfen zu lassen (§ 5 Abs. 4 DGUV V3). Zivilrechtliche Gewährleistungs- und Haftungsansprüche werden durch diese Bestätigung nicht geregelt. Diese Bestätigung des Herstellers/Anlagenerrichters gibt dem Besteller/Betreiber einer elektrischen Anlage oder eines elektrischen Betriebsmittels die Möglichkeit, auf die Prüfung vor der ersten Inbetriebnahme nach § 5 Abs. 4 DGUV V3 zu verzichten.

Es müssen darüber hinaus folgende Informationen ersichtlich sein:
- Errichter der Anlage,
- Standort der Anlage,
- Beschreibung der Anlage und des Umfangs,
- Nennung des Betreibers.

Der Errichter sollte sich bei Bauvorhaben, an denen mehrere Gewerke beteiligt sind, klar abgrenzen. Hierfür sollte in der Errichterbescheinigung der Umfang der Arbeiten und eine Beschreibung der Anlage enthalten sein. Bei Erweiterungen und Änderungen ist selbiges zu empfehlen.

In jedem Fall sollte die Angabe zum Standort und die Beschreibung des Umfangs eindeutig dem Errichter zugeordnet werden. Hierfür eignet sich in der Errichterbescheinigung zum Beispiel:
- die klare Nennung der Auftragsnummer, in der der Auftragsumfang beschrieben ist,

11.10 Errichterbescheinigung

▌ die Nennung bzw. der Verweis zu den Prüfprotokollen der Erstprüfung oder der Verweis auf die Schaltungsunterlagen, aus denen der Ausführungsstand mit Revisionsdatum etc. hervorgeht,
▌ die Aufzählung der errichteten Verteilungen und/oder Stromkreise und
▌ die Nennung des Bauvorhabens.

In jedem Fall ist die Bescheinigung rechtssicher auszustellen. Das heißt, das Dokument muss vom Verantwortlichen der Errichterfirma unterschrieben werden. Der gute Stil einer Fachfirma gebietet es, hier diese Bestätigung auf dem Firmenbriefkopf mit allen hier enthaltenen Angaben zur Errichterfirma (Handesregister, Steuer-ID etc.) zu verwenden.

Hersteller von verwendungsfertigen Schaltgerätekombinationen (z. B. Schaltschränke der Versorgungstechnik etc.), die von ihnen hergestellt, installiert und in Betrieb genommen wurden, gelten formell zum einen als Hersteller und zum anderen als Errichter der angeschlossenen Stromkreise. Sie haben zum Stückprüfungsprotokoll und der Konformitätserklärung ebenso eine Errichterbescheinigung auszustellen (Vorlage: https://publikationen.dguv.de/widgets/pdf/download/article/73).

das elektrohandwerk
www.elektro.net

Buch Shop

Fachbücher, E-Books und WissensFächer für das Elektrohandwerk

Das volle Programm rund um die Uhr online bestellen: **shop.elektro.net**

Ihre Bestellmöglichkeiten auf einen Blick:

Gleich im Buch-Shop bestellen!
shop.elektro.net

- Fax: +49 (0) 89 2183-7620
- E-Mail: buchservice@huethig.de
- Web-Shop: shop.elektro.net

 Hier Ihr Fachbuch direkt online bestellen!

das elektrohandwerk
www.elektro.net

Hüthig GmbH, Im Weiher 10, D-69121 Heidelberg

12 Stromkreis- und Betriebsmittelkennzeichnung

Die Kennzeichnung der im Verteiler eingebauten Betriebsmittel, Klemmen und Schutzeinrichtung muss eindeutig und dauerhaft sein. Typenschilder von Betriebsmitteln müssen lesbar sein. Es ist festzustellen, dass die Kennzeichnungen der im Verteiler eingebauten Betriebsmittel mit den Bezeichnungen der Schaltungsunterlagen übereinstimmen. Weisen Geräte und Schutzeinrichtungen z. B. wesentlich geringere Verschmutzungserscheinungen als die anderen Betriebsmittel der Verteilung auf oder sind andere Fabrikate verbaut, deutet das in der Regel auf nachträgliche Erweiterungen hin. Hier ist festzustellen, dass die nachträglichen Änderungen und Erweiterungen in den Schaltungsunterlagen eingetragen sind.

Durch Besichtigen des Klemmenraums ist festzustellen, dass Typ, Leiterzahl und Leiterquerschnitte der angeschlossenen Kabel und Leitungen noch mit den Schaltungsunterlagen übereinstimmen. Hier ist besonderes Augenmerk auf augenscheinlich provisorisch und nachträglich verlegte Kabel und Leitungen sowie auf freie, nicht belegte Klemmen zu richten. In der Regel sind in solchen Fällen die Schaltungsunterlagen nicht aktualisiert.

Betriebsmittel in abgeschlossenen elektrischen Betriebsstätten
In abgeschlossenen elektrischen Betriebsstätten müssen nach DIN VDE 0100-731 Abs. 731.514.5 alle elektrischen Betriebsmittel einschließlich Hilfseinrichtungen, wie Servicesteckdosen, Telefonanlagen, Beleuchtungseinrichtungen, Lichtschalter, mittels Anordnungsplänen nach DIN EN 61082-1 (VDE 0040-1) eindeutig gekennzeichnet werden. Im Rahmen der Prüfung ist festzustellen, dass die genannten Betriebsmittel innerhalb der abgeschlossenen elektrischen Betriebsstätte mithilfe von Anordnungsplänen und/oder einer eindeutigen dauerhaften Kennzeichnung ihrem Zweck und ihrem Stromkreis zugeordnet werden können. Übersichtliche elektrische Betriebsstätten sind von dieser Anforderung ausgenommen. Was als übersichtlich gilt, obliegt der Bewertung des Prüfers.

13 Besichtigen von Erdungsanlagen und Schutzpotentialausgleich

Durch Besichtigen im Rahmen von Erst- und Wiederholungsprüfungen ist die Ausführung und korrekte Verbindung der Erdungsanlagen und Schutzpotentialausgleichsleiter festzustellen. Hierbei ist festzustellen, ob die Schutzleiter, Erdungsleiter und Potentialausgleichsleiter
- den geforderten Querschnitten entsprechen,
- die Leiter richtig verlegt und angeschlossen sind,
- die Verbindungen fest sind,
- die Kontaktwerkstoffe sich nicht gegenseitig beeinträchtigen (Werkstoffverträglichkeit) und
- die Klemmverbindungen und Leitstellen keine Korrosion aufweisen.

Neben der Besichtigung ist die Durchgängigkeit der Leiterverbindungen zu messen. (Die Messung der *Durchgängigkeit der Leiterverbindungen* ist in Abschnitt 23.1 beschrieben.) Die Messung der Durchgängigkeit der Leiterverbindungen muss im Rahmen der wiederkehrenden Prüfung unterhalb von 0,2 Ω liegen. Allerdings müssen die gemessenen Werte mit den zu erwartenden Werten durch die Leitungslängen, den Leiterquerschnitt, dem Leitermaterial und der Leitertemperatur im plausiblen Bereich liegen.

Bei den Leiterverbindungen ist zwischen folgenden Leitern zu unterscheiden:
- Schutzleiter und
- Schutzpotentialausgleichsleiter.

13.1 Schutzleiter

Schutzleiter sind Leiter zum Zweck der Sicherheit zum Schutz gegen elektrischen Schlag. Als Körper werden alle leitfähigen Teile eines Betriebsmittels bezeichnet, die berührt werden können und üblicherweise nicht unter Spannung stehen. Diese Betriebsmittel sind üblicherweise der Schutzklasse 1 zuzuordnen, sodass die Schutzmaßnahme „Schutz durch automatische Abschaltung nach DIN VDE 0100-410 Abs. 411" zur Anwendung kommt. Diese besteht aus der Basisisolierung, dem Körper, und dem Fehlerschutz. Für den Fehlerschutz sind die Körper mit dem Schutzleiter zu verbinden.

Durch Besichtigen der Schutzleiterverbindungen in den Verteilern und den Anschlussstellen von Betriebsmitteln ist festzustellen, dass die Schutzleiterverbindungen vorhanden sind und gemäß den erforderlichen Querschnitten ausgeführt sind. Die Verbindung der Schutzleiter innerhalb eines am Markt bereitgestellten Betriebsmittels (z. B. Klimagerät, Haartrockner, etc.) fällt in den Anwendungsbereich der Niederspannungsrichtlinie und ist demnach innerhalb des Betriebsmittels nicht zu prüfen. Hier kann sich der Errichter darauf verlassen, dass mit Anbringung einer CE-Kennzeichnung das Betriebsmittel unter Berücksichtigung der bestimmungsgemäßen Verwendung den Schutz- und Sicherheitszielen entspricht.

Schutzleiterverbindungen innerhalb elektrischer Anlagen sind nach DIN VDE 0100-540 Abs. 543 auszuführen. Der Querschnitt des Schutzleiters muss so bemessen sein, dass die Bedingungen für die Schutzmaßnahme: „Schutz durch automatische Abschaltung nach DIN VDE 0100-410 Abs. 411" erfüllt sind. Die Schutzleiterverbindungen müssen zudem den bis zur automatischen Abschaltung im Fehlerfall auftretenden mechanischen Kräfte und thermischen Beanspruchungen standhalten.

Wenn der Schutz gegen elektrischen Schlag mit Überstrom-Schutzeinrichtungen sichergestellt wird, muss der Schutzleiter in demselben Kabel bzw. derselben Leitung wie die aktiven Leiter integriert sein. Die Verlegung eines externen Schutzleiters ist demnach nicht zulässig.

Wird ein Schutzleiter gemeinsam für zwei oder mehrere Stromkreise verwendet, ist der Querschnitt für die ungünstigste Bedingung von Fehlerstrom und Abschaltzeit zu berechnen oder der entsprechend größte Außenleiterquerschnitt auszuwählen.

Das Besichtigen der Schutzmaßnahmen mit Schutzleiter bezieht sich vorwiegend auf die Anschlüsse sowie auf die Feststellung der korrekten Kennzeichnung (siehe Abschnitt 11.1.1 *Farbkennzeichnung von Schutzleitern*).

13.2 Schutzleiterquerschnitt

Der Schutzleiterquerschnitt kann ermittelt werden durch
- Berechnung,
- Auswahl nach Tabelle.

13.2.1 Berechnung der erforderlichen Schutzleiterquerschnitte

Der Querschnitt des Schutzleiters ist so zu bemessen, dass der Strom-Wärmeimpuls des zu erwartenden Kurzschlussmesstroms den Wert des Joule-Integrals mindestens nicht überschreitet. Das heißt, der ausgewählte Normleiterquerschnitt muss mindestens dem berechneten Schutzleiterquerschnitt entsprechen.

Es gilt folgende Gleichung für Abschaltzeiten bis 5 s:

$$S = \frac{\sqrt{I^2 \cdot t}}{k}$$

S berechneter Schutzleiterquerschnitt in mm^2
I Effektivwert des zu erwartenden Fehlerstroms in A
bei einem Fehler vernachlässigbarer Impedanz
t Ansprechzeit der Schutzeinrichtung für die automatische
Abschaltung in s (Sekunden)
k Faktor, der vom Werkstoff des Leiters, von der Isolation anderer Teile
sowie der Anfangs- und Endtemperatur abhängig ist

Der Querschnitt eines Schutzleiters, der nicht Bestandteil eines Kabels oder einer Leitung ist oder sich in nicht in gemeinsamer Umhüllung mit dem Außenleiter befindet, muss mindestens den Leiterquerschnitten in **Tabelle 13.1** entsprechen.

In TT-Systemen ist der Fehlerstrom aufgrund der höheren Fehlerschleifenimpedanz (ca. 100 Ω) wesentlich geringer als in TN-Systemen. Der Schutzleiter eines Betriebsmittels im TT-System ist vom elektrischen Netz unabhängig. Hier darf der Schutzleiterwiderstand als 25 mm^2 Kupfer oder 35 mm^2 Aluminium begrenzt werden.

Leiterquerschnitt in mm^2		Bemerkung
Kupfer	Aluminium	
2,5	16	Schutz gegen mechanische Beschädigung vorhanden
4	16	kein Schutz gegen mechanische Beschädigung vorhanden
25	35	Begrenzung des Schutzleiters in TT-Systemen aufgrund des geringeren Fehlerstroms

Tabelle 13.1 Leiterquerschnitte von Schutzleitern

13.2.2 Auswahl nach Tabelle

Die Schutzleiterquerschnitte müssen mindestens den Werten der DIN VDE 0100-540 Tabelle 54.2 (vgl. Band 1, Tabelle 28.1) entsprechen.

Grundsätzlich ist eine Reduzierung des Schutzleiterquerschnitts gegenüber den aktiven Leitern bis zu Leiterquerschnitten von 16 mm^2 (Kupfer) unzulässig. Hierbei ist außerdem darauf zu achten, dass aus Stabilitätsgründen bzw. der Gefahr der Schutzleiterunterbrechung die Mindestleiterquerschnitte gemäß DIN VDE 0100-520 nicht unterschritten werden. Bei Leitungen für feste Verlegung muss der Schutzleiterquerschnitt mindestens 1,5 mm² bei Kupfer und mindestens 10 mm² bei Aluminium betragen.

Der Sachverhalt sowie weitere Mindestleiterquerschnitte sind in Band 1, Abschnitt 28.1 beschrieben.

Bei Kabeln und Leitungen mit einem Leiterquerschnitt ab 16 mm² (Kupfer) bis einschließlich 35 mm² (Kupfer) darf der Schutzleiter auf 16 mm² (Kupfer) reduziert bzw. ab 35 mm² um den halben Leiterquerschnitt der Außenleiter reduziert sein. (Tabelle 13.2).

Querschnitt S der Außenleiter in mm² (Cu)	Mindestquerschnitt von Schutzleitern	
	Werkstoff des Schutzleiters entspricht dem des Außenleiters	Werkstoff des Schutzleiters besteht nicht aus demselben Werkstoff wie der Außenleiter
S ≤ 16 mm	S	$S \cdot \dfrac{k_1}{k_2}$
16 < S ≤ 35	16 mm²	
S > 35	$\dfrac{S}{2}$	$\dfrac{S}{2} \cdot \dfrac{k_1}{k_2}$
k_1 k-Wert für den Werkstoff des Außenleiters k_2 k-Wert des gewählten Schutzleitermaterials		

Tabelle 13.2 Mindestquerschnitte von Schutzleitern

13.2.3 Verstärkte Schutzleiter

Über Schutzleiter fließen aufgrund nichtlinearer elektrischer Verbraucher und kapazitiver Ableitströme sogenannte vagabundierende Ströme. Diese Ströme treten betriebsbedingt mit einer Frequenz eines Vielfachen von 50 Hz auf. Dadurch ist der Schutzleiter betriebsbedingt belastet, sodass er sich zum einen aufgrund der Stromwärmeverluste erwärmt und zum anderen Potentialdifferenzen zwischen den Körpern der elektrischen Anlage verursacht. Der Schutzleiterstrom kann durch Messung mit einer Stromzange mit TRMS-Anzeige im Betrieb gemessen werden (**Bild 13.1**).

Bei der Beurteilung ist zwischen folgenden Sachverhalten zu unterscheiden:

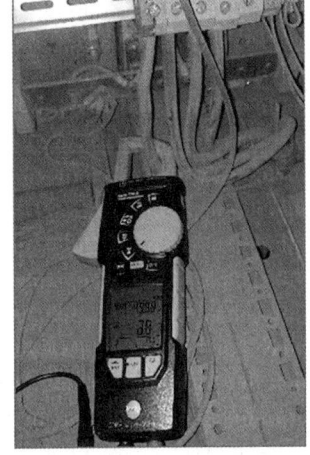

Bild 13.1 Messung der Schutzleiterströme mit einem Zangenamperemeter

▪ Verfügt ein elektrisches Verbrauchsmittel über eine einzige Schutzleiterklemme, muss im Falle eines Schutzleiterstroms ab 10 mA der angeschlossene Schutzleiter einen Querschnitt von mindestens 10 mm^2 (Kupfer) oder 16 mm^2 (Aluminium) aufweisen.

▪ Verfügt das elektrische Verbrauchsmittel über eine separate Schutzleiteranschlussklemme, muss ein zweiter separater Schutzleiter mit mindestens demselben Leiterquerschnitt, wie für den Fehlerschutz gefordert, bis zu dem Punkt in der Kabel- und Leitungsanlage verlegt werden, an dem der Schutzleiter einen Leiterquerschnitt von mindestens 10 mm^2 (Kupfer) oder 16 mm^2 (Aluminium) aufweist.

Neben der Beurteilung des Schutzleiterquerschnitts sind zudem in Stromkreisen mit Fehlerstrom-Schutzeinrichtungen (RCD) mögliche ungewollte Fehlauslösungen aufgrund der Ableitströme zu beachten.

Die Auswahl von Fehlerstrom-Schutzeinrichtungen (RCD) ist in Abschnitt 5.4.2 beschrieben.

13.2.4 Schutzleiteranschlüsse in Verteilern und Betriebsmitteln

Schutzleiter und Außenleiter dürfen nicht miteinander verbunden oder verwechselt werden. Hierzu ist durch Besichtigen des Klemmenfelds und der Anschlussstellen festzustellen, dass die Schutzleiter und Neutralleiter eindeutig zugeordnet werden können und nicht miteinander verwechselt sind (siehe Kapitel 11 *Leiterkennzeichnungen*).

▪ Durch Besichtigen der Netzanschlussklemmen ist im ersten Schritt die Netzform festzustellen. Handelt es sich um ein TN-S-System, ist ein Zusammenführen des Schutz- und Neutralleiters nach der Auftrennung unzulässig.

▪ Schutzleiter müssen grundsätzlich elektrisch niederimpedant sein. Es dürfen somit keine Schalt- und Trenneinrichtungen verbaut sein.

▪ Liegt ein TN-C-System vor, ist eine Trennung des PEN-Leiters unzulässig. Es ist festzustellen, dass der PEN-Leiter fest angeschlossen ist und nicht über Schalt- oder Schutzeinrichtungen getrennt werden kann.

▪ Durch Besichtigen des Klemmenfelds im Anschlussraum ist festzustellen, dass alle Schutzleiter der in den Verteiler eingeführten Kabel und Leitungen an einer Schutzleiterklemme angeschlossen sind.

▪ Schutzleiter sind auch bei Leitungen mit fest angeschlossenen Betriebsmitteln der Schutzklasse 2 verteilerseitig anzuschließen, da zum einen der Schutzleiter eine Überfunktion der Leitung erfüllt und zum anderen

bei Tausch eines Betriebsmittels (z. B. Betriebsmittel der SK 2 mit einem Betriebsmittel der SK 1) in der Praxis nicht von einer Überprüfung der Schutzleiterverbindungen nach Instandsetzung auszugehen ist.
- Es ist insbesondere bei Verteilern der Schutzklasse 2 festzustellen, dass der Schutzleiter der Zuleitung mit der Hutschiene der Anschlussklemmen verbunden ist. Die Verbindung des Schutzleiters über das Montagegerüst der Hutschienen gilt als ausreichend, sofern dieses stromtragfähig ausgeführt ist.
- Sind in den Verteilertüren Betriebsmittel mit Nennspannungen > 50 V AC/> 120 V DC installiert, ist festzustellen, dass die Verteilertür am Schutzleiter angeschlossen ist.

(siehe Abschnitt 17.3 *Bedienelemente in Verteilern*)

Betriebsmittel

Schutzkontakte an Steckvorrichtungen dürfen grundsätzlich nicht in ihrer Wirksamkeit beeinträchtigt sein. Es ist durch Besichtigen der Steckdosen festzustellen, dass
- diese augenscheinlich nicht durch Anhaftungen wie Rost, Farbe o. Ä. beeinträchtigt sind,
- die Schutzkontakte an Steckdosen nicht verbogen oder abgerissen sind,
- die Schutzkontakte an Betriebsmitteln (z. B. Leuchten und fest angeschlossene Betriebsmittel der Schutzklasse 1) ordnungsgemäß angeschlossen sind.

13.3 Schutzpotentialausgleichsleiter

Der Schutzpotentialausgleichsleiter ist ein Schutzleiter zur Herstellung eines Schutzpotentialausgleichs. Dieser verhindert dadurch gefährliche Berührungsspannungen zwischen Körpern und fremden leitfähigen Teilen. Es gibt folgende Ausführungen:
- Schutzpotentialausgleich für die Verbindung mit der Haupterdungsschiene,
- Schutzpotentialausgleichsleiter für den zusätzlichen Schutzpotentialausgleich.

13.3.1 Schutzpotentialausgleich für die Verbindung mit der Haupterdungsschiene

Bei der Beurteilung des Schutzpotentialausgleichs ist zuerst die Begrifflichkeit eines Körpers und eines fremden leitfähigen Teils zu klären.

Als Körper werden leitfähige Teile eines elektrischen Betriebsmittels bezeichnet, die berührt werden können und während des fehlerfreien Betriebs nicht unter Spannung stehen. Im Fehlerfall (Körperschluss) können bei Versagen der Basisisolierung Körper unter Spannung stehen.

Ein fremdes leitfähiges Teil ist ein leitfähiges Teil, das nicht zur elektrischen Anlage gehört. Es kann jedoch ein elektrisches Potential einführen oder sich innerhalb eines Gebäudes oder einer Anlage in andere Bereiche verschleppen. Bei fremden leitfähigen Teilen handelt es sich typischerweise um von außerhalb in Gebäude eingeführte Wasserrohre, Versorgungsleitungen und metallene Gasrohre, die ein Potential in das Gebäude einführen können.

Durch das Auftreten von berührungsgefährlichen Spannungen innerhalb von Gebäuden wird der Anschluss der Körper und fremden leitfähigen Teile an der Haupterdungsschiene verhindert (**Bild 13.2**). Hierzu sind folgende Anlagenteile und Gebäudeteile am Hauptpotentialausgleich anzuschließen:

- fremde leitfähige Teile,
- metallene Wasser- und Abwasserrohre, von außen kommend,
- metallene Gasrohre mit Isolierstück, von außen kommend,
- Klimaanlage,
- Heizung,
- metallene Wasser- bzw. Abwasserrohre im Gebäude,
- Konstruktionsteile,
- Kabeltragsysteme (Kabelwannen und Kabelpritschen),
- Lüftungskanäle,
- Erdungsleiter,
- Anschlussfahne des Fundamenterders, in Beton verlegt oder als Ringerder, sofern vorhanden.

Es ist durch Besichtigen festzustellen, dass die Schraubklemmverbindungen ordnungsgemäß angeschlossen und befestigt sind. Darin

Bild 13.2 Kennzeichnung der PA-Leiter an einer Haupterdungsschiene

sind auch die Maßnahmen gegen Selbstlockern zu überprüfen. Hierbei ist festzustellen, ob die Unterlegschreiben mit Sprengring o. Ä. vorhanden sind. Die Schraubverbindungen sind zudem mit einem Drehmomentschlüssel zu überprüfen. Hierbei ist festzustellen, dass die Schraubverbindungen sicher und gemäß dem vom Hersteller angegebenen Drehmoment über eine ausreichende mechanische und elektrische Verbindung verfügen.

Durch Besichtigen der Pressverbindungen an den Kabelschuhen ist festzustellen, dass die Pressungen mit geeignetem Werkzeug durchgeführt wurden. Im Rahmen von Erst- und Abnahmeprüfungen durch externe Prüfer oder Sachverstände sollten im Rahmen der Begutachtung das Verbindungsmaterial und das verwendete Presswerkzeug in Augenschein genommen werden. Zumindest sollte die Festigkeit der Leiterverbindung und der Pressung des Kabelschuhs durch Ziehen überprüft werden.

Durch Besichtigen der Haupterdungsschiene und der Erdungsschienen ist festzustellen, dass die Schutzpotentialausgleichsleiter für die Verbindung zur Haupterdungsschiene die erforderlichen Leiterquerschnitte aufweisen.

Die an der Haupterdungsschiene angeschlossenen Schutzleiter zur Herstellung des Schutzpotentialausgleichs müssen mindestens folgende Mindestquerschnitte aufweisen:

- 6 mm^2 Kupfer oder
- 16 mm^2 Aluminium oder
- 50 mm^2 Stahl.

Der Nachweis der sicheren und wirksamen Leiterverbindungen ist durch Messen der Durchgängigkeit der Leiterverbindungen von allen Schutzleitern und Potentialausgleichsleitern zu erbringen. Hierbei sind die Messpunkte so zu wählen, dass Übergangswiderstände durch Rohrschellen, Schraubverbindungen etc. mit gemessen werden. Bei wiederkehrenden Prüfungen muss dieser unterhalb 0,2 Ω liegen (siehe Kapitel 23 *Messungen*). Die Durchgängigkeit ist auf dem Prüfprotokoll zu bestätigen. (Die Messung der *Durchgängigkeit der Leiter* ist in Abschnitt 23.1 beschrieben.)

Durch Besichtigen der Haupterdungsschiene und der PA-Schienen ist festzustellen, dass die Leiterverbindungen zuzuordnen sind. Die Zuordnung kann, wie in der Abbildung gezeigt, über eine feste und dauerhafte Kennzeichnung mit Schildern direkt an den Leitern erfolgen. Die Art der Kennzeichnung ist unter Berücksichtigung der Umgebungsbedingungen auszuwählen. In trockenen Räumen ist eine Kennzeichnung mit Kunststoffschildern ausreichend. Bei Anlagen im Freien, z. B. in Chemieanlagen und an Orten, an denen mit Korrosion zu rechnen ist, sind beispielsweise für eine feste und dauerhafte Kennzeichnung gravierte Metallschilder zu verwenden. Die Klemmverbindungen müssen gemäß DIN VDE 0100-510 Abs. 513 zur leichten Wartung, Instandhaltung und Inspektion zugänglich sein.

Anschlussstellen

Es ist festzustellen, dass die Verbindungen ordnungsgemäß angeschlossen sind (**Bild 13.3**). Hierzu ist festzustellen, dass

- die Schraubklemmen gemäß dem vom Hersteller angegeben Drehmoment angezogen sind,
- die Pressverbindungen bestimmungsgemäß und mit geeignetem Werkzeug durchgeführt wurden,
- die Anschlussstellen für die Leiterquerschnitte und Leiterarten geeignet sind,

Bild 13.3 Anschlussklemmen an einer PE-Schiene in einer Niederspannungs-Schaltgerätekombination

- die an der Haupterdungsschiene angeschlossenen Leiter eindeutig an dem Anlagenteil, an dem sie hingeführt sind, gekennzeichnet sind.

Die Beschriftung kann entweder direkt an den Leiterenden oder an der Schiene erfolgen.

13.3.2 Schutzpotentialausgleichsleiter für den zusätzlichen Schutzpotentialausgleich

Können die Abschaltbedingungen nach DIN VDE 0100-410 Abs. 411 eines oder mehrerer Betriebsmittel und zu fremden leitfähigen Teilen nicht eingehalten werden, sind gemäß DIN VDE 0100-540 Abs. 544 die Körper der Betriebsmittel sowie die fremden leitfähigen Teile niederimpedant miteinander zu verbinden. Durch die Verbindung der Körper und der fremden leitfähigen Teile innerhalb des Handbereichs (2,5 m) wird das Anliegen einer gefährlichen Berührungsspannung zwischen den Teilen verhindert.

- Der Leiterquerschnitt zwischen zwei Körpern muss mindestens dem kleinsten Schutzleiterquerschnitt der Zuleitungen zu den Betriebsmitteln entsprechen.

■ Der Leiterquerschnitt zwischen einem Körper und einem fremden leitfähigen Teil muss mindestens dem halben Schutzleiterquerschnitt der Zuleitungen zu den Betriebsmitteln entsprechen.
Bei der Beurteilung des Leiterquerschnitts sind auch die mechanischen Beanspruchungen zu beachten (**Bild 13.4**).
(Der Sachverhalt sowie weitere *Mindestleiterquerschnitte* sind in Band 1, Abschnitt 28.1 beschrieben.)

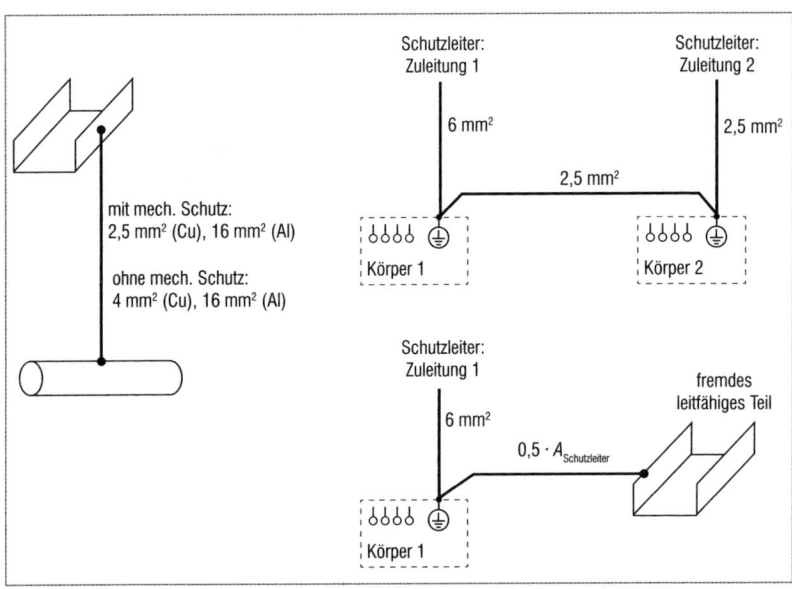

Bild 13.4 Querschnitte für den zusätzlichen Schutzpotentialausgleich (DIN VDE 0100-540 Abs. 544)

14 Beurteilung der Maßnahmen gegen elektromagnetische Störungen

Die Notwendigkeit zur Betrachtung der elektromagnetischen Beeinflussung (EMV) elektrischer Anlagen und Betriebsmittel ist in der EMV-Richtlinie 2014/30/EU begründet und ist national auf Grundlage des EMV-Gesetzes anzuwenden. In den Anwendungsbereich der EMV-Richtlinie fallen sowohl elektrische Betriebsmittel als auch elektrische Anlagen. Für ortsfeste elektrische Anlagen hat der Betreiber eine geeignete Dokumentation zu erstellen und auf Verlangen der zuständigen Behörde vorzulegen. Damit richtet sich die EMV-Richtlinie seitens der ortsfesten elektrischen Anlage an den Betreiber.

Im Rahmen der Erstprüfung sind durch Besichtigen gemäß DIN VDE 0100-600 Abs. 6.4.2.3 n) die Maßnahmen gegen elektromagnetische Störungen nach DIN VDE 0100-444 durch den Errichter zu überprüfen. Damit sind auch bei der Planung und Errichtung die Aspekte der elektromagnetischen Verträglichkeit vom Errichter zur Auslösung der Vermutungswirkung gemäß § 49 EnWG zu beachten.

Elektrische Betriebsmittel ortsfester Anlagen sind entsprechend den Herstellerangaben zu installieren. Grundsätzlich dürfen diese weder durch EMV in ihren Funktionen beeinträchtigt werden (Störsenke) noch dürfen von den Betriebsmittel Störquellen ausgehen, die den sicheren Betrieb anderer Anlagen und Betriebsmittel beeinträchtigen. Demnach müssen aus dem Aspekt der EMV Betriebsmittel über einen ausreichend hohen Störfestigkeitspegel und eine ausreichend hohe Störfestigkeit verfügen.

Elektrische Betriebsmittel, die keine elektronischen Bauteile enthalten, sind selbst gegenüber einer elektromagnetischen Beeinflussung unempfindlich. Sie brauchen hinsichtlich ihrer Störaussendung, sofern für ihre direkte Umgebung keine besonderen Anforderungen festgelegt, nicht betrachtet zu werden. Betriebsmittel mit elektrischen Bauteilen können sowohl hinsichtlich ihrer Störaussendung als auch ihrer Störfestigkeit andere Betriebsmittel beeinträchtigen und beeinträchtigt werden.

14.1 Störquellen

Typische Störquellen sind Betriebsmittel, die betriebsbedingt durch Schalt- oder Kommutierungsvorgänge Lichtbögen verursachen sowie getaktete Wandler, die Oberschwingungen, insbesondere die 3. Oberschwingung, verursachen:
- Schaltgeräte für induktive Lasten,
- Elektromotoren,
- Leuchtstofflampen,
- Schweißmaschinen,
- Gleichrichter,
- Schaltnetzteile,
- Frequenzumrichter (z. B. Wechselrichter) und Regler,
- Kompensationsanlagen,
- Aufzüge,
- Transformatoren,
- Schaltanlagen,
- Leistungsverteiler mit Stromschienen.

14.2 Maßnahmen

Die Maßnahmen gegen elektromagnetische Störungen sind durch Besichtigen der elektrischen Betriebsmittel, der Kabel- und Leitungsanlage sowie durch Sichtung der formellen Anforderungen zu überprüfen. Die Prüfung ist in folgende Bereiche unterteilt:
- Auswahl und Anordnung der Betriebsmittel,
- Ausführung der Elektroinstallation,
- formelle Anforderungen (siehe auch Band 1, Abschnitt 13.1 *EMV-Dokumentation*),
- Anforderungen der Netzbetreiber.

Auswahl von Betriebsmitteln aus EMV-Aspekten (VDE 0100-510)

Die Betrachtung der elektromagnetischen Verträglichkeit ist ein klassisches Schnittstellenthema zwischen Hersteller, Errichter und Betreiber.

Im Rahmen der Prüfung bzw. der Betrachtungsweise der sind im Wesentlichen die Errichtungsbestimmungen, also die zutreffenden Teile der DIN-VDE 0100-Reihe sowie weitere zutreffende Regelwerke, zu betrachten.

Diese lösen für den Errichter bei Einhaltung nach § 49 EnWG die Vermutungswirkung aus. Die Feststellung der regelkonformen Errichtung elektrischer Anlagen und Betriebsmittel nach den anerkannten Regeln der Technik umfasst u. a. nach DIN VDE 0100-100 Abs. 132 die bestimmungsgemäße Verwendung der Betriebsmittel nach den Herstellervorgaben. Bei Beachtung der Herstellerangaben kann sich somit der Errichter darauf verlassen, dass von den Betriebsmitteln keine Gefährdung ausgeht und diese nicht unzulässig andere Anlagenteile und technische Anlagen beeinträchtigen.

Ortsfeste elektrische Betriebsmittel innerhalb der Spannungsgrenzen 50 V AC/75 V DC bis 1,5 kV DC und 1 kV AC fallen in den Anwendungsbereich der Niederspannungsrichtlinie. Die Niederspannungsrichtlinie und die zutreffenden harmonisierten Normen sind demnach die für den Hersteller (Inverkehrbringer) maßgebenden Konstruktionskriterien, die gemäß ProdSG eine Vermutungswirkung auslösen.

Hierzu ist u. a. aus den Herstellerangaben bzw. der Konformitätserklärung festzustellen, dass sowohl die Niederspannungsrichtlinie 2014/30/EU als auch die EMV-Richtlinie 2014/35/EU dort gelistet ist. Ist das der Fall, kann bei bestimmungsgemäßer Verwendung (Einbau, Anschluss, Umgebungsbedingungen etc.) davon ausgegangen werden, dass keine unzulässigen Störeinkopplungen auf die induktive Ladeeinrichtung einwirken und diese keine anderen Anlagenteile beeinträchtig.

Andernfalls ist z. B. in Zusammenarbeit mit einer Produktprüfstelle zu überprüfen, ob die vom Hersteller angegebenen harmonisierten Normen auch im Amtsblatt der EU zur EMV-Richtlinie gelistet sind. In diesem Fall liegt eine Konformitätsvermutung vor und die Herstellerunterlagen sind anzupassen. Andernfalls handelt es sich nicht um ein CE-konformes Produkt.

Im Rahmen der Prüfung der elektrischen Anlage ist die Auswahl der Betriebsmittel festzustellen. Hierzu muss nach DIN VDE 0100-510 Abs. 511 jedes Betriebsmittel den einschlägigen harmonisierten Normen, Harmonisierungsdokumenten (HD) entsprechen. Liegen diese nicht vor, hat der Planer oder Errichter die notwendigen Prüfberichte und Dokumente in Übereinstimmung der anwendbaren Gesetzgebung zur Verfügung zu stellen. Der Errichter wird demnach auch zum Hersteller.

14.3 Prüfung der EMV-gerechten Errichtung

Innerhalb einer elektrischen Anlage kann es zu Störaussendungen und gegenseitigen Beeinträchtigungen zwischen elektrischen Anlagen, Telekommunikationsanlagen, Anlagen der Gebäudesystemtechnik etc. kommen. Im Vergleich zu einzelnen elektrischen Betriebsmitteln sind bei einer elektrischen Anlage die gegenseitigen Beeinflussungen und Störeinkopplungen durch Leiterschleifen und Abstände der Kabel- und Leitungsanlage und möglichen Störquellen zu betrachten. Demnach geht die Prüfung zur EMV-gerechten Errichtung bei elektrischen Anlagen über die korrekte Montage der Betriebsmittel hinaus. Sind Störaussendungen ausgehend von den Betriebsmitteln und der elektrischen Anlage nicht zu verhindern, sind erforderlichenfalls Maßnahmen zur Reduzierung der Störaussendung nach DIN VDE 0100-444 zu ergreifen. Der Anwendungsbereich dieser Norm umfasst Maßnahmen zur Reduzierung elektromagnetischer Störungen auf die elektrische Anlage. Sie stellt zum Erreichen dieser Schutzziele eine anerkannte Regel der Technik dar. Ihre Anwendung wird zudem durch die EMV-Richtlinie gefordert.

Das TN-System stellt die am weitesten verbreitete Netzform dar. In neu errichteten Gebäuden, die eine wesentliche Anzahl an informationstechnischen Verbrauchern enthalten, dürfen TN-C-Systeme nicht mehr verwendet werden. Diese haben den Nachteil, dass der PEN-Leiter sowohl die Funktion als Rückleiter als auch als Schutzleiter erfüllt. Damit führt der PEN-Leiter betriebsmäßig Strom, der innerhalb des Gebäudes zu Spannungsdifferenzen des Erdpotentials und somit zu Störeinkopplungen führt. Zudem fließen unkontrolliert Ströme zu mit dem Potentialausgleich verbundenen Rohren und Metallkonstruktionen über.

Neu errichtete Anlagen in der Netzform TN sind ab der Einspeisung als TN-C-S-System auszuführen. In bestehenden TN-C-Systemen führen metallene Rohrleitungen und Teile der Gebäudekonstruktion über den Potentialausgleich anteilig Last- und Fehlerströme. Mit der steigenden Anzahl informationstechnischer Verbraucher steigen die damit verbundenen Einkopplungen. Diese sollten deshalb nicht beibehalten werden. Das bestehende TN-S-System sollte deshalb in die Netzform TN-S erneuert werden.

Durch das TN-S-System sind Neutralleiter und Schutzleiter voneinander getrennt, sodass der Schutzleiter keine Betriebsströme führt. Schutzpotentialausgleichsleiter, Erdungsleiter, Schutzleiter und falls zutreffend Funktionserdungsleiter sind in jeder Anlage, in der ein Schutzpotentialausgleich ausgeführt ist, mit der Haupterdungsschiene einzeln trennbar zu verbinden.

Allerdings ist nicht jeder einzelne Schutzleiter direkt an die Haupterdungsschiene anzuschließen. Eine Verbindung der Schutzleiter über andere Schutzleiter ist zulässig.

Mehrere Erdungsschienen sind miteinander zu verbinden. Dadurch führen die Leiter des Schutzleitersystems betriebsmäßig keine Ströme, sodass innerhalb des Schutzleitersystems und des Gebäudes Spannungsdifferenzen minimiert werden.

Gemäß DIN VDE 0100-444 Abs. 444.6 sind Kabel und Leitungen der Stromversorgung und Kabel und Leitungen der Informationstechnik, die in demselben Kabelverlegesystem oder in derselben Kabeltrasse untergebracht sind, durch Abstand oder mechanisch räumlich voneinander zu trennen (Bild 14.1).

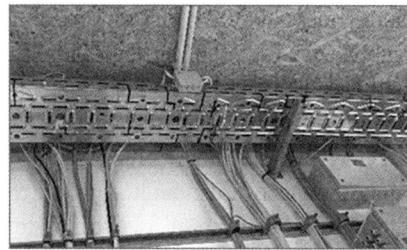

Bild 14.1 Kabelrinne ohne Trennung zwischen Starkstromkabeln und Kabeln der Kommunikationstechnik

Des Weiteren sind folgende Maßnahmen zur Reduzierung elektromagnetischer Störungen zu prüfen:

- Einbau von Überspannungs-Schutzeinrichtungen bzw. Filter für elektrische Betriebsmittel,
- leitfähige Mäntel von Kabeln und Leitungen sollten mit der kombinierten Potentialausgleichsanlage verbunden sein,
- Reduzierung von Induktionsschleifen durch gemeinsame Verlegung von Kabeln und Leitungen,
- getrennte Verlegung von Stromversorgungs-, Signal- und Datenübertragungsstromkreisen,
- Kreuzungen von Kabeln und Leitungen unterschiedlicher Systeme (Stromversorgung, Datenübertragung) sollten, wenn möglich, im rechten Winkel erfolgen,
- Verwendung von Kabeln und Leitungen mit konzentrischen Schutzleitern,
- Verwendung von Mehraderkabeln mit Schirmung,
- Signal- und Datenkabel und Signalleitungen entsprechend den EMV-Anforderungen in den Betriebsanleitungen der Hersteller,
- Errichtung eines Blitzschutzsystems mit Einhaltung der Trennungsabstände,

- Errichtung von Parallelerdungsleitern als Schirmverstärkung zur Reduzierung der Kabelschirmströme.
- Bei geschirmten Signal- oder Datenkabeln für mehrere Betriebsmittel in einem TT-System sollte ein Parallelerdungsleiter mit einem Mindestquerschnitt von 16 mm^2 Kupfer oder vergleichbar leitfähig in Übereinstimmung der Anforderungen nach DIN VDE 0100-540 verlegt werden.
- Potentialausgleichsverbindungen sind mit einer möglichst niedrigen Impedanz durch möglichst kurze Kabelwege und/oder durch eine Querschnittsform mit auf die Leitungslänge bezogenen niedrigen induktiven Reaktanz zu wählen.
- Die Schutzleiterströme dürfen die Grenzwerte nach DIN VDE 0100-540 Abs. 543.5 nicht überschreiten.

15 Auswahl und Errichtung von Kabel- und Leitungssystemen

Es sind bei der Besichtigung der Kabel- und Leitungsanlage u.a. folgende Bewertungskriterien zu beachten:
- DIN VDE 0100-510,
- DIN VDE 0100-520,
- DIN VDE 0100-520 Beiblatt 1,
- VdS 2025 Kabel- und Leitungsanlagen,
- MLAR,
- DIN VDE 0100-420,
- DIN EN 50565-1 (VDE 0298-565-1).

15.1 Besichtigen der Kabel- und Leitungsanlagen

Die Kabel- und Leitungsanlage umfasst gemäß DIN VDE 0100-200 Abs. 826-15 die Gesamtheit, bestehend aus einem oder mehreren isolierten Leitern, Kabeln und Leitungen oder Stromschienen und deren Befestigungsmaterial, sowie deren mechanischen Schutz, wodurch ergänzend zum Begriff des Betriebsmittels die Kabel- und Leitungsanlage die Installationsbedingungen umfasst.

Im Rahmen von Erst- und Wiederholungsprüfungen ist durch Besichtigen festzustellen, dass die genannten Komponenten der Kabel- und Leitungsanlage fachgerecht ausgewählt und installiert sind.

Zentrales Bewertungskriterium bei der Prüfung von Kabel- und Leitungsanlagen ist die DIN VDE 0100-520 Errichten von Niederspannungsanlagen – Teil 5-52: Auswahl und Errichtung elektrischer Betriebsmittel – Kabel- und Leitungsanlagen. Weitere Erläuterungen zur Anwendung sind u.a. in Beiblatt DIN VDE 0100-520 Beiblatt 1 zu finden. Darüber hinaus umfasst die Prüfung der Kabel- und Leitungsanlage die Aspekte des baulichen Brandschutzes, wodurch hier u.a. die MLAR und die DIN VDE 0100-420 erforderlichenfalls zu beachten sind. Bei der Auswahl von Kabeln und Leitungen sind grundsätzlich folgende Aspekte unter den vorliegenden Umgebungseinflüssen zu beachten:

- Auswahl der Kabel und Leitungen sowie Stromschienen,
- Klemmen und Anschlussstellen,
- Elektroinstallationsrohr,
- Kabelkanal,
- Kabelwanne,
- Kabelpritsche,
- Befestigungsschellen.

Die Besichtigung der Kabel und Leitungsanlage dient im Rahmen von Erst- und Wiederholungsprüfungen der Feststellung der regelkonformen Errichtung bzw. der Feststellung des ordnungsgemäßen Zustands.

Um eine Instandsetzung und erforderlichenfalls ein Auswechseln der Kabel und Leitungen zu ermöglichen, sind in ausreichenden Abständen Öffnungen in Installationskanälen vorzusehen. Installationsrohre im geraden Verlauf sollten hier nach DIN VDE 0100-520 Beiblatt 1 zwischen zwei Zugangspunkten nicht länger als 25 m sein. Bei Installationsrohren mit Richtungswechsel (rechte Winkel, Bögen) sollte spätestens nach 15 m ein Zugangspunkt vorhanden sein.

Die elektrische Kabel- und Leitungsanlage darf keinen Brand verursachen, keine Brände begünstigen und keine Brände in andere Gebäudeteile fortleiten.

Die Isolation von Kabeln und Leitungen hat im Wesentlichen die Aufgabe, unter Spannung stehende Teile galvanisch voneinander zu trennen. Hierbei ist der Isolationswiderstand nicht unendlich groß, sondern hängt von den Eigenschaften des Isolationsmaterials ab. Ein Isolationswiderstand ist auch nicht über die gesamte Lebensdauer einer elektrischen Anlage gleich, sondern wird durch die folgenden Umweltbedingungen beeinträchtigt:

- Alterung durch zu hohe Temperaturen,
- Alterung durch zu niedrige Temperaturen,
- beschleunigte Alterung durch Verschmutzung,
- Sonneneinstrahlung und ultraviolette Strahlung,
- beschleunigte Alterung durch Vorschädigung der Isolation,
- transiente Überspannungen,
- Neutralleiterunterbrechung,
- Biegeradien,
- Vorhandensein von Tieren (Nagetierfraß),
- Vorhandensein von Pflanzen- und Schimmelbefall,
- mechanische Beschädigung der Isolierung,
- Oberflächenverschmutzung,

▌ Auftreten von Wasser,
▌ Auftreten von korrosiven oder verschmutzenden Stoffen,
▌ Art der bearbeiteten oder gelagerten Stoffe.

Die häufigste Brandursache von Kabel- und Leitungsanlagen sind Isolationsfehler. Diese können niederohmig oder widerstandsbehaftet zwischen den aktiven Leitern oder aktiven Leitern gegen Schutzleiter oder Erde auftreten. Hochohmige Übergangswiderstände sind auf Beschädigungen der Isolation zurückzuführen. Durch Schmutzablagerungen und Feuchtigkeit entstehen Kriechstrecken. Sind Kriechstrecken zwischen aktiven Leitern oder zwischen aktiven Leitern und Erde vorhanden, fließen Kriechströme. Der Kriechstrom wird vom Stromkreis des Kabels, bzw. der Leitung gespeist. Im Gegensatz zu Kurzschlüssen sind Kriechströme, bedingt durch den Widerstand der Kriechstrecke, kleiner, sodass dieser keine Auslösung der Überstrom-Schutzeinrichtung bewirkt.

Hinsichtlich der Auswahl, Montage und Anordnung der Kabel- und Leitungsanlage ist demnach darauf zu achten, dass die Isolation der Kabel und Leitungen während der Lebensdauer der elektrischen Anlage funktionsfähig ist.

Alterungserscheinungen in und am Mantel der Kabel und Leitungen entstehen durch Umgebungseinflüsse (siehe Abschnitte 15.1.4 *Auftreten von festen Fremdkörpern* und 15.1.5 *Auftreten von Wasser*). Diese beeinträchtigen die Isolation und können zu einer beschleunigten Alterung des Isolationsmaterials führen. Es kann hier zwischen chemischer und physikalischer Alterung und Beeinträchtigung unterschieden werden. Bei der chemischen Alterung verändert sich das Isolationsmaterial in seinen Eigenschaften.

15.1.1 Alterung durch Temperaturen

Isolationen und Mäntel von Kabeln und Leitungen dürfen weder durch zu niedrige noch durch zu hohe Temperaturen hinsichtlich ihrer Isolationseigenschaften beeinträchtigt werden. Hierzu darf die Grenztemperatur im bestimmungsgemäßen Gebrauch sowie im Fehlerfall nicht überschritten werden.

Bei abweichenden Umgebungstemperaturen (30 °C innerhalb des Gebäudes und 20 °C bei erdverlegten Kabeln) sind für die Strombelastbarkeit unter Beachtung der Referenzverlegeart die Umrechnungsfaktoren anzuwenden (vgl. DIN VDE 0298-4 und DIN VDE 0100-520 Tabelle 52.1 Abschnitt 523 1a 1b).

15.1.2 Alterung durch zu hohe Temperaturen und Wärmequellen

Zu hohe Temperaturen bewirken eine chemische Alterung des Isolationsmaterials aufgrund Änderung der chemischen und mechanischen Eigenschaften der synthetischen Werkstoffe (polymere). Hier kommt es zur Ausgasung des Weichmachers und der Werkstoff wird spröde. Infolgedessen können Risse entstehen, die in Verbindung mit Verschmutzung und mit Feuchte Kriechstrecken bilden. Der Kriechstrom kann zum Brand führen.

Neben der Umgebungstemperatur ist durch Besichtigen festzustellen, dass die Isolation von Kabeln und Leitungen nicht durch äußere Wärmequellen unzulässig beeinträchtigt werden. Die Wärmewirkung kann durch Strahlung, Konvektion oder Ableitung auf die Kabel bzw. Leitungen übertragen werden. Typischerweise ist hierbei darauf zu achten, dass

- Kabel und Leitungen nicht auf Warmwasser- oder Versorgungsleitungen aufliegen,
- Elektrowärmegeräte in einem ausreichenden Abstand angeordnet sind,
- Kabel und Leitungen nicht durch Verarbeitungsprozesse und in Bereichen von Abwärmekanäle o. Ä. angeordnet sind,
- Kabel und Leitungen keine wärmeleitenden Materialien berühren,
- Sonneneinwirkung oder umgebende Medien Wärme auf Kabel und Leitungen übertragen.

15.1.3 Alterung durch zu niedrige Temperaturen

Werden Kabel und Leitungen bei zu niedrigen Temperaturen verlegt, verfügt das Isolationsmaterial über eine geringere Elastizität. Dadurch entsteht eine Vorschädigung der Kabel und Leitungen. Aufgrund der Bewegung beim Verlegen entstehen Risse, die im Betrieb in Verbindung mit Schmutz und Feuchtigkeit ebenso Kriechstrecken bilden können. Sofern der Hersteller keine weiteren Angaben macht, dürfen Kabel und Leitungen

- bis $-40\,°C$ gelagert werden und
- bis $+5\,°C$ verlegt werden.

Die Gebrauchsdauer der Kabel und Leitungen hängt deshalb wesentlich von der Temperatur ab. Risse können jedoch im Rahmen der Prüfung schwer auf zu niedrige Temperaturen beim Verlegen zurückgeführt werden. Besteht insbesondere bei Erstprüfungen seitens des Prüfers ein Verdacht, dass die Mindesttemperaturen bei Lagerung und Verlegung unterschritten wurden, sollten genauere Untersuchungen, z. B. in Form der Lieferkettenverfolgung, erfolgen. Ob die Umgebungstemperaturen bei der Verlegung eingehalten wurden, darüber kann hier nur das Bautagebuch in Verbindung mit den örtlichen Gegebenheiten Aufschluss geben. In jedem Fall sollte der Prüfer in seinem Prüfbericht darauf hinweisen.

15.1.4 Auftreten von festen Fremdkörpern

Bei Besichtigung der Kabel- und Leitungsanlage ist darauf zu achten, dass feste Fremdkörper die Mäntel und Isolierungen der Kabel und Leitungen nicht unzulässig beeinträchtigen. Kabel und Leitungen müssen hierzu im errichteten Zustand die geforderte IP-Schutzart erfüllen. Die DIN VDE 0100-520 Beiblatt 1 empfiehlt eine Schutzart von mindestens IP2X. Hierbei ist insbesondere bei Einführung der Kabel und Leitungen in ein Gehäuse darauf zu achten, dass der Kabel- bzw. Leitungsmantel vollständig und mit einer geeigneten Leitungseinführung in das Gehäuse eingeführt ist. Andernfalls wäre zum einen die Schutzart der Kabel und Leitungen sowie die des Betriebsmittels nicht vorhanden. Zum anderen stellt der Leitungsmantel die zweite Isolierung zur Basisisolierung der Leiter dar, sodass hier auch die Schutzmaßnahme „Schutz durch doppelte oder verstärkte Isolierung" unwirksam wäre. Eine weitere Fehlerquelle sind auch unzureichend abgedichtete Abzweigdosen. Diese werden typischerweise auf Kabelpritschen gelegt und nicht befestigt.

Ein weiterer Aspekt ist die Ansammlung von Staub und ähnlichen Stoffen. Sammeln sich Stäube oder andere feste Körper in einer hohen Menge auf den Kabeln und Leitungen an, können sich brandgefährliche Wärmenester bilden.

15.1.5 Auftreten von Wasser

Das Auftreten von Wasser ist bei der Prüfung der Kabel- und Leitungsanlage zu berücksichtigen. Hierbei ist neben den Umgebungsbedingungen auch die mögliche Art der Reinigung mit Sprüh- und Strahlwasser zu berücksichtigen.

Bei offenen und geschlossenen Elektroinstallationssystemen ist die Ansammlung von Wasser zu prüfen. Erforderlichenfalls sind hier Maßnahmen zu treffen, dass Wasser ablaufen kann. Ebenso ist die Bildung von Kondenswasser zu berücksichtigen.

Auf dem Boden kann es zu Wasseransammlungen kommen. Bei Elektroinstallationssystemen, die als Sockelleiste gemäß der Referenzverlegart 6 / Tabelle 9 gemäß DIN VDE 0298-4 verlegt sind, sind die isolierten Leiter deshalb in einer Mindesthöhe von 10 mm über dem Fußboden zu verlegen.

15.1.6 Beschleunigte Alterung durch Sonneneinwirkung

Sind Kabel und Leitungen direkter und/oder indirekter UV-Strahlung ausgesetzt, führt dies zur Alterung der Isolation und reduziert damit die Gebrauchsdauer der Kabel- und Leitungsanlage. Besonderes Augenmerk ist insbesondere z. B. auf folgende Kabel und Leitungen im Freien zu richten:
- Lüftungsanlagen auf Dächern, Klimageräten o. Ä.,
- Photovoltaik-(PV)-Stromversorgungssysteme,
- Gewächshäuser in landwirtschaftlichen Betriebsstätten,
- ...

Mantelleitungen vom Typ NYM sind grundsätzlich nicht für die Verwendung unter Sonnenlicht geeignet. Diese Leitungen sind demnach im Freien durch Installationsrohre oder geschlossene Kabelkanäle zu schützen.

Die **Bilder 15.1** und **15.2** zeigen das Flachdach eines Gebäudes. Auf dem Flachdach sind Klimageräte aufgestellt. Hier wurde fälschlicherweise Mantelleitung vom Typ NYM offen verlegt.

Im Außenbereich ist auf die Auswahl der Befestigungsmittel hinsichtlich ihren zugelassenen Umgebungsbedingungen zu achten. In der Regel sind UV-beständige Installationsmaterialien aus Kunststoff schwarz. Bei schwarzen Kabelbindern und Kunststoffrohren kann in der Regel davon ausgegangen werden, dass diese gegen UV-Strahlung beständig sind. Bei grauen oder hellen Kunststoffen (**Bild 15.3**) sollte die Zulassung von Montagemitteln für die entsprechenden Einsatzzwecke hinterfragt werden. Die Eignung kann z. B. aus der Montage- und Bedienungsanleitung entnommen werden.

Bild 15.1 Klimageräte auf einem Flachdach

Bild 15.2 Leitung vom Typ NYM, die direkt auf dem Dach verlegt ist

Bild 15.3 Nicht-UV-beständiges Installationsmaterial im Außenbereich einer PV-Anlage

15.1.7 Vorschädigung der Isolation

Eine Vorschädigung der Isolation kann durch Verlegung bei zu niedrigen Temperaturen oder durch nicht fachgerechte Verlegung entstehen. Bei Kabeln und Leitungen mit starren Leitern darf gemäß DIN VDE 0100-520 Abs. 522.8.1.1 während der Verlegung eine Zugkraft von 50 N/mm² nicht überschritten werden.

Im Rahmen der Prüfung ist durch Besichtigen festzustellen, dass an den Kabel- und Leitungsmänteln keine sichtbaren Beschädigungen, z.B. durch Einkerbungen im Leitungsmantel oder Abtragungen längs zur Leitung, vorhanden sind. Die Verlegung über scharfe Kanten ist unzulässig (**Bilder 15.4** und **15.5**). Sind längs des Mantels leichte strichförmige Einkerbungen festzustellen, deutet dies höchstwahrscheinlich auf eine nicht fachgerechte Verlegung über scharfe Kanten hin. Der Sachverhalt ist im Prüfbericht als Mangel zu dokumentieren.

Typischerweise entstehen Vorschädigungen durch:
- scharfe Kanten in und auf Kabelpritschen, in Ständerwänden, Quetschungen,
- nicht fachgerecht verwendete Befestigungsmittel,
- nachträgliche Verlegung von Kabeln und Leitungen auf Kabelpritschen,
- Arbeiten durch andere Gewerke,
- unsachgemäße Handhabung.

Bild 15.4 Scharfkantige Leitungsführung über Profilbleche

Bild 15.5 Leitungen liegen auf scharfkantigen Konstruktionsteilen der Ständerwand auf

15.1.8 Einhaltung der Biegeradien

Durch Besichtigen ist die Einhaltung der Biegeradien festzustellen. Bei Biegung von Kabeln und Leitungen kommt es auf der Außenseite zu einer Zugbeanspruchung. Wird diese infolge eines zu geringen Biegeradius überschritten, stehen die auf der Außenseite angeordneten Leiter unter Zug, während die innenseitig angeordneten Leiter gestaucht werden. Durch die Beanspruchungen können Risse und Verformungen am Leiter entstehen. An dieser Stelle ist der elektrische Widerstand leicht erhöht. Durch den Betriebsstrom entstehen jedoch punktuell höhere Stromwärmeverluste, wodurch sich der Leiter an der Biegestelle erwärmt.

Bei der Verlegung ist darauf zu achten, dass bei der Biegung der zulässige Temperaturbereich nicht unterschritten ist und keine unzulässigen Hilfsmittel für die Biegung verwendet werden. Die Erwärmung des Kabels bzw. der Leitung mit einem Schweißbrenner oder einem Wärmegerät ist unzulässig. Ebenso dürfen keine scharfkantigen Hilfsmittel verwendet werden. Jeder Biegeradius sollte grundsätzlich die vom Hersteller angegebenen Mindestangaben nicht unterschreiten. Fest verlegte Leitungen dürfen die nach DIN VDE 0100-520 Abs. 521.10.3 angegebenen Biegeradien nicht unterschreiten (**Tabelle 15.1**).

Leitungen		kleinster Biegeradius in mm bei Leitungsdurchmesser			
		$D \leq 8$	$8 < D \leq 12$	$12 < D \leq 20$	$D > 20$
Leitungen mit starren Leitern	bei bestimmungsgemäßem Gebrauch		$4D$	$5D$	$6D$
	vorsichtiges Biegen		$2D$	$3D$	$4D$
Leitungen mit flexiblen Leitern	feste Verlegung		$3D$	$4D$	
	flexible Anwendung		$4D$	$5D$	$6D$
Leitungen mit flexiblen Leitern (thermoplastisch)	frei beweglich		$5D$	$6D$	
	an der Einführung ortsveränderlicher Geräte und Betriebsmittel ohne mechanische Belastung auf der Leitung		$5D$	$6D$	
	mechanisch belastet		$9D$	$9D$	$10D$
	girlandenförmig		$10D$	$11D$	$12D$
	bei wiederholten Wickelvorgängen		$7D$	$8D$	
	umgelenkt über Umlenkrollen		$10D$	$10D$	

Tabelle 15.1 Zulässige Biegeradien für fest verlegte Kabel und Leitungen. Werden die Biegeradien unterschritten, muss dies als Mangel im Prüfbericht vermerkt werden. (Teil 1/2)

Leitungen		kleinster Biegeradius in mm bei Leitungsdurchmesser			
		$D \leq 8$	$8 < D \leq 12$	$12 < D \leq 20$	$D > 20$
Leitungen mit starren Leitern	fest installiert	$3D$		$4D$	
	frei beweglich	$4D$		$5D$	$6D$
	an der Einführung ortsveränderlicher Geräte und Betriebsmittel ohne mechanische Belastung auf der Leitung	$4D$		$5D$	$6D$
	mechanisch belastet	$6D$		$6D$	$8D$
	girlandenförmig	$6D$		$6D$	$8D$
	bei wiederholten Wickelvorgängen	$6D$		$6D$	$8D$
	umgelenkt über Umlenkrollen	$6D$		$8D$	$8D$

– kleinster angegebener Biegeradius entspricht dem inneren Radius
– Festlegungen gelten für Leitertemperaturen von +20 °C/−10 °C
– entspricht dem Außendurchmesser und bei flachen Leitungen dem kleineren Außenmaß

Tabelle 15.1 Zulässige Biegeradien für fest verlegte Kabel und Leitungen. Werden die Biegeradien unterschritten, muss dies als Mangel im Prüfbericht vermerkt werden. (Teil 2/2)

Häufig sind Biegeradien auch auf die örtlichen Gegebenheiten und andere Gewerke bedingt. Können diese nicht eingehalten werden, sollten im Rahmen der Mangelbehebung alternative Kabelwege, das Versetzen der Installation anderer Gewerke oder die Verwendung von parallelen Leitern mit reduziertem Leiterquerschnitt und folglich mit geringeren zulässigen Biegeradien in Betracht gezogen werden.

15.1.9 Beispiel: Unterschreitung der Biegeradien

Bei Besichtigung der Kabel und Leitungsanlage lohnt sich auch der Perspektivwechsel. In den **Bildern 15.6** und **15.7** links sind drei Photovoltaik-(PV)-Wechselrichter abgebildet. Diese sind an einer Wand montiert. Unterhalb von jedem Wechselrichter sind die Überspannungs-Schutzgeräte der Gleichspannungsseite angeordnet. Die DC-Leitungen sowie die zur Haupterdungsschiene geführte Leitung sind von unten in das Gehäuse eingeführt.

Schaut man von der Seite auf die Kabel, wird schnell ersichtlich, dass die mittlere Leitung an der Innenseite der Biegung gestaucht ist. Demnach kann auch ohne Hilfe der Tabelle bzw. ohne Nachmessen des Biegeradius der Prüfer einen zu engen Biegeradius feststellen.

Bild 15.6 Biegeradien von PV-Wechselstromversorgungsleitungen

Bild 15.7 Biegeradien von PV-Wechselstromversorgungsleitungen

15.1.10 Nagetierfraß

Nagetiere können Kabel und Leitungen mechanisch beschädigen. Hier ist im Rahmen der Prüfung auf mögliche Beschädigungen durch Nagetiere zuachten. Hierbei sind zudem ergänzende Anforderungen z. B. nach DIN VDE 0100-705 bei landwirtschaftlichen Betriebsstätten zu berücksichtigen. Ist mit Beeinträchtigungen durch Nagetierfraß zu rechnen, müssen die Kabel und Leitungen entweder für die mechanische Beanspruchung geeignet sein oder sind durch zusätzlich konstruktive Maßnahmen zu schützen.

Geeignete Maßnahmen gegen Nagetierfraß können sein:
- Verwendung von Kabeln und Leitungen, die über einen erhöhten mechanischen Schutz verfügen (z. B. NYCWY),
- Auswahl eines geschützten Verlegeorts,
- Anbringung eines zusätzlichen mechanischen Schutzes durch ein Gitter, eine Umhausung o. Ä.

Bei Leitungen mit konzentrischem Schutzleiter kann der Nagetier- und mechanische Schutz entfallen, sofern das Kabel an der Speisestelle mit einer Fehlerstrom-Schutzeinrichtung (RCD) oder einer Differenzstromüberwachung (RCD) kontrolliert wird. Hier ist davon auszugehen, dass im Falle einer Beschädigung der konzentrische Schutzleiter vor Beschädigung eines Außenleiters beschädigt wird, sodass die RCD in jedem Fall auslöst.

15.1.11 Auftreten von korrosiven oder verschmutzenden Stoffen

Wasser und korrosive Stoffe beschleunigen die Alterung von Kabeln und Leitungen. Treten korrosive oder verschmutzende Stoffe auf, ist ein Zusammentreffen von Stoffen und Kabeln sowie die schädlichen Auswirkungen von chemischen Reaktionen zu verhindern. Verschmutzungen an Kabel- und Leitungsanlagen führen zu veränderten Umgebungsbedingungen und infolgedessen zu einer Reduzierung der Strombelastbarkeit I_z. Durch Staubablagerungen und Verschmutzungen kann die Wärme nicht gemäß der Auslegung der Verlegebedingungen an die Umgebung abgeführt werden, wodurch Wärmenester entstehen, die einen Brand verursachen können (siehe Band 1, Kapitel 27 *Schutzmaßnahmen gegen thermische Einflüsse*).

Zur Prüfung sollte dem Prüfer eine Stoffliste der innerhalb des Bereichs gelagerten oder verarbeiteten Stoffe vorliegen. Diese sollte im Zweifelsfall mit den Datenblättern der Kabel und Leitungen hinsichtlich der Stoffverträglichkeit abgeglichen werden.

Wird im Rahmen der Prüfung festgestellt, dass die Kabel und Leitungen nicht mit den gelagerten oder verarbeiteten Stoffen verträglich sind, sind zum Beispiel folgende Maßnahmen zu veranlassen:

- Anbringung von schützenden Bändern um die Kabel,
- Kabelanstriche,
- Einfetten der Kabel und Leitungen.

In jedem Fall sollte der Prüfer bei Feststellung der Abweichung darauf hinweisen, dass vor Durchführung der Maßnahmen die Zustimmung des Kabelherstellers einzuholen ist.

Sind unterschiedliche Metalle vorhanden, die elektrolytisch reagieren können, dürfen diese, sofern keine besonderen Maßnahmen getroffen sind, keinen Kontakt zueinander haben. Gleiches gilt für Werkstoffe, die wechselseitig oder individuell eine Verschlechterung ihrer Eigenschaften oder eine gefährliche Reduzierung ihrer Güte verursachen können.

15.2 Auswahl der Befestigungsmittel

15.2.1 Befestigungsmittel für fest verlegte Leitungen

Leitungen sind in geeigneter Weise zu befestigen. Die Wahl der Befestigungsmittel muss für die Art der Kabel und Leitungen geeignet sein. Zu beachten sind hier insbesondere die möglichen mechanischen Beanspruchungen. Äußere Beanspruchungen sind z. B. Wind, Vibrationen, Schwingungen etc. Bei inneren Beanspruchungen handelt es sich um die Kräfte, die bei Kurzschlussströmen verursacht werden. Im Rahmen der Prüfung sind beide Aspekte zu berücksichtigen.

Die Kabel und Leitungen dürfen durch die Befestigungsmittel weder unzulässig mechanisch beschädigt werden noch dürfen sich diese durch innere und äußere dynamische Beanspruchung in unzulässigem Ausmaß bewegen (**Tabelle 15.2**).

- Bei einadrigen Leitungen, die dynamischen Kräfte durch Kurzschlussströmen ausgesetzt sein können, sind die Befestigungsabstände nach den Herstellerangaben zu beachten.
- Mäntel und Isolierungen von Leitungen können während der Betriebsdauer verspröden. Die Leitungen dürfen demnach, sofern der Hersteller keine Abweichungen zulässt, nicht in Wasser verlegt werden.

Außendurchmesser D der Leitungen in mm	maximale Abstände der Befestigung in mm	
	waagerecht	senkrecht
$D \leq 9$	250	400
$9 < D \leq 15$	300	400
$15 < D \leq 20$	350	450
$20 < D \leq 40$	400	550

Tabelle 15.2 Maximale Abstände der Befestigungsmittel von horizontal und vertikal verlegten Kabeln und Leitungen

15.2.2 Befestigungsmittel für flexible Leitungen in ortsfesten Anlagen

Flexible Leitungen sind für den Anschluss aller ortsveränderlichen Betriebsmittel zu verwenden. Im Vergleich zu Leitungen für feste Verlegung ist zwischen der Art der Anschlüsse zu unterscheiden. Für flexible Leitungen, die Betriebsmittel über Steckvorrichtungen versorgen, gelten die entsprechenden Anforderungen aus den Produktnormen. Werden über flexible Leitungen Betriebsmittel über einen festen Anschluss betrieben, sind die Anforderungen hinsichtlich der Abschaltbedingungen nach DIN VDE 0100-410 sowie der maximale Spannungsfall nach DIN VDE 0100-520 zu beachten. Hier sind die Leitungslängen auch aufgrund möglicher mechanischer Beschädigungen so gering wie möglich zu halten.

Die flexiblen Leitungen sind entsprechend der zu erwartenden Beanspruchung für den Einsatzzweck auszuwählen (siehe VDE 0298-561-1 Anhang B Einteilung der Beanspruchungen).

Flexible Leitungen sind an der Anschlussstelle mit geeigneten Schellen bzw. Befestigungsmitteln gegen Zugbeanspruchungen zu schützten. Hier ist darauf zu achten, dass auf den Anschlussklemmen die Leiter nicht unter Zugbeanspruchungen stehen. Aus Gründen des Schutzes gegen elektrischen Schlag darf bei Abriss der Leiter auf der Klemme der Schutzleiterkontakt nicht von den aktiven Leitern aus den Klemmen abreißen. Deshalb muss der Schutzleiter in der Anschlussdose länger sein als die aktiven Leiter.

Flexible Leitungen dürfen grundsätzlich nicht für feste Verlegung verwendet werden. Ausgenommen hiervon sind
- flexible Leitungen für die Versorgung fest installierter Betriebsmittel, wenn diese mindestens für „mittlere Beanspruchung" geeignet sind,
- flexible Leitungen für die Versorgung in provisorischen Gebäuden, wie Container o. Ä., wenn diese mindestens für „schwere Beanspruchung" geeignet ist.

Die Verlegung von flexiblen Leitungen unter Putz ist grundsätzlich unzulässig.

15.2.3 Leiter mit ferromagnetischer Umhüllung

In Wechselstromkreisen müssen Leiter in ferromagnetischer Umhüllung so angeordnet werden, dass sich alle Leiter in derselben Umhüllung befinden.

Sind Einleiterkabel durch ferromagnetische Umhüllungen oder z. B. Bügelschellen geführt, verstärkt das Eisen des geschlossenen magnetischen Kreises das durch den Strom im Leiter hervorgerufene Magnetfeld um den Leiter. Durch die Magnetisierung des Werkstoffs erhöht sich die magnetische Flussdichte aufgrund der Permeabilität. Das Material erwärmt sich. Stahlschellen sind deshalb nur erlaubt, wenn diese alle einadrigen Kabel eines Stromkreises umschließen.

Kabel und Leitungen sind deshalb so durch ferromagnetische Werkstoffe zu führen, dass sich um die Leiter das Magnetfeld aufhebt. Dies kann erreicht werden, indem alle Leiter (Einleiterkabel) durch Bündelung und Befestigung mit einer gemeinsamen Schelle erreicht werden (**Bild 15.8**). Andernfalls sind nicht ferromagnetische Befestigungsmittel (z. B. Bügelschellen aus Aluminium oder Kunststoffschellen) zu verwenden (**Bild 15.9**).

Im Rahmen der Prüfung ist festzustellen, dass

▌ Kabel und Leitungen an der Einführstelle von Verteilern und Umhüllungen aus ferromagnetischen Werkstoffen so angeordnet sind, dass alle Leiter im Bündel gemeinsam in den Verteiler geführt sind. Dies kann zum Beispiel mit nicht ferromagnetischen Blechen erreicht werden (**Bild 15.10**) und dass

▌ Einleiterkabel und Leitungen mit Stahlarmierungen oder Metallummantelung nicht für Wechselstromkreise verwendet werden.

Bild 15.11 zeigt den unteren Anschlussraum einer Energie-Schaltgerätekombination, in die von unten Einleiterkabel durch eine längliche Öffnung eingeführt sind. Durch die längliche Öffnung sind die einzelnen Einleiterkabel gemeinsam durch eine Öffnung geführt, sodass sich die Magnetfelder der einzelnen Leiter aufheben.

Bild 15.8 Leitungsdurchführung durch ein Blech aus nicht ferromagnetischem Stoff

Bild 15.9 Einleiterkabel, die mit Bügelschellen aus Aluminium einzeln befestigt sind

15.2 Auswahl der Befestigungsmittel

Bild 15.10 Durchführung von Einleiterkabeln in ein ferromagnetisches Verteilergehäuse

Bild 15.11 Von Außen in ein ferromagnetisches Verteilergehäuse eingeführtes Einleiterkabel

Fachbücher, E-Books und WissensFächer für das Elektrohandwerk

Das volle Programm rund um die Uhr online bestellen: **shop.elektro.net**

 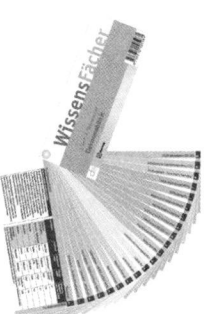  

Gleich im Buch-Shop bestellen!
shop.elektro.net

Ihre Bestellmöglichkeiten auf einen Blick:

- Fax: +49 (0) 89 2183-7620
- E-Mail: buchservice@huethig.de
- Web-Shop: shop.elektro.net

 Hier Ihr Fachbuch direkt online bestellen!

Hüthig GmbH, Im Weiher 10, D-69121 Heidelberg

16 Systeme nach Art der Erdverbindung

16.1 TN- und TT-System mit Mehrfacheinspeisung

Liegt ein TN- oder TT-System mit Mehrfacheinspeisung vor, ist eine direkte Verbindung von den Stromquellen (Transformator oder Generator) zur Erde unzulässig. Der Sternpunkt beider parallel einspeisenden Stromquellen muss an einem zentralen Punkt mit dem Schutzleiter in der Niederspannungshauptverteilung verbunden werden. Durch Besichtigen ist festzustellen, dass der zentrale Erdungspunkt (ZEP) in der Hauptverteilung vorhanden, fest angeschlossen und als solcher gekennzeichnet ist (**Bilder 16.1 und 16.2**). Fehlt die Kennzeichnung, ist dies als Mangel aufzuführen.

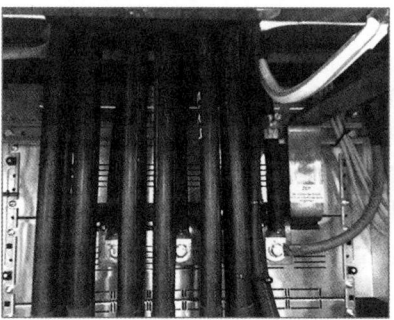

Bild 16.1 ZEP in einer Hauptverteilung   Bild 16.2 ZEP in einer Hauptverteilung

16.2 PEN-Leiter in TN-Systemen

Der PEN-Leiter ist aus dem Sternpunkt der Stromquelle (Niederspannungsseite des Transformators) herausgeführt. Er erfüllt seitens der Einspeisung in einem TN-C-System zugleich die Funktion eines Schutzerdungsleiters und eines Neutralleiters. Im Gegensatz zu Neutralleitern und Außenleitern ist der PEN-Leiter kein aktiver Leiter.

Bei Abriss des PEN-Leiters liegt im fehlerfreien Betrieb an Körpern und fremden leitfähigen Teilen eine Berührungsspannung an.

16.2.1 Auftrennung des PEN-Leiters

Im TN-System ist eine Auftrennung des PEN-Leiters in PE- und N-Leiter ab der Einführung in das Gebäude an der Stelle, an der die Verbindung zur Haupterdungsschiene und damit zur Erdungsanlage hergestellt wird, erforderlich. In einem TN-System ist der PEN-Leiter unmittelbar nach der Einführung in das Gebäude an der Einspeisestelle in Neutralleiter und Schutzleiter aufzutrennen und über die Haupterdungsschiene mit der Erdungsanlage des Gebäudes zu verbinden.

Die Auftrennung des PEN-Leiters darf an folgenden Stellen erfolgen:

- Innerhalb des Gebäudes:
  - im Hausanschlusskasten,
  - in der Hauptverteilung,
  - im netzseitigen Anschlussraum des Zählerschranks.
- Außerhalb des Gebäudes muss die Auftrennung im Hausanschlusskasten, in einem Zählerschrank, der in oder an der Gebäudeaußenwand angebracht ist und in N- und PE-Leiter erfolgen.
- Bei Gebäuden mit Dachständeranschluss muss die Auftrennung an der erstmöglichen Stelle im Gebäude erfolgen.

(Anschlussbeispiele im Hauptstromversorgungssystem sind in VDE-AR-N 4100 in Anhang D, Bild D.1 bis Bild D.4 dargestellt.)

Der PEN-Leiter des öffentlichen Stromversorgungsnetzes darf seitens der Kundenanlage nicht als Erdungsleiter für Schutz- und Funktionszwecke verwendet werden. Der PEN-Leiter muss für den Netzanschluss zum Netzanschluss in einem TN-System in gemeinsamer Umhüllung der Hauptleitung mitgeführt werden.

Die Hauptleitung ist von unten, von hinten oder seitlich in den netzseitigen Anschlussraum des Hausanschlusskastens einzuführen. Die Einführung der Hauptleitung von oben ist u. a. aufgrund des Erhalts der Schutzart des Anschlussgehäuses unzulässig.

16.2.2 PEN-Leiter in Kundenanlagen

Innerhalb von Kundenanlagen muss der PEN-Leiter den Anforderungen nach DIN VDE 0100-540 Abs. 543.4 entsprechen. Demnach dürfen PEN-Leiter ausschließlich in fest installierten elektrischen Anlagen verwendet werden.

Reist der PEN-Leiter ab, steht an Körpern und fremden leitfähigen Teilen im fehlerfreien Betrieb eine Berührungsspannung an. Dies gilt es zu verhindern. Demnach dürfen im PEN-Leiter keine Schalter, Schutzeinrichtungen oder Trennklemmen etc. eingebaut sein.

Aus mechanischen Gründen müssen PEN-Leiter über mindestens folgende Leiterquerschnitte verfügen:

- 10 mm^2 Kupfer,
- 16 mm^2 Aluminium.

Der PEN-Leiter muss für die Bemessungsspannung des Außenleiters isoliert sein. Demnach darf der PEN-Leiter nicht direkt auf eine mit Erde verbundene Klemme im Verteiler geführt werden, sondern muss auf eine isolierte Klemme geführt werden. Grundsätzlich dürfen Körper, fremde leitfähige Teile sowie metallene Umhüllungen von Kabeln und Leitungen nicht als PEN-Leiter verwendet werden. Schienenverteiler in Übereinstimmung mit DIN EN 60439-2 (VDE 0660-502) und Stromschienensysteme in Übereinstimmung mit DIN EN 61534-1 (VDE 0660-100) sind hiervon ausgenommen.

Der Leiterquerschnitt des PEN-Leiters darf gemäß der Auslegung nach DIN VDE 0100-430 reduziert werden, sofern der größte Betriebsstrom die zulässige Strombelastbarkeit nicht überschreitet und in den Außenleitern der Schutz bei Kurzschluss sichergestellt ist oder der PEN-Leiter über eine Überstromerfassung verfügt, die auf einen Schaltkontakt wirkt, der alle Außenleiter gleichzeitig abschaltet. Aufgrund nichtlinearer Verbraucher sowie unsymmetrischen Lastverteilungen sollte allerdings von der Reduzierung den PEN-Leiters grundsätzlich abgesehen werden.

16.2.3 Beispiel: PEN-Leiter entspricht nicht dem Mindestquerschnitt

Ein Unterverteiler wurde im Rahmen von Sanierungsarbeiten erneuert. Vom Tausch der Verteilerzuleitung mit einem Leiterquerschnitt wurde abgesehen. Die Zuleitung zum Verteiler ist als TN-C-System ausgeführt. Der Abgriff des Schutzleiters erfolgt zum einen über die Hutschiene und zum anderen die grün-gelb markierten Leiter der internen Verdrahtung. Der Abgriff des N-Leiters erfolgt über eine Brücke zur blauen Klemme.

Im Rahmen der Prüfung wurde festgestellt, dass die Zuleitung einen Leiterquerschnitt von 6 mm^2 Kupfer besitzt. Im Rahmen des Sanierungsprojekts wurden die elektrische Anlage und die Räume von Grund auf erneuert. Die wiederverwendete Verteilerzuleitung ist somit als Teil der neu errichteten Verteilung zu betrachten. Somit hätte der Errichter die Erfordernis einer Anpassung überprüfen müssen.

16.2.4 Anschluss des PEN-Leiters

Grundsätzlich ist der PEN-Leiter mit der Schiene oder Klemme zu verbinden, die für den Schutzleiter vorgesehen ist. Ist für den PEN-Leiter eine bestimmte Schiene oder Anschlussklemme vorgesehen, ist dieser dort anzuschließen (**Bild 16.3**).

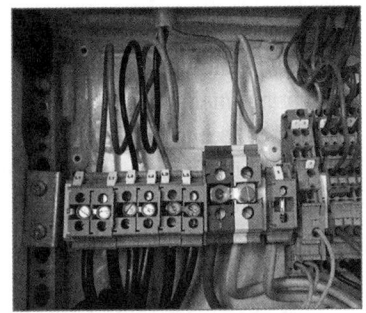

16.2.5 Kennzeichnung des PEN-Leiters

Bild 16.3 Beispiel: Anschluss mit einer Leitung vom Typ NYM 4 x 4 mm² einer Niederspannungs-Schaltgerätekombination mit einem TN-C-System

Der PEN-Leiter muss im gesamten Verlauf eines Kabels oder einer Leitung in der Farbkombination Grün-Gelb gekennzeichnet und an den Enden mit einer blauen Markierung versehen sein (siehe Abschnitt 11.2 *Farbkennzeichnung von PEN-Leitern*). In Industrieanlagen und öffentlichen Verteilnetzen darf die blaue Markierung an den Enden entfallen. In einigen Ländern der CENELEC ist eine blaue Markierung des PEN-Leiters im gesamten Verlauf und eine grün-gelbe Markierung an den Leiterenden erlaubt. Diese Variante ist in Deutschland allerdings unzulässig.

16.3 Zusammenführung von N- und PE-Leitern nach der Auftrennung in einem TN-C-S-System

In einem TN-System ist nach der Auftrennung des PEN-Leiters in N-Leiter und Schutzleiter ein Zusammenführen unzulässig. Ebenso darf der Neutralleiter weder direkt oder indirekt mit Erde verbunden werden. Häufig werden in Verteilungen oder in Abzweigdosen versehentlich oder aufgrund Unwissenheit Leiter zusammengeführt. Durch die Zusammenführung von N-Leiter und Schutzleiter kommt es betriebsmäßig zu einer Stromaufteilung an der Verbindungsstelle. Dort teilen sich die Betriebsströme entsprechend der Knotenregel auf, sodass ein Teil des Stroms über die unzulässige Verbindung über das Schutzleitersystem zum Sternpunkt der Stromquelle zurückfließt.

Damit können betriebsmäßig hohe Ausgleichsströme, die sogenannten vagabundierenden Ströme, über das Schutzleitersystem fließen, wodurch die

16.3 Zusammenführung von N- und PE-Leiter nach der Auftrennung in einem TN-C-S-System

Potentialgleichheit innerhalb des Gebäudes bzw. eines Schutzleitersystems nicht sichergestellt ist. Diese Ausgleichsströme über die unzulässige Verbindung von N-Leiter und Schutzleiter können zudem die Stromtragfähigkeit des N-Leiters und der Schutzleiter übersteigen und damit Brände verursachen.

Bild 16.4 zeigt ein TN-C-S-System. Zur Veranschaulichung wurden lediglich die für die Betrachtung relevanten Impedanzen eingezeichnet. Auf den induktiven Anteil der Impedanzen wird im Beispiel aufgrund der Übersichtlichkeit verzichtet. Die waagrechten Widerstände (N1, N2, N3 und PE1, PE2, PE3) stellen die unterschiedlichen Abschnitte der Stromschiene einer Hauptverteilung dar. Am PEN-Leiter sind Neutralleiter und Schutzleiter der Stromschiene angeschlossen, sodass die Auftrennung in ein TN-C-S-System an der Einspeisestelle des Stromversorgungssystems erfolgt.

N- und PE-Leiter des ersten und zweiten Abschnitts sind als N1 und PE1 bzw. N2 und PE2 bezeichnet. Zwischen dem ersten und dem zweiten Abschnitt der Stromschiene ist die Zuleitung des Verteilerstromkreises Nr. 1 angeschlossen. An einem Endstromkreis des Verteilerstromkreises befindet sich, wie es in der Praxis häufig festzustellen ist, in einer Abzweigdose eine unzulässige Klemmverbindung zwischen N- und PE-Leiter. Die Widerstände des Neutralleiters und des Schutzleiters bis zur Klemme sind als R_{N12} und

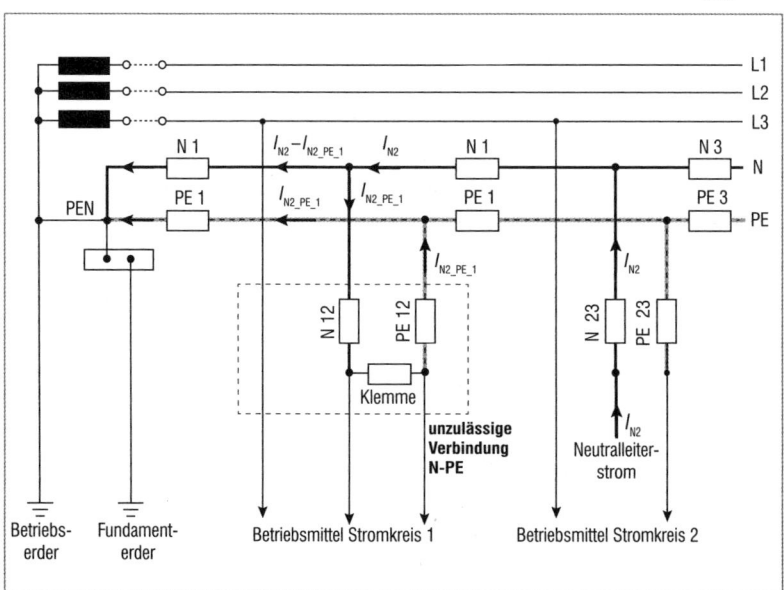

Bild 16.4 Neutralleiterstrom bei Zusammenführen des N- und PE-Leitern in einem TN-C-S-System

R_{PE12} bezeichnet. Im zweiten Abschnitt der Stromschiene ist ein weiterer Verteilerstromkreis (Betriebsmittel Stromkreis Nr. 2) angeschlossen. Das Betriebsmittel im Stromkreis Nr. 2 führt einen Neutralleiterstrom. Dieser kann aus unsymmetrischen Verbrauchern, nicht linearen symmetrischen Verbrauchern oder anderen Schieflasten resultieren. Bild 16.4 zeigt, dass der Neutralleiterstrom von Stromkreis Nr. 2 über den Leitungswiderstand, hier als N23 bezeichnet, zurück zur Stromschiene fließt. Bei korrekter Verdrahtung des Stromkreises Nr. 1 würde der Neutralleiterstrom über die Stromschiene (N3, N2, und N1) zum Punkt der Auftrennung des PEN-Leiters in N- und PE-Leiter zurückfließen. Wäre der Stromkreis Nr. 1 in Betrieb, würden sich die Betriebsströme in PE12 und N12 mit dem Teilstrom $I_{N2,PE1}$ überlagern.

Durch die unzulässige Klemme zwischen N und PE im Stromkreis Nr. 1 teilt sich der Neutralleiterstrom von Stromkreis Nr. 2 am Anschlusspunkt des Neutralleiters von Stromkreis Nr. 1 an der N-Schiene im Verteiler auf. (**Bild 16.5**) Ein Teilstrom $(I_{N2} - I_{N2,PE1})$ fließt über N1 zurück, während der andere Teil $(I_{N2,PE1})$ über den Neutralleiter, die Klemmverbindung und den Schutzleiter von Stromkreis Nr. 1 zum Schutzleiter der Stromschiene zurückfließt.

Der Teilstrom über die Klemme ergibt sich über den Stromteiler:

$$I_{IN2,PE1} = I_{IN2} \cdot \frac{Z_{N1}}{Z_{N1} + Z_{N12} + R_{Klemme} + Z_{PE12} + Z_{PE1}}$$

Aus der Formel ist im Nenner des Bruchs zu erkennen, dass der Strom $I_{N2,PE1}$ im Neutralleiter (N12), über die Klemmverbindung und den Schutzleiter des Stromkreises PE12 über den ersten Abschnitt der Sammelschiene zum Sternpunkt des Stromversorgungssystems zurückfließt.

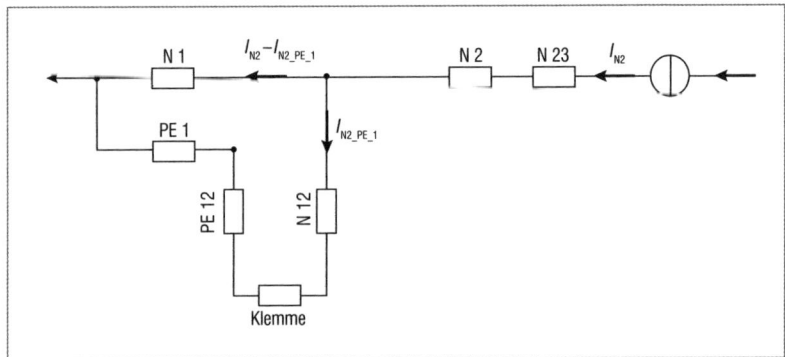

Bild 16.5 Neutralleiterstrom bei Zusammenführen der N- und PE-Leiter in einem TN-C-S-System (Ersatzschaltbild)

Wäre keine Verbindung zwischen N- und PE-Leiter im Stromkreis vorhanden, wäre laut der Formel der Widerstand der Klemme „unendlich", sodass der Neutralleiterstrom von Stromkreis Nr. 2 bestimmungsgemäß über den ersten Abschnitt der N-Schiene (N1) zum Sternpunkt des Stromversorgungssystems zurückfließen würde.

Der Strom über den Stromkreis mit der unzulässigen Klemmverbindung birgt folgende mögliche Gefährdungen:

- Im Betrieb wird, je nach Aufteilung der Strompfade und Höhe des Neutralleitermesstroms I_{N1}, die Strombelastbarkeit I_Z des Stromkreises mit der unzulässigen Klemmverbindung zwischen N- und PE-Leiter überschritten.

- Durch die Impedanzen der Leitungen und Überlagerung der Betriebsströme führt der Schutzleiter unzulässigerweise Betriebsströme, die Potentialunterschiede im Schutzleitersystem verursachen (siehe Kapitel 14 *Beurteilung der Maßnahmen gegen elektromagnetische Störungen* und Band 1, Kapitel 13 *EMV-Richtlinie*).

- In Stromkreisen ohne Fehlerstrom-Schutzeinrichtungen oder Differenzstrom-Überwachungseinrichtungen sowie Stromkreise ohne Überlastschutzeinrichtung im Neutralleiter kann der Fehler nicht erkannt werden.

Im Rahmen der Prüfung ist deshalb festzustellen, dass Neutral- und Schutzleiter nach der Auftrennung in ein TN-C-S-System nicht zusammengeführt sind. Hierzu sind die Klemmverbindungen in den Verteilungen, den Abzweigdosen und den Anschlusskästen der Betriebsmittel zu besichtigen. Als typische Fehlerquellen kommen in der Praxis diese Klemmverbindungen in Abzweigdosen aufgrund von Verdrahtungsfehlern vor. Neben dem Besichtigen ist die Messung des Isolationswiderstands eine Möglichkeit, solche Mängel zu erkennen. Wird bei der Isolationsmessung des Stromkreises (siehe Abschnitt 24.2 *Isolationsmessung*) zwischen dem Neutralleiter und dem Schutzleiter eine niederimpedante Verbindung im Bereich von 0 Ω bzw. wenigen mΩ gemessen und sind die Neutralleitertrennklemmen geöffnet, deutet dies in neuen Anlagen im Rahmen der Erstprüfung ebenso darauf hin. Im Rahmen der wiederkehrenden Prüfung kann die niederimpedante Verbindung auch durch angeschlossene Betriebsmittel resultieren. Isolationsfehler in diesem Messwertbereich können, sofern die Messungen zwischen den Außenleitern zu Erde und die Messungen zwischen den Außenleitern deutlich darüber liegen, ausgeschlossen werden.

16.4 Beispiel: Verschiedene Netzformen

Das folgende Beispiel (**Bild 16.6**) zeigt die Netzanschlussklemmen eines Verteilers im Freien auf einem Campingplatz. Die Zuleitung (Anschluss von unten) ist mit vier Leitern mit einem Leiterquerschnitt von 70 mm² Kupfer ausgeführt. Der grün-gelb gekennzeichnete Leiter ist an einer Klemme mit der Beschriftung „PEN" angeschlossen. Von der als „PEN" gekennzeichneten Klemme ist eine blau gekennzeichnete Leiterverbindung auf die blauen Klemmen ersichtlich. Neben den

Bild 16.6 Anschlussklemmen einer Niederspannungs-Schaltgerätekombination auf einem Campingplatz ohne Verbindung des Schutzleiters der internen Verdrahtung zum PEN-Leiter der Zuleitung

Netzanschlussklemmen ist ein PA-Leiter an einer separaten Schutzleiterklemme angeschlossen. Im Prüfprotokoll des Errichters ist die Netzform TN-C-S ausgewiesen.

Durch Messung der Durchgängigkeit der Leiter konnte nicht festgestellt werden, dass die mit „PEN" gekennzeichnete Klemme niederimpedant mit der PA-Klemme und den Hutschienen verbunden sind. Damit liegt entgegen der im Inbetriebnahmeprotokoll ausgewiesenen Netzform kein TN-C-S-System, sondern ein TT-System vor.

Im Prüfbericht des Sachverständigen wurde demnach die falsch ausgewiesene Netzform bemängelt. Da die Endstromkreise einzeln mit Fehlerstrom-Schutzeinrichtungen mit einem Bemessungsfehlerstrom von 30 mA eingesetzt sind und die gemessenen Fehlerschleifenimpedanzen und Schutzleiterverbindungen auch die Abschaltbedingungen für ein TT-System erfüllen, wurde hier die falsche Netzform bemängelt.

Im Rahmen der ersten Nachprüfung wurde der Verteiler wie in **Bild 16.7** gezeigt vorgefunden. Im Vergleich zur ersten Prüfung wurde die mit „PEN" gekennzeichnete Klemme durch eine zweifache Klemme ersetzt und der PA-Leiter daran angeschlossen. Die zuvor grün-gelb markierte Klemme mit niederimpedanter Verbindung, an der zuvor der PA-Leiter angeschlossen war, wurde auf die mittlere Hutschiene versetzt und die Schutzleiter der internen Verteilerverdrahtungen dort angeschlossen.

16.4 Beispiel: Verschiedene Netzformen

Da die mit „PEN" gekennzeichneten Klemmen keine niederimpedante Verbindung zum Rahmen und den Hutschienen ausweisen und der PA-Leiter ebenso isoliert gegenüber dem Rahmen angeschlossen ist, sind nun die Schutzleiter der Endstromkreise nicht mehr mit Erde verbunden. Die fehlenden Schutzleiterverbindungen wurden im Rahmen der ersten Nachprüfung als erheblicher Mangel aufgenommen.

Im Rahmen der zweiten Nachprüfung wurde die Verteilung vorgefunden (**Bild 16.8**).

Die Zuleitung liegt in der Netzform TN-C vor. Der PEN-Leiter ist auf der rechten (grünen) isolierten Klemme angeschlossen. In der internen Verdrahtung des Verteilers sind nun an der PE(N)-Klemme ein Neutralleiter und ein Schutzleiter angeschlossen. Der Schutzleiter ist an der oberen Schutzleiterklemme angeschlossen und damit über die Hutschiene niederimpedant mit dem Rahmen verbunden, sodass zum einen die im Inbetriebnahmeprotokoll ausgewiesene Netzform/TN-C-S vorliegt und zum anderen die Schutzleiter der Endstromkreise über die Hutschiene niederimpedant mit dem Schutzleiter verbunden sind.

Bild 16.7 Anschlussklemmen einer Niederspannungs-Schaltgerätekombination auf einem Campingplatz ohne Verbindung des Schutzleiters zum Anlagenerder und PEN-Leiter der Zuleitung

Bild 16.8 Anschlussklemmen einer Niederspannungs-Schaltgerätekombination auf einem Campingplatz mit Verbindung des Schutzleiters der internen Verdrahtung zum PEN-Leiter der Zuleitung und zum Anlagenerder

das elektrohandwerk
www.elektro.net

Wichtige Grundlagen

Prüfer, Sachverständige, Gutachter, Planer und Betreiber erhalten in Band 1 einen Überblick über die Planungsgrundlagen elektrischer Anlagen.

Diese Themen sind u.a. enthalten:
- Raumarten und Aufstellorte,
- Gefahren des elektrischen Stromes,
- Schutzarten von Betriebsmitteln,
- Qualifikationen von Personen,
- Gesetzespyramide (europäisches Recht, Regeln der Technik und Stand der Technik),
- Normen und VDE-Bestimmungen,
- Risikobeurteilung,
- Unterscheidung Maschine und Anlage,
- Bestandsschutz und Anpassung.

Ihre Bestellmöglichkeiten auf einen Blick:

Hier Ihr Fachbuch direkt online bestellen!

Fax: +49 (0) 89 2183-7620

E-Mail: buchservice@huethig.de

Web-Shop: shop.elektro.net

Hüthig GmbH, Im Weiher 10, D-69121 Heidelberg
Tel.: +49 (0) 800 2183-333

17 Schutz gegen direktes Berühren

Grundsätzlich muss der Schutz bei direktem Berühren vorhanden und wirksam sein.
Die grundsätzlichen Anforderungen an den Schutz gegen direktes Berühren gemäß DIN VDE 0100-410 Anhang A wurden bereits in Band 1 Abschnitt 25.2 umfassend erläutert.
Im Rahmen von Erstprüfungen ist darauf zu achten, dass die Abdeckungen der Betriebsmittel vollständig und bestimmungsgemäß angebracht sind und keine Beschädigungen aufweisen. Das Gleiche gilt für wiederkehrende Prüfungen. Hier ist zudem ein besonderer Augenmerk auf Verschleißerscheinungen durch äußere Einflüsse zu legen. Fehlt der Schutz gegen direktes Berühren oder ist dieser unzureichend an aktiven Teilen vorhanden, ist dies als erheblicher oder gefährlicher Mangel einzustufen.
Es sind folgende Aspekte zu beachten:
- aktive Teile von Betriebsmitteln dürfen nicht durch fehlende oder beschädigte Abdeckungen zugänglich sein,
- Schutz gegen direktes Berühren an Verteilern muss sichergestellt sein,
- der Berührungsschutz um Bedienelemente muss sichergestellt sein,
- Schutz gegen direktes Berühren an Stromschienen muss vorhanden sein,
- direktes Berühren an Klemmen muss verhindert werden,
- beschädigte Isolationen von Kabeln und Leitungen sind auszutauschen,
- freie Leitungsenden sind zu isolieren bzw. fachgerecht in eine Anschlussdose einzuführen,
- Lampenfassungen und Sicherungen sind versorgungsseitig am Fußkontakt anzuschließen.

17.1 Abdeckungen von Betriebsmitteln

Im Rahmen der Besichtigung ist zu prüfen, ob alle Abdeckungen an Verteilern und Betriebsmitteln bestimmungsgemäß angebracht sind und keine Verformungen oder Beschädigungen aufweisen (**Bild 17.1**). Hierbei sind u. a. folgende Betriebsmittel zu besichtigen:
- Verteilerabdeckungen,
- ortsfeste elektrische Betriebsmittel,

▌ Leuchten,
▌ Schalter und Steckdosen,
▌ Kabel und Leitungen.

17.1.1 Beispiel: Verteiler in Verkehrswegen

In der Praxis tritt dieser Mangel vermehrt bei Betriebsmitteln und Verteilern in Verkehrswegen und bei erhöhten Anforderungen an die Umgebungsbedingungen auf. Hier sollte im Prüfbericht auch ein Hinweis über die Abstellung des Mangels ausgenommen werden. Hierzu kann der Betreiber beispielsweise durch Anbringen eines Rammschutzes o. Ä. Schäden zukünftig vermeiden (**Bild 17.2**).

Bild 17.1 Lose Verteilerabdeckung in einem Zementwerk

Bild 17.2 Niederspannungs-Schaltgerätekombination mit zusätzlichem mechanischen Schutz einer Logistikhalle mit Staplerverkehr

17.1.2 Beispiel: Steckdosen in Kindertageseinrichtungen

In Schulen und Kindertageseinrichtungen sind in der Praxis vermehrt Beschädigungen an Steckdosen im Bereich der Spielecken festzustellen. Dies ist zum einen auf die davor gelagerten Spielekisten zurückzuführen, die von Kindern beim Spielen bewegt werden (**Bild 17.3**). Zum anderen sind sich Kinder im Kindergarten- und Grundschulalter nicht über die Gefahren des elektrischen Stroms bewusst, sodass grundsätzlich der Stromkreis bis zur fachgerechten Instandsetzung abgeschaltet werden sollte.

Bild 17.3 Beispiel: Spielecke in einer Kindertagesstätte

17.2 Direktes Berühren innerhalb von Verteilern

17.2.1 Schutzart

Verteiler sind hinsichtlich des Schutzes gegen direktes Berühren vom Nutzer zu unterscheiden. An Verteilungen ist der Schutz gegen direktes Berühren der Abdeckungen durch Feststellung der Schutzart festzustellen. Verteiler müssen mindestens der Schutzart IP2X oder IPXXB entsprechen. Verteiler im Bereich von Laien müssen mindestens der Schutzart IPXXC entsprechen. Damit darf der Schutz im Bereich von Laien ausschließlich mit Schlüssel oder Werkzeugen entfernt werden.

17.2.2 Schutz vor mechanischer Beschädigung

Zum Schutz vor mechanischen Beschädigungen müssen Verteiler im Anwendungsbereich der DIN VDE 0100-718 (öffentliche und gewerbliche Bereiche) entweder in separaten Räumen untergebracht sein, oder durch zusätzliche Maßnahmen entsprechend mechanisch geschützt werden.

Der Zugang durch unbefugte Personen darf nicht möglich sein. Folglich ist es erforderlich, dass die Räume mit einem geeigneten Schließsystem ausgestattet werden oder dass die Verteiler mittels eines Schließsystems, beispielsweise eines Doppelbartschlüssels o. Ä., vor unbefugtem Zugang geschützt werden.

Verteiler in Arbeitsstätten und öffentlich zugänglichen Bereichen im Anwendungsbereich der DIN VDE 0100-718 müssen

- den Normen der Reihe DIN EN 60439 (VDE 0660) entsprechen,
- Installationskleinverteiler müssen die Anforderungen der Norm DIN VDE 0603-1 (VDE 0603-1) erfüllen und
- Gehäuse für zentrale Stromversorgungssysteme müssen den Anforderungen der DIN EN 50171 entsprechen.

Mit dem Erscheinen der Norm DIN VDE 0100-718 im Juni 2014, gilt nun für elektrische Anlagen im Anwendungsbereich, die neu errichtet werden, dass Kunststoffverteiler nur noch in separaten Räumen aufgestellt werden dürfen.

17.2.3 Abdeckstreifen

Nicht benötige Reiheneinbauplätze, offene Bereiche und Aussparungen an Verteilern sind fachgerecht zu verschließen. In der Praxis fehlen an Reiheneinbauverteilern die Abdeckstreifen. Sind die Klemmen dahinter fingersicher gegen direktes Berühren geschützt, stellt die Abweichung keine unmittelbare Gefährdung für Anwender dar. Das folgende Beispiel (**Bild 17.4**) zeigt eine Verteilerabdeckung. Der Abdeckstreifen an den nicht benötigten Einbauplätzen fehlt teilweise, sodass zum einen der Schutz gegen direktes Berühren um die Betätigungselemente (Fingersicherheit) nicht gegeben ist. Außerdem ist die hinter der Abdeckung montierte Stromschiene nicht gegen unbeabsichtigtes Berühren geschützt.

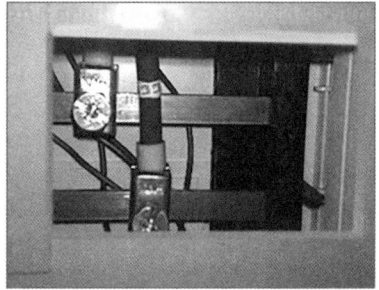

Bild 17.4 Abdeckstreifen von Stromschiene fehlt

Im zweiten Beispiel (**Bild 17.5**) ist die Stiftkammschiene der nicht benötigten Reiheneinbauplätze nicht gegen direktes Berühren geschützt. Fehlt zudem die Abdeckung oder ist die Abdeckung, z. B. in Form von Abdeckstreifen an der Frontabdeckung, leicht zu entfernen, ist der Schutz gegen direktes Berühren nicht sichergestellt. Beide Beispiele stellen demnach einen gefährlichen Mangel dar.

Bild 17.5 Stiftkammschiene nicht isoliert

Demnach ist grundsätzlich festzustellen, dass

- Abdeckstreifen an den nicht benötigten Reiheneinbauplätzen sind und
- innerhalb der Verteiler die Stiftkammschienen unter den Sicherungselementen an den Seiten isoliert sind.

17.3 Direktes Berühren an Bedienelementen

Nach DGUV Vorschrift 3 DA § 4 (4) sind aktive Teile elektrischer Anlagen und Betriebsmittel entsprechend ihrer Spannung, Frequenz, Verwendungsart und ihrem Betriebsort durch Isolierung, Lage, Anordnung oder fest angebrachte Einrichtungen gegen direktes Berühren zu schützen.

17.3 Direktes Berühren an Bedienelementen

Der Schutz gegen direktes Berühren muss gemäß DGUV Vorschrift 3 § 4 (5) so beschaffen sein, dass bei Arbeiten und Handhabungen, bei denen aus zwingenden Gründen der Schutz gegen direktes Berühren aufgehoben werden muss,

- der spannungsfreie Zustand der aktiven Teile hergestellt und sichergestellt werden kann, oder
- die aktiven Teile unter Berücksichtigung von Spannung, Frequenz, Verwendungsart, und Betriebsort durch zusätzliche Maßnahmen gegen direktes Berühren geschützt werden können.

Grundsätzlich ist ein vollständiger Schutz gegen direktes Berühren die wirkungsvollste Schutzvorkehrung. Dieser zeichnet sich dadurch aus, dass Klemmkästen, Betriebsmittel und spannungsführende Teile in Verteilern vollständig gegen direktes Berühren geschützt sind und ein Entfernen ausschließlich mit Werkzeug oder Schlüssel möglich ist.

Der *vollständige Schutz* ist insbesondere für Bedienelemente und Betätigungselemente mit Druckbetätigung erforderlich. Dabei ist der Nutzerkreis (Bedienung durch Laien, Elektrofachkräfte und elektrotechnisch unterwiesene Personen) irrelevant. Der vollständige Schutz stellt beispielsweise eine Abdeckung nach DIN EN 50274 (VDE 0660-514) dar.

Für Bereiche, die für mindestens für elektrotechnisch unterwiesene Personen zugänglich sind, und für Betriebsmittel, die nicht betriebsmäßig bedient werden, ist ein *teilweiser Schutz* gegen direktes Berühren ausreichend. Zu den nicht betriebsmäßig verwendeten Betriebsmitteln bis 1.000 V AC zählen u. a.:

- Einstellen oder Entsperren von Relais, Motorschutzrelais o. Ä.,
- Auswechseln von Meldelampen,
- Auswechseln von Schraubsicherungen.

Niederspannungs-Schaltgerätekombinationen, die nicht für die Bedienung von Laien gedacht sind, z. B. Steuerschränke, Industrie-Schaltgerätekombinationen etc., sind gemäß der Anpassungsvorschrift der Durchführungsanweisung der DGUV Vorschrift 3/4 Anhang 1 bzgl. des Schutzes gegen direktes Berühren anzupassen:

- Berührungsgefährliche Teile im Bereich von 30 mm um das Betätigungselement müssen fingersicher und im Bereich von 100 mm handrückensicher abgedeckt sein.
- Alle berührungsgefährlichen Teile, die in die Verteilertür eingebaut sind, sind mindestens handrückensicher abzudecken.

Beispiel: Berührungsgefährliche Teile bei Betätigungselementen

In den **Bildern 17.6** und **17.7** ist der Schutz gegen direktes Berühren (fingersicher) um die Betätigungselemente nicht gegeben. Bild 17.6 zeigt die drei Außenleiter einer Stromschiene. Auf der Stromschiene ist ein Schraubsockel mit drei Schmelzsicherungen montiert. Die Schraubkappen der Schmelzsicherungen sind mit Bedienelementen gleichzusetzen. Die Isolierung der Abdeckung um die Schraubkappen beträgt weniger als 30 mm. Da die Stromschiene nicht isoliert ist, ist die Fingersicherheit um die Schmelzsicherungen nicht gegeben.

Bild 17.7 zeigt einen Verteiler. Die Schraubsicherungseinsätze der stillgelegten bzw. angeschalteten Stromkreise wurden nach Entfernen der Schmelzsicherung nicht in den Sockel eingedreht, sodass der Schutz gegen direktes Berühren um die Schraubsicherungen und Betätigungselemente der anderen Stromkreise nicht gegeben ist. Dieser Mangel hätte durch Einsetzen der Schraubkappen mit geringem Aufwand vermieden werden können.

Beide Feststellungen sind mindestens als erheblicher bzw. personengefährlicher Mangel einzustufen.

Bild 17.6 Schraubsicherungen ohne teilweisen Schutz gegen direktes Berühren aufgrund der blanken Stromschienen

Bild 17.7 Unzureichender Schutz gegen direktes Berühren um Betätigungselemente aufgrund der fehlenden Schraubkappen

17.4 Direktes Berühren an Lampenfassungen und Sicherungen

Durch Besichtigen und Messen der Spannungspolarität ist der Nachweis über den korrekten Anschluss von Lampenfassungen und Schmelzsicherungen nachzuweisen. Die DIN VDE 0100-600 fordert in Abs. 6.4.3.6 im Rahmen der Erstprüfung die Messung der Spannungspolarität vor erstmaliger Inbetriebnahme (siehe Abschnitt 24.3 *Prüfung der Spannungspolarität*).

17.4.1 Lampenfassungen

Lampenfassungen E5, E10, E14 und E27 müssen grundsätzlich so gebaut sein, dass der Lampensockel nicht berührbar ist, wenn diese während des Einschraubens unter Spannung stehen. Die äußeren Teile der Lampenfassung, darunter das Gewinde, sind so konstruiert, dass aktive Teile im gebrauchsfertigen Zustand und eingesetztem Leuchtmittel nicht berührbar sind. Demnach ist der Außenleiter grundsätzlich auf dem Fußkontakt anzuschließen.

Die DIN VDE 0105-100 macht zum Tausch von Leuchtmittel und Zubehör durch Laien in Abschnitt 7.4.2 folgende Aussage:

„Wenn in Niederspannungsanlagen vollständiger Schutz gegen direktes Berühren besteht, dürfen diese Arbeiten auch durch Laien unter Spannung durchgeführt werden."

Der vollständige Schutz gegen direktes Berühren ist sichergestellt, wenn aktive Teile im Inneren von Umhüllungen oder hinter Abdeckungen angeordnet sind, die mindestens der Schutzart IP2X oder IPXXB entsprechen. Die Schutzart IP2X bedeutet nach DIN EN 60529 (VDE 0470-1) Abs. 4.2, dass ein Eindringen mit einem Prüffinger mit einer Länge von 80 mm und mit einem Durchmesser $\geq$ 12,5 mm konstruktiv verhindert wird. In den vorderen 20 mm ist beim Prüffinger die Fingerkuppe durch eine Reduzierung der Durchmessers nachgebildet. Beim vorliegenden Fall handelt es sich um Lampenfassungen mit E27-Gewinde. Dies entspricht einem Außengewindedurchmesser von 27 mm. Der Durchmesser des Innengewindes liegt zwischen 24,3 mm bis 24,66 mm. Die Tiefe von der Oberkante bis zum Fußkontakt beträgt ca. 2,7 mm. Der Abstand des Gewindekontakts zur Kante des Sockels ist geringer, wodurch die Schutzart IP2X (fingersicher) weder bei Anschluss des Außenleiters am Gewindekontakt noch durch Anschluss am Fußkontakt beim Leuchtmitteltausch sichergestellt ist.

Allerdings gebietet es auch der gesunde Menschenverstand, dass bei Lampenfassungen das Risiko eines elektrischen Schlags bei herausgedrehtem Leuchtmittel und beim Wechsel des Leuchtmittels durch Anschluss des Außenleiters am Fußkontakt reduziert wird. Ebenso ist die Wahrscheinlichkeit einer unbeabsichtigten direkten Berührung beim Leuchtmitteltausch geringer.

Nach DIN VDE 0100-410 Abschnitt A.2.1 kann beim Tausch von Leuchtmitteln aus Lampenfassungen unter folgenden Maßgaben vom Freischalten abgesehen werden:
1. Es sind geeignete Maßnahmen getroffen, die ein unbeabsichtigtes direktes Berühren aktiver Teile durch Personen verhindern.
2. Es sollte gewährleistet sein, dass Personen sich darüber im Klaren sind, dass aktive Elemente durch die Öffnung berührt werden könnten, jedoch keinesfalls absichtlich berührt werden sollten.
3. Die Öffnungen sollten möglichst klein sein, und zwar so groß, wie sie für die ordnungsgemäße Funktion des Auswechselns des Leuchtmittels erforderlich ist.

Zu 1.) Die geeigneten Maßnahmen gegen unbeabsichtigtes direktes Berühren aktiver Teile setzt eine konstruktive Maßnahme voraus. Beim Anschluss des Außenleiters auf dem Gewindekontakt würde bei nicht freigeschaltetem Stromkreis das Gewinde beim Ein- und Ausdrehen unter Spannung stehen, wodurch der Schutz gegen unbeabsichtigtes direktes Berühren beim Leuchtentausch nicht sichergestellt ist (**Bild 17.8**).

Das Leuchtmittel ist in Bild 17.8 so weit eingedreht, dass das E27-Gewinde am Außengewinde des Leuchtmittels greift. Wie im Foto zu erkennen, könnte man absichtlich und unbeabsichtigt das Außengewinde berühren.

Beim Herausdrehen des Leuchtmittels wäre der Schutz gegen unbeabsichtigtes direktes Berühren des Außengewindes bei Anschluss des Außenleiters am Seitenkontakt nicht sichergestellt.

Ist der Außenleiter am Fußkontakt angeschlossen, besteht hier ein

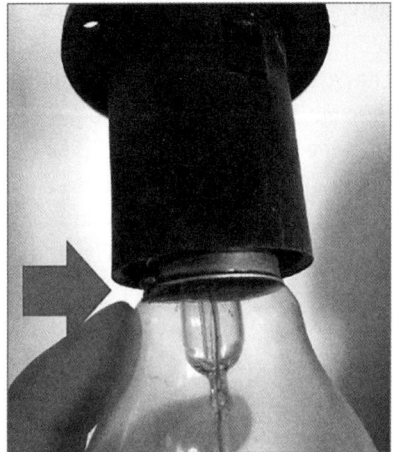

Bild 17.8 E27-Sockel beim Eindrehen eines Leuchtmittels

geringeres Risiko des elektrischen Schlags durch unbeabsichtigtes Berühren. Das Gute an dieser Anforderung ist, dass diese ohne zusätzlichen Aufwand, sofern man es gleich richtig macht, umzusetzen ist. Manche Leuchtenhersteller kennzeichnen auch die Anschlussklemmen. In solchen Fällen kann auch mit der Einhaltung der Herstellerangaben nach DIN VDE 0100-100 Abs. 134 argumentiert werden.

17.4.2 Schraubsicherungen/Gewindekontakt unter Spannung

Schraubsicherungselemente stellen im Sinne der DGUV Vorschrift 3 bzw. 4 ein Betätigungselement dar. Durch Besichtigen und Messen der Spannungspolarität ist demnach festzustellen, dass die Spannungsversorgung eingangsseitig auf dem Fußkontakt angeschlossen ist, sodass auf dem Gewinde bei herausgedrehtem Sicherungselement keine Spannung anliegt.

Das folgende Beispiel zeigt einen Schraubsicherungssockel bei abgenommener Verteilerabdeckung (**Bild 17.9**). Die Schraubeinsätze sind herausgedreht, sodass aktive Teile direkt berührbar sind. Beim Entfernen der Abdeckung des Schmelzsicherungselements (**Bild 17.10**) wurde festgestellt, dass die größeren Leiterquerschnitte unten angeschlossen sind. Dies legt die Vermutung nahe, dass die Spannungsversorgung eingangsseitig an den unteren Anschlussklemmen, die augenscheinlich direkt mit den Gewindekontakten verbunden sind, angeschlossen ist. Die Messung der Spannung gegen Erde an den Gewindekontakten bestätigte den Mangel. Dieser wurde im Prüfbericht als gefährlich eingestuft.

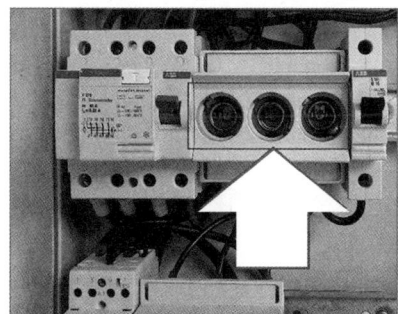

Bild 17.9 Verteiler mit abgenommener Abdeckung und herausgedrehten Schmelzsicherungseinsätzen

Bild 17.10 Schmelzsicherungselement mit abgenommener Abdeckung. Die Versorgungsseite ist an den unteren Anschlussklemmen, die auf die Gewindekontakte führen, angeschlossen.

17.5 Beurteilung: Schutz gegen direktes Berühren

Zusammenfassend zeigt **Bild 17.11** eine mögliche Vorgehensweise bei der Beurteilung des Schutzes gegen direktes Berühren.

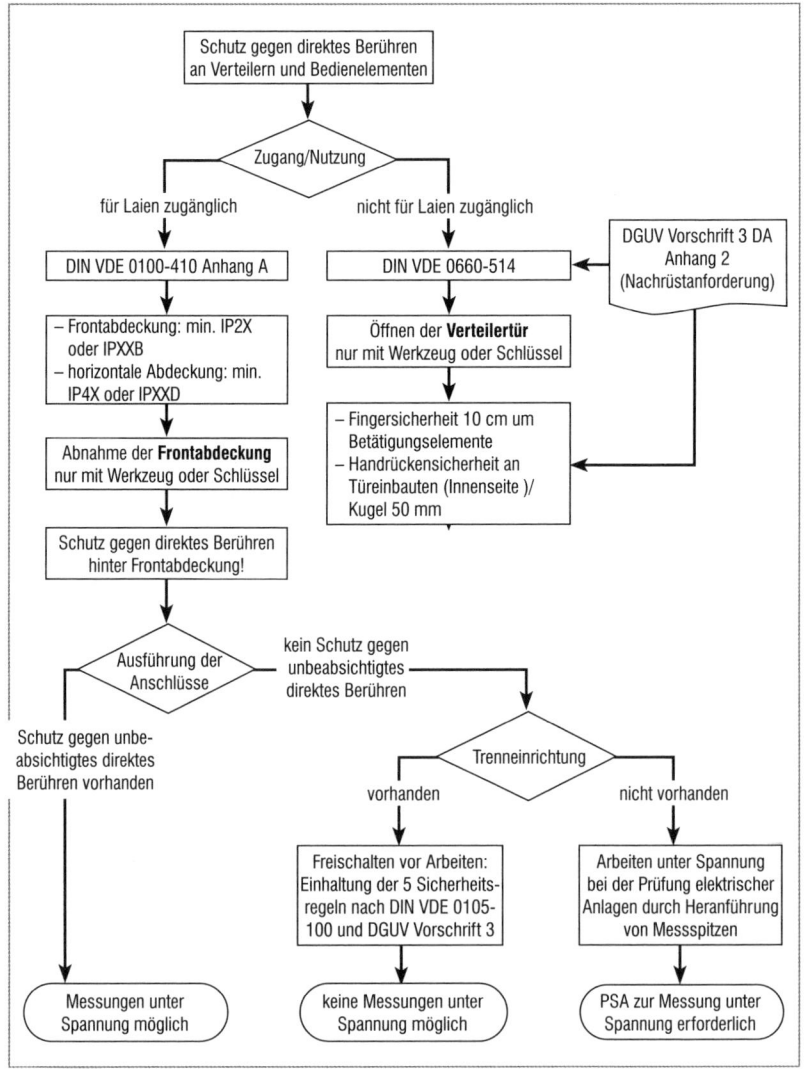

Bild 17.11 Vorgehensweise bei der Bewertung möglicher Gefährdungen

III Die Kabel- und Leitungsanlage

18 Besichtigen von Anschlussdosen

Werden Kabel und Leitungen innerhalb der Kabel und Leitungsanlage in Abzweigdosen geführt, sind diese im Rahmen der Prüfung zu besichtigen.

18.1 Verbindungsdosen

In Verbindungsdosen ist darauf zu achten, dass in einer Verbindungsdose nur die Kabel und Leitungen eines Stromkreises eingeführt sind. Freie nicht verwendete Leiterenden sind mit geeigneten Steckklemmen zu isolieren. Die Verbindungsdosen müssen fachgerecht unter Beachtung der äußeren Einflüsse verschlossen sein.

Für die Erweiterung und Änderung bestehender elektrischer Anlagen werden gerne Verbindungsdosen verwendet, um vorhandene Stromkreise zu erweitern. Oft sind hier nicht fachgerechte Flickstellen und Schraubklemmverbindungen zu finden. Es ist ebenso darauf zu achten, dass in Verbindungsdosen die Neutralleiter und Schutzleiter nicht miteinander verbunden sind (siehe Abschnitt 16.3 *Zusammenführung von N- und PE-Leiter*).

Für jeden Stromkreis ist eine eigene Verbindungsdose zu verwenden. Wenn mehrere Stromkreise in einer Verbindungdose enden, sind die Leiter der unterschiedlichen Stromkreise durch isolierende Trennwände abzuteilen. Verbindungsmaterial nach der Normenreihe DIN EN 60998 (VDE 0613) und Reihenklemmen nach der Normenreihe DIN EN 60947-7 (VDE 0611) sind hiervon ausgenommen.

18.2 Elektrische Betriebsmittel in Hohlwänden

Sind elektrische Betriebsmittel in brennbaren Hohlwänden eingebaut, ist die Wärmeableitung, verursacht durch die Stromwärmeverluste, von den Betriebsmitteln zu beachten. Zum anderen sind diese brandschutztechnisch von diesen abzutrennen, durch:

- Montage auf einer Silikat-Faserplatte mit mindestens 12 mm Dicke,
- Montage auf nicht entflammbaren Materialien oder
- Installation in einer Umhausung von Glas- oder Steinwolle mit mindestens 100 mm Dicke.

In Hohlwänden dürfen Betriebsmittel und Verbindungsdosen nur verwendet werden, wenn diese:

- Dosen und Gehäuse mit dem Symbol H nach DIN VDE 0606-1 gekennzeichnet sind,
- Geräte- und Verbindungdosen der Norm DIN VDE 0606-1 entsprechen,
- Verteiler der Normenreihe DIN VDE 0603 oder DIN VDE 0660-600 entsprechen,
- Dosen und Gehäuse der Schutzart IP30 entsprechen,
- Kabel und Leitungen der Normenreihe DIN EN 50265-2 entsprechen.

Die Anforderungen gelten bei Verwendung von PVC-ummantelten Kabeln und Leitungen vom Typ NYM und NYY als erfüllt.

In Hohlwänden dürfen aus Gründen der mechanischen Beanspruchung elektrische Betriebsmittel wie Steckdosen und Schalter nicht mit Krallen befestigt werden (**Bild 18.1**).

Hohlwanddosen in Schrankeinbauten, die ohne Hilfsmittel zugänglich sind, sind zusätzlich von der Rückseite mit einer Umwehrung zu versehen.

Kabel und Leitungen, die in Hohlwanddosen eingeführt werden, sind ausreichend gegen Zugbeanspruchung zu schützen. Sind die Kabel und Leitungen innerhalb der Hohlwände nicht fest verlegt, sind diese an den Anschlussstellen gegen Zug- und Schubbeanspruchungen zu schützen.

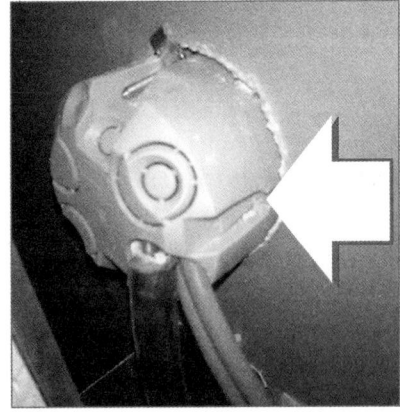

Bild 18.1 Hohlwanddose auf der Innenseite einer Ständerwand

18.3 Besichtigen von Hohlwanddosen

Bei Hohlwanddosen ist durch Besichtigen die H-Kennzeichnung und die geforderte Schutzart festzustellen.

Bild 18.2 zeigt eine installierte Hohlwanddose in einer Ständerwand. Beim Besichtigen wurde festgestellt, dass die Hohlwanddose eine CE-Kennzeichnung aufweist. Die geforderte H-Kennzeichnung war nicht ersichtlich. Bei Recherchen zum Lieferanten stellte sich heraus, dass die Hohlwanddose in einem anderen Land der EU in den Verkehr gebracht wurde und demnach eine CE-Kennzeichnung aufgedruckt wurde. Bei Recherchen zum Sachverhalt wurden die normativen Anforderungen gemäß DIN VDE 0100-520 Abs. 521.15 geprüft. Bei der Bewertung stellte sich heraus, dass der Normentext im nationalen Normenwerk grau hinterlegt ist, wodurch es sich um eine rein nationale Anforderung aus Deutschland handelt.

Ein weiterer Aspekt der Besichtigung zeigt **Bild 18.3**. Zu sehen ist eine eine Hohlwanddose in einer geöffneten Ständerwand. Hier wurde bei Einführung der Leitungen in die Hohlwanddose die Anforderungen an die geforderte Schutzart IP 31 nicht beachtet. Die geforderte Schutzart IP 30 bedeutet gemäß DIN VDE 0470-1, dass der Zugang zu aktiven Teilen mit einem Sondendurchmesser von 2,5 mm^2 nicht zugänglich sein darf. Die offenen, ausgerissenen Leitungseinführungen sind demnach zu groß, sodass die Schutzart nicht erhalten ist.

Weitere Mangelpunkte stellen die Leitungsverlegung und die Leitungsbefestigung dar. Aufgrund der zu großen Leitungseinführung sind die Leitungen unzureichend gegen Zugbeanspruchungen geschützt, da die Leitungsmäntel nicht vollständig in die Anschlussdose eingeführt sind. Damit liegen die basisisolierten Leiter der Leitungen frei in der Wand, sodass im Leitungsstrang in der Ständerwand der Schutz durch doppelte oder verstärkte Isolierung unwirksam ist.

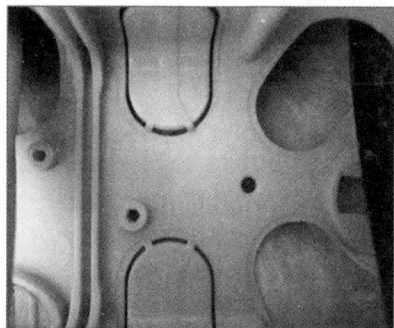
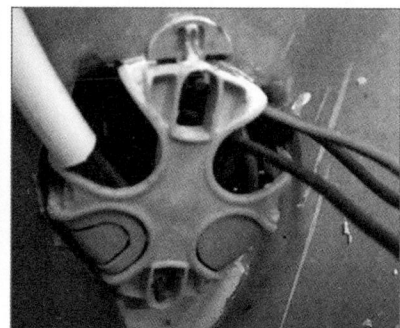

Bild 18.2 Hohlwanddose ohne H-Kennzeichnung

Bild 18.3 Einführung der Leitungen in die Hohlwanddose in einer Ständerwand

das elektrohandwerk
www.elektro.net

Buch Shop

Fachbücher, E-Books und WissensFächer für das Elektrohandwerk

Das volle Programm rund um die Uhr online bestellen: **shop.elektro.net**

Gleich im Buch-Shop bestellen!
shop.elektro.net

Ihre Bestellmöglichkeiten auf einen Blick:

- Fax: +49 (0) 89 2183-7620
- E-Mail: buchservice@huethig.de
- Web-Shop: shop.elektro.net

Hier Ihr Fachbuch direkt online bestellen!

Hüthig GmbH, Im Weiher 10, D-69121 Heidelberg

19 Klemmen und Leiteranschlüsse

Eine Klemmstelle dient dem Anschluss eines Leiters, einschließlich der Teile, die zur Sicherstellung der elektrischen Kontaktierung erforderlich sind. Die sichere elektrische Kontaktierung hängt bei Klemm- und Steckverbindungen im Wesentlichen von der Kontaktfläche, der Kontaktkraft und der Wertstoffpaarung bzw. der Beschaffenheit der Kontaktflächen von Leiter und Klemme ab. Während der Planung elektrischer Anlagen wird zur Verteilung das Hauptaugenmerk auf die Leiterquerschnitte unter Berücksichtigung der Referenzverlegearten gelegt, was in der Praxis jedoch nur einen Teil der sicheren und regelkonformen Errichtung darstellt. Schadensfälle zeigen immer wieder, dass die häufigsten Brandursachen von elektrischen Anlagen von Schaltgeräten und Klemmstellen ausgehen.

Gemäß DIN VDE 0100-520 Abs. 526.1 müssen Verbindungen zwischen Leitern sowie zwischen Leitern und Anschlussstellen an Betriebsmittel für dauerhafte Stromführung eine ausreichende mechanische Festigkeit und chemische Beeinträchtigungen bemessen sein (siehe Band 1, Kapitel *27 Schutzmaßnahmen gegen thermische Einflüsse*).

Im Rahmen der Prüfung ist durch Besichtigen der Klemmstellen die ordnungsgemäße Auswahl der Klemmen festzustellen.

Beim Besichtigen der Leiterverbindungen von Kupferleitern in Abzweigkästen, Verteilern und Schaltgerätekombinationen sind je nach Leiterquerschnitt und Leiterarten folgende Normen zu beachten:

- DIN EN 60999-1 (VDE 0609 Teil 1) Verbindungsmaterial – Elektrische Kupferleiter – Sicherheitsanforderungen für Schraubklemmstellen und schraubenlose Klemmstellen – Teil 1: Allgemeine Anforderungen und besondere Anforderungen für Klemmstellen für Leiter von 0 mm^2 bis einschließlich 35 mm^2 (IEC 60999-1:1999) Deutsche Fassung EN 60999-1,
- DIN EN 60999-2 (VDE 0609 Teil 101) Verbindungsmaterial – Elektrische Kupferleiter – Sicherheitsanforderungen für Schraubklemmen und schraublose Klemmstellen – Teil 2: Besondere Anforderungen für Klemmstellen für Leiter über 35 mm^2 bis einschließlich 300 mm^2.

19.1 Zugbeanspruchung und Ausführung von Leitern
(DIN EN 60228 (VDE 0295) Leiter für Kabel und isolierte Leitungen; September 2005)

Leiter für Kabel und isolierte Leiter sind in folgende Leiterklassen eingeteilt:
- Klasse 1: eindrähtige Leiter,
- Klasse 2: mehrdrähtige Leiter,
- Klasse 5: feindrähtige Leiter,
- Klasse 6: feinstdrähtige Leiter.

Bei Leitern der Klassen 1 und 2 handelt es sich um blankes oder metallumhüllendes weichgeglühtes Kupfer, Aluminium oder eine Aluminiumlegierung. Leiter der Klasse 1 sind eindrähtige Leiter. Leiterquerschnitte aus Aluminium mit einem Leiterquerschnitt von 10 mm^2 bis 35 mm^2 müssen rund sein. Sektorleiter sind unzulässig. Aluminiumleiter ab einem Leiterquerschnitt von 35 mm^2 müssen bei einadrigen Kabeln und Leitungen rund sein. Bei mehradrigen Kabeln und Leitungen sind sowohl runde als auch Sektorleiter zulässig.

Leiter der Klasse 2 in der Ausführung als mehrdrähtige unverdichtete Rundleiter müssen mindestens über einen Leiterquerschnitt von 10 mm^2 verfügen. Die Einzeldrähte eines jeden Leiters müssen mindestens denselben Nenndurchmesser haben. Mehrdrähtige verdichtete Rundleiter aus Aluminium oder einer Aluminiumlegierung müssen mindestens einen Nennleiterquerschnitt von 10 mm^2 aufweisen. Mehrdrähtige Sektorleiter aus Kupfer oder einer Aluminiumlegierung müssen hingegen mindestens 25 mm^2 aufweisen. Die Mindestanzahl an Drähten darf nicht unterschritten werden.

Leiter der Klassen 5 und 6 sind Leiter aus blankem oder metallumhüllendem weichgeglühtem Kupfer. Die Leiter sind aus fein- oder feinstdrähtigen Leitern aufgebaut. Die Einzeladern müssen denselben Leiterquerschnitt haben.

Die Zugfestigkeit der Leiter ergibt sich aus den Leiterquerschnitten, dem Material und der Leiterart. Gemäß DIN EN 60228 (VDE 0295) sind für Rund- und Sektorleiter die in **Tabelle 19.1** angegebenen maximalen Zugfestigkeiten gefordert.

Je nach zulässiger Zugfestigkeit sind die Leiter bei Einführen in die Klemmen mit geeigneten Befestigungsmitteln gegen unzulässig hohe Zugbeanspruchungen zu schützen.

Bei Schraubklemmen ist im Rahmen der Prüfung mit einem Drehmomentschraubendreher festzustellen, dass Schraubklemmen gemäß dem erforderlichen Drehmoment gemäß den Herstellerangaben angezogen sind. Die fachgerechte Verbindung der Klemme und der Pressung flexibler Leiter mit den Aderendhülsen kann zudem durch Ziehen am Leiter erprobt werden. Hierbei ist allerdings sicherzustellen, dass der Stromkreis abgeschaltet ist. In Abhängigkeit des Leiterquerschnitts muss die Klemme in der Lage sein, die nach VDE 0609-1 auftretenden Zugbeanspruchungen ohne Beeinträchtigung bzw. Abreißen der Verbindung aufzunehmen (**Tabelle 19.2**).

Leiter	Nennquerschnitt in mm²		Zugfestigkeit in N/mm²	max. Zugfestigkeit in kN	
eindrähtige Aluminiumleiter	10	16	110 bis 165	1,65	2,16
	25	35	60 bis 130	3,25	4,55
	50		60 bis 110	5,5	
	70	>70	60 bis 90	6,3	>6,3
Rund- und Sektorleiter aus Aluminium	10		bis 200	2	
	16	>16	125 bis 205	2,16	>2,16

Tabelle 19.1 Maximale Zugbeanspruchung eines Leiters an eine Klemme nach DIN EN 60228 (VDE 0295) für Rund- und Sektorleiter

S in mm²	1,5	2,5	4	6	10	16	25	35
F_{Zug} in N	40	50	60	80	90	100	135	190

Tabelle 19.2 Zugbeanspruchungen nach VDE 0609-1 für Klemmen mit einem Leiterquerschnitt bis 35 mm²

Die maximal zulässigen Zugkräfte für andere Leitermaterialien und Leiterquerschnitte sind den zutreffenden Produktnormen und den Herstellerangaben zu entnehmen.

Typischerweise treten unzulässig hohe Zugbeanspruchungen durch Leiter aufgrund von zu kurzen Leitungen oder zu geringen Biegeradien innerhalb von Elektroverteilungen auf.

Das Beispiel (**Bild 19.1**) soll den Sachverhalt verdeutlichen:

Beispiel
Die Abbildung zeigt den Anschluss von drei Außenleitern an einer Reihenklemme. Die basisisolierten Leiter sind unmittelbar nach der Klemmstelle um 180° gebogen und nach unten geführt. Nach DIN VDE 0100-520 Abs. 521.10.3 sind Leitungen für

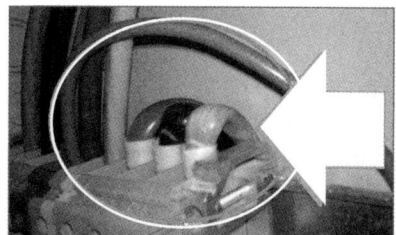

Bild 19.1 Zugbeanspruchung der Klemmen aufgrund zu geringer Biegeradien

feste Verlegungen unter Beachtung der zulässigen Biegeradien zu verlegen. Die Isolation weist Knicke am Innenradius der Leiter auf, wodurch hier augenscheinlich der geforderte Biegeradius nicht eingehalten ist. Demnach ist eine normative Abweichung festzustellen.

19.2 Arten von elektrischen Verbindungen

Elektrische Verbindungen bzw. elektrische Kontakte sind unterteilt in feste Kontakte, schaltende Kontakte und gleitende Kontaktstellen. Schaltende Kontakte sind typischerweise Schütze und Schaltgeräte, während es sich bei gleitenden Kontakten z. b. um Stromabnehmer von Bahnen handelt. Klemmen dienen der festen Verbindung von Leitern und sind demnach feste Kontakte.

Klemmen dienen der Verteilung elektrischer Energie, sodass Klemmen gemäß der Definition nach DIN VDE 0100-200 elektrische Betriebsmittel sind. Beim Besichtigen der Klemmen ist neben der eigentlichen Klemmstelle das Verbindungsmaterial zu besichtigen. Dieses umfasst den elektrischen Anschluss einer oder mehrerer Leiter, die Klemmen und die Befestigungsmittel. Klemmen gibt es je nach Ausführung mit Schraubverbindungen und schraublosen Verbindungen.

Klemmen gemäß DIN VDE 0609-1 sind, sofern vom Hersteller nicht anderes festgelegt, bei einer Umgebungstemperatur von 20 ± 5 °C geprüft. Damit beziehen sich die folgenden Kenndaten einer Klemme auf die Umgebungstemperaturen.

Klemmen sind gemäß ihrer Leiterart auszuwählen:
- r: rigid (englisch) = starr
- f: flexible (englisch) = flexibel
- s: stranded (englisch) = mehrdrähtig
- sol: solid (englisch) = eindrähtig

Auf mehrstöckigen Verteiler-Reihenklemmen müssen nach VDE 0611-4 Abs. 3.1.15 folgende Aufschriften dauerhaft angebracht sein:
- Herstellerzeichen,
- Typbezeichnung,
- Bezugsspannung (Nennisolationsspannung),
- Nennquerschnitt,
- Buchstabe „e" für Verteiler-Reihenklemmen mit Klemmstellen, nur für eindrähtige Leiter.

19.3 Besichtigen der Anschlussstellen

Bei Besichtigen der Anschlussstellen an Betriebsmittel und Klemmstellen sind folgende Aspekte zu beachten:
- Auswahl und Anschluss der Leiter und Leiterquerschnitte gemäß der zulässigen Leiterzahl und Leiterart,
- Auswahl der Aderendhülsen gemäß dem Leiterquerschnitt, der Anzahl der Leiter und Ausführung der korrekten Pressung,
- Abspleißen von feindrähtigen an den Anschlussstellen,
- Befestigung der Klemmen und der Verbindungsmaterialen,
- Ausführung der Anschlüsse hinsichtlich der korrekten und vollständigen Einführung der Leiter in die Anschlusstechnik.

Klemmen sind grundsätzlich für die Aufnahme eines Leiters geeignet. In einigen Fällen dürfen auch zwei oder mehrere Leiter angeschlossen werden. Voraussetzung hierfür ist, dass die Klemme für die Anschlussart geeignet ist und der Hersteller dies im Rahmen der Montage- und Bedienungsanleitung bzw. im Datenblatt der Klemme festlegt.

In diesen Fällen muss der Hersteller festlegen, ob die Klemme für mehrere Leiter des gleichen Leiterquerschnitts und der gleichen Leiterart geeignet ist oder mit Leitern unterschiedlichen Querschnitts miteinander kombiniert werden dürfen.

Im Beispiel der **Bilder 19.2** und **19.3** wurden zwei Leiter mit unterschiedlichen Leiterquerschnitten an der Neutralleiterklemme eingeführt. Bei einem Leiter handelt es sich um einen feindrähtigen Leiter (Bild 19.2), der am Leiterende mit einer geeigneten Aderendhülse versehen ist. Der zweite Leiter ist ein starrer Leiter (Bild 19.3). Aufgrund der unterschiedlichen Lei-

Bild 19.2 Mehrfachklemmung mit unterschiedlichen Leiterquerschnitten (Beispiel 1)

Bild 19.3 Mehrfachklemmung mit unterschiedlichen Leiterquerschnitten (Beispiel 2)

terarten verfügen die beiden Rundleiter nicht über denselben Durchmesser, sodass sich die Kraft der Kontaktfläche nicht gleichmäßig auf beide Leiter verteilt. Dadurch ist sowohl die Zugfestigkeit der Leiter und der Übergangswiderstand beeinträchtigt. Da es sich im vorliegenden Fall um einen aktiven Leiter handelt, kann es demnach unter normalen Betriebsbedingungen durch die beeinträchtigte Kontaktierung zu erhöhten Stromwärmeverlusten an der Klemme kommen, sodass hier mit einer Brandgefahr zu rechnen ist.

Schraubklemmen sind grundsätzlich aufgrund von Abspleißen nicht für den Anschluss von feindrähtigen Leitern und solchen mit verlöteten Enden geeignet. Demnach dürfen feindrähtige Leiter nur mit geeigneter verpressten Aderendhülse in die Klemme eingeführt werden.

Im Rahmen der Prüfung ist durch Besichtigten sicherzustellen, dass der an den Klemmen eingeführte Leiter den zulässigen Bemessungsleiterquerschnitt der Klemme nicht überschreitet. Sofern die Produktnormen nichts anderes festlegen, muss jede Klemme mindestens die beiden nächstkleineren Leiterquerschnitte aufnehmen können.

Das folgende Beispiel verdeutlicht den Sachverhalt:

Beispiel
Bild 19.4 zeigt eine PE-Schiene in einer Niederspannungs-Schaltgerätekombination. Die Klemmen sind gemäß dem Aufdruck des Herstellers für einen Leiterquerschnitt von 16 mm² (Kupfer) bemessen. Der kleinste zulässige Leiterquerschnitt beträgt demnach 6 mm².
Die angeschlossenen Leiter mit 1,5 mm² bzw. 2,5 mm² sind somit für den Anschluss an den Klemmen zu gering, sodass die erforderliche Kontaktierung und im vorliegenden Fall die Wirksamkeit der Schutzmaßnahme durch automatische Abschaltung im Fehlerfall beeinträchtigt sein können.

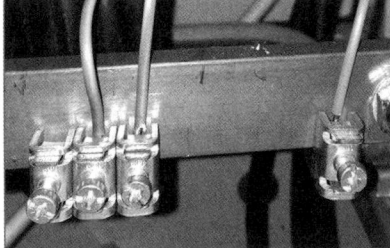

Bild 19.4 Klemmen an der PE-Schiene mit zu geringen Leiterquerschnitten

Der genannte Mangel entsteht häufig bei Erweiterungen oder Änderungen von Niederspannungs-Schaltgerätekombinationen aufgrund fehlender Platzreserven und dem Einsatz von ungeeigneten Verbindungsmaterialien.

Sofern nicht bereits während der Errichtung mögliche Erweiterungen und Änderungen berücksichtigt werden, sind solche Mängel während des Betriebs mit Abschaltzeiten der Anlagen abzustellen. In **Bild 19.5** ist einer der möglichen Abhilfemaßnahmen abgebildet. Hier wurde auf die PE-Schiene eine geeignete Klemme aufgesetzt, sodass nachträglich die Schutzleiter mit einem Leiterquerschnitt von 1,5 mm^2 bzw. 2,5 mm^2 angeschlossen wurden.

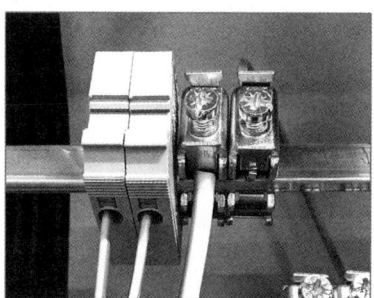

Bild 19.5 Abhilfemaßnahme für den Anschluss eines Leiters mit geringem Leiterquerschnitt an einer Schiene

Neben der Eignung der Anschlussklemme und des Leiterquerschnitts ist im Rahmen der Besichtigung das Augenmerk auch auf die korrekte Auswahl und Ausführung der Aderendhülsen zu legen. Die Aderendhülse verbindet den feindrähtigen Leiter mit der Klemme und verhindert das Abspleißen der feindrähtigen Leiter.

Typische Fehler bei der Verwendung von Aderendhülsen sind:
- Die Aderendhülse ist für den Leiterquerschnitt zu groß,
- die Aderendhülse ist nicht für die Aufnahme von zwei oder mehreren Leitern geeignet und
- die Aderendhülse ist nicht fachgerecht mit geeignetem Werkzeug verpresst.

Ist die Aderendhülse für den anzuschließenden Leiterquerschnitt zu groß, kann die Pressung nicht vollumschließend erfolgen, sodass die Übergangswiderstände zwischen Klemme und Aderendhülse erhöht sind (**Bild 19.6**). Selbiges gilt bei Aderendhülsen, die für einen Leiter ausgelegt sind und mit zwei oder mehreren Leitern mit geringen Leiterquerschnitten verpresst werden.

Bild 19.6 Aderendhülse nicht für Leiterquerschnitt geeignet (Beispiel 1)

Im folgenden Beispiel (**Bild 19.7**) ist die verwendete Klemmtechnik für die Leiteranschlüsse und -verbindungen nicht fachgerecht ausgeführt bzw. ausgewählt.

> **Beispiel**
> Nach DIN VDE 0100-520 Abs. 526 müssen Verbindungen zwischen Leitern sowie Leiter und Anschlussstellen an Betriebsmitteln eine dauerhafte Stromübertragung sicherstellen. Hierzu müssen die Leiterverbindungen und Anschlussstellen eine angemessene mechanische Festigkeit aufweisen. Demnach sind Aderendhülsen entsprechend dem Leiterquerschnitt auszuwählen und mit geeignetem Werkzeug zu verpressen. Ist der in die Aderenthülse eingeführte feindrähtige Leiter kleiner als die Aderendhülse, ist keine fachgerechte Verbindung hergestellt. Gleiches gilt bei Aderendhülsen, die für mehrere Leiter vorgesehen sind. Ebenso bei Aderendhülsen, die für einen Leiter konzipiert sind und in den mehrere feindrähtige Leiter mit niedrigeren Nennquerschnitten eingeführt sind.

Bild 19.7 Aderendhülse mit Rundkopf mit zwei Leitern

Ein typischer Mangel in der Ausführung der Anschlussarbeiten stellt das sogenannte Abspleißen dar. Beim Abspleißen ist der feindrähtige Leiter nicht vollständig in die Aderendhülse eingeführt oder aufgrund falscher Anwendung des Werkzeugs zum Abisolieren reduziert (**Bild 19.8**). Es besteht demnach Brandgefahr.

Bei Leiterenden von feindrähtigen Leitern sollten Maßnahmen ergriffen werden, damit sich einzelne Drähte nicht abspleißen. Es sollten die Herstellerangaben zum Anschluss von Leitern beachtet werden. Gecrimpte Aderendhülsen sind eine geeignete Maßnahme zur Behandlung von Leiterenden von feindrähtigen Leitern, vorausgesetzt, dass darauf geachtet wurde, dass alle

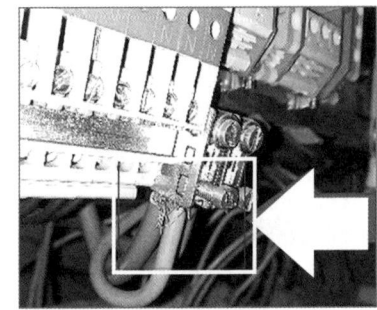

Bild 19.8 Abspleißen eines Leiters

Drähte in die Aderendhülse eingeführt wurden (**Bild 19.9**).

19.3.1 Thermografische Auffälligkeiten an Klemmen

Neben dem Besichtigen hat sich im Rahmen von wiederkehrenden Prüfungen die Thermografie der Klemmen bewährt. Allerdings ist für die Bewertung der Erwärmung der Betriebsstrom zu berücksichtigen. Das Beispiel (**Bild 19.10**) soll den Sachverhalt verdeutlichen. In der Abbildung ist das Thermogramm der Anschlüsse eines Schmelzsicherungssockels zu sehen. Hier wurde an der Klemme L2 eine Temperatur von ca. 90 °C festgestellt. Die Ströme der drei

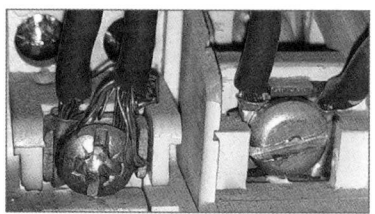

Bild 19.9 Abspleißen eines Leiters

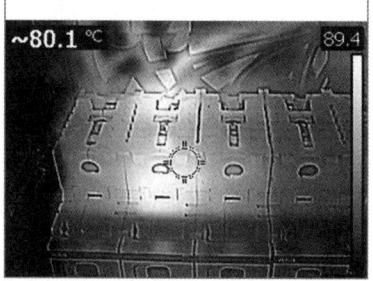

Bild 19.10 Beispiel: Thermografie an einer Anschlussklemme

Außenleiter lagen bei ca. 5 A. Aufgrund der symmetrischen Belastung müssten die Außenleiter an den Anschlussstellen sich nahezu gleichmäßig erwärmen. Die Erwärmung des Außenleiters L2 auf bis zu 90 °C wird damit durch höhere Stromwärmeverluste an der Klemmstelle verursacht, die auf einen erhöhten Übergangswiderstand zwischen Klemme und Leiter zurückzuführen ist. Die Erwärmung kann somit auf eine oder mehrere der folgenden Ursachen zurückgeführt werden:

- Falsche Auswahl der Aderendhülse,
- nicht fachgerechte Verwendung der Presszange,
- Reduzierung der Kontaktfläche aufgrund einer unvollständigen Einführung des Leiters in die Klemme und
- unzureichende Schraubverbindung, bzw. Schraubklemme, die mit einem zu geringem Drehmoment angezogen ist.

19.3.2 N-Schienenhalterung

Ein weiterer typischer Mangel bei Reihenklemmen ist das Fehlen einer geeigneten Halterung der Neutralleiterschiene.

In der Regel sind die Neutralleiterschienen über die N-Trennklemmen von unten befestigt. Beim Trennen bzw. Öffnen der N-Trennklemmen ist die Befestigung nicht gegeben (**Bild 19.11**). Zudem dürfen Klemmen nicht gleichzeitig zur Aufnahme von Kräften verwendet werden.

Bild 19.11 Fehlende N-Schienenhalterung im Klemmenfeld eines Verteilers

Wird die N-Schiene herausgenommen oder fällt aufgrund unzureichender Befestigung ab, kommt es bei unsymmetrischen Lasten bei Drehstromverbrauchern zur Verschiebung des Sternpunkts. Dadurch können die Betriebsmittel bzw. der Außenleiter mit Betriebsmittel der kleineren Summenleistung betriebsmäßig aufgrund der Sternpunktverschiebung mit Spannung zwischen den Außenleitern und dem Neutralleiter zwischen 230 V und 400 V anliegen.

19.3.3 Anschluss von Stiftkammschienen

Beim Besichtigen der Anschlüsse innerhalb von Elektroverteilern sind die Stiftkammschienen und die Schraubklemmen der Schutzeinrichtungen (Leitungsschutzschalter und Fehlerstrom-Schutzeinrichtungen) zu prüfen. Durch Besichtigen ist festzustellen, dass die Verbindungen der Schienen fachgerecht und vollständig in die Anschlussklemmen eingeführt sind.

Im folgenden Beispiel (**Bilder 19.12** und **19.13**) sind bei den Fehlerstrom-Schutzeinrichtungen die Kontakte der Stiftkammschiene nicht in die Klemmen eingeführt. Die Kontaktstifte liegen über den Schraubklemmen, wodurch die elektrische Verbindung nicht mit der erforderlichen Anpresskraft sichergestellt ist. Im Laufe der Zeit werden durch Oxidationen und Verschmutzungen die Übergangswiderstände höher, wodurch es zu unzulässigen Erwärmungen an den Kontaktstellen kommen kann. Es besteht somit Brandgefahr.

19.3 Besichtigen der Anschlussstellen

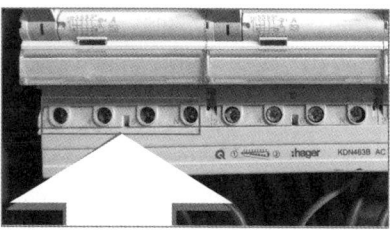

Bild 19.12 Stiftkammschiene: Anschlüsse nicht fachgerecht ausgeführt

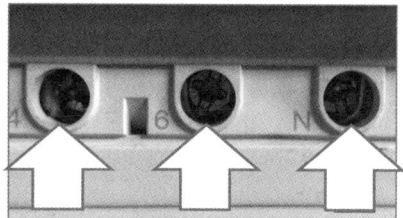

Bild 19.13 Stiftkammschiene: Anschlüsse nicht fachgerecht ausgeführt (Nahaufnahme)

19.3.4 Lose Klemmstellen in der Elektroverteilung

Gemäß DIN VDE 0660-600-1 dürfen Kabel und Leitungen zwischen zwei Anschlussstellen keine Flick- oder Lötstellen vorweisen. Die Verbindungen sind möglichst an ortsfesten Anschlüssen herzustellen. Ferner dürfen nach DIN VDE 0660-600 isolierte Leiter nicht an blanken aktiven Teilen anderer Potentials oder scharfen Kanten anliegen. Sie müssen demnach in geeigneter Weise, z. B. durch feste Reihenklemmen, befestigt sein.

Einer der typischen Mängel bei der Ausführung und Auswahl von Anschlüssen innerhalb von Verteilern sind lose, ungekennzeichnete Klemmverbindungen. Diese sogenannten Steckklemmen sind nur für Abzweigdosen zulässig. In Elektroverteilungen sind mehrere Stromkreise vorhanden. Die Stromkreise und die Leiter müssen den Stromkreisen eindeutig zugeordnet werden können. Bei losen Steckverbindungen ist aufgrund fehlender Kennzeichnung diese Anforderung nicht erfüllt. Lose Klemmen in Elektroverteilungen sind typischerweise bei Verteilungen im Bestand im Rahmen wiederkehrender Prüfungen bei Änderungen oder Erweiterungen bestehender Elektroverteilungen festzustellen. Hier lohnt sich neben dem Blick in das Klemmenfeld auch ein Blick hinter die Abdeckungen von Schutz- und Schaltgeräten. Vor allem, wenn sie keine oder eine andere Art der Beschriftung haben, ein anderes Fabrikat als die anderen Schalt- und Schutzeinrichtungen sind oder augenscheinlich neu aussehen. Ein weiteres Indiz für erweiterte Anlagenteile bieten auch handschriftliche Eintragungen in den Schaltplänen.

Steckklemmen innerhalb von Elektroverteilungen sind allerdings nicht immer als Mangel einzustufen. Sie dürfen beispielsweise nicht zur Isolierung verwendeter Leiterenden verwendet werden.

Lose Klemmen, die zwei Leiter miteinander verbinden, können zum Beispiel durch Pressverbinder ersetzt werden (**Bild 19.14**). Andernfalls sind entweder geeignete Klemmen in die Elektroverteilung einzubringen oder, wie in **Bild 19.15** dargestellt, die Steckklemmen ortsfest auf geeignete Halterungen zu setzen. Bei letzterem besteht allerdings wieder das Problem der eindeutigen Zuordnung der Leiter zum Stromkreis und den Schaltungsunterlagen.

Bild 19.14 Lose Klemmstellen innerhalb der Elektroverteilung

Bild 19.15 Klemmenhaltung auf Hutschiene

20 Erproben

Durch das Erproben wird die ordnungsgemäße Funktion von Schaltungen, Schutzeinrichtungen und Betriebsmittel nachgewiesen. Die Feststellung der ordnungsgemäßen Funktion erfolgt beim Erproben anhand der Reaktion einer Schaltung oder eines Betriebsmittels. Dabei ist zu erproben, ob die Betriebsmittel gemäß den zutreffenden Anforderungen der DIN VDE 0100-Reihe richtig montiert, ihrem bestimmungsgemäßen Zweck eingestellt und angeschlossen sind. Folgende Betriebsmittel von Schutz- und Meldeeinrichtungen sind dabei einer Funktionsprüfung zu unterziehen:

- Schaltgerätekombinationen,
- Funktion von Schaltungen für Beleuchtungs- und Steckdosenstromkreise,
- Fehlerstrom-Schutzeinrichtungen (RCD) durch Betätigen der Prüftaste,
- Funktionsprüfung der Isolationsüberwachungsgeräte in IT-Systemen und Differenzstrom-Überwachungsgeräte (RCM) durch Betätigen der Prüftaste,
- Betätigen von NOT-AUS-Einrichtungen und Überprüfung der Abschaltung anhand des NOT-AUS-Konzepts (z. B. Gefährdungsbeurteilung, zutreffende Regelwerke, Abschaltmatrix),
- Funktionsfähigkeit von Melde- und Anzeigeeinrichtungen (z. B. Lampentest an Schaltschränken, manuelle Ansteuerung von Aktoren in Steuerungen durch Setzen der Ausgänge in speicherprogrammierbare Steuerungen oder manuelles Betätigen von Schützen),
- Erproben der Rückmeldung von Schaltstellungsanzeigen von ferngesteuerten Schalt- und Meldeeinrichtungen,
- Erproben von Verriegelungseinrichtungen,
- Erproben von Sicherheitsfunktionen, z. B. durch Abschaltung der Stromversorgung, Simulation von Drahtbrüchen etc.,
- Erproben der Abschaltung bei Wegfall der Synchronisationsbedingungen (Inselnetzerkennung) bei Erzeugungseinheiten mit synchroner Netzverbindung durch Abschalten des Stromkreises und
- Erproben der Funktion des externen NA-Schutzes (Netz- und Anlagenschutz), sofern erforderlich, bei Erzeugungsanlagen. Das Erproben bezieht sich demnach entweder auf die korrekte Funktion eines Betriebsmittels, welches laut Herstellervorgaben über eine Selbsttestung verfügt und aus Schaltungen.

20.1 Erproben von Schutz- und Überwachungseinrichtungen

Im Anwendungsbereich der DGUV Vorschrift 3 bzw. 4 sind gemäß der Durchführungsanweisung Fehlerstrom, Differenzstrom und Fehlerspannungs-Schutzeinrichtungen durch Betätigen der Prüftaste (Prüfeinrichtung) durch den Benutzer zu erproben. In stationären Anlagen ist diese Erprobung alle sechs Monate durchzuführen und zu dokumentieren. Innerhalb von Arbeitsstätten und öffentlich zugänglichen Bereichen stellt dieser Umstand allerdings Betreiber vor ein Dilemma: Einerseits ist das Erproben der Schutzeinrichtungen durch den Benutzer durchzuführen, was theoretisch auch ein Laie sein kann, andererseits sind diese Schutzeinrichtungen in Niederspannungs-Schaltgerätekombinationen untergebracht, zu denen nur elektrotechnisch unterwiesene Personen (EuP) oder Elektrofachkräfte (EFK) Zugang haben dürfen. In der Praxis führt dies dazu, dass zum Beispiel Hausmeister öffentlicher Einrichtungen als EuP geschult werden.

In nichtstationären Anlagen ist die einwandfreie Funktion von Schutzeinrichtungen durch Betätigen der Testtaste arbeitstäglich durch den Benutzer durchzuführen. Typischerweise handelt es sich hierbei um elektrische Anlagen auf Baustellen oder fliegenden Bauten.

Das Betätigen der Testtaste einer Fehlerstrom-Schutzeinrichtung (RCD) stellt im Prinzip die einfachste Form der Erprobung dar (**Bild 20.1**).

Die Testtaste überbrückt über einen Widerstand einen Außenleiter an der Eingangsseite mit dem Neutralleiter der Ausgangsseite. Der zum Fließen kommende Fehlerstrom entspricht gemäß DIN VDE 0664-10 Beiblatt 1 Abs.

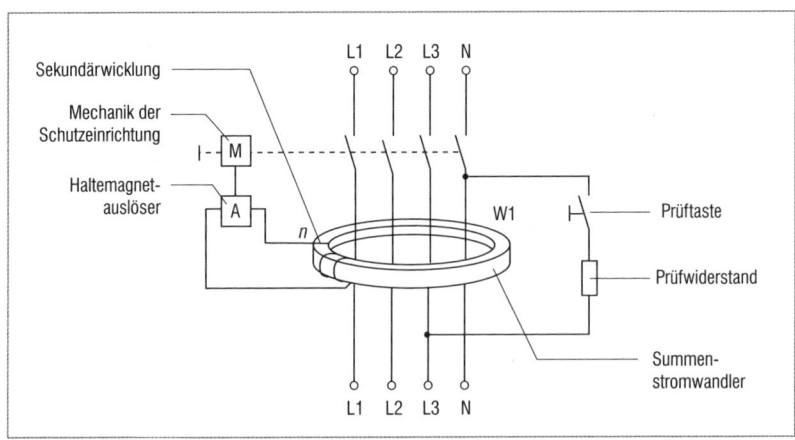

Bild 20.1 Prinzipdarstellung einer RCD Typ A nach DIN VDE 0664-10 Beiblatt 1

9.4 dem bis zu 2,5-Fachen des Bemessungsfehlerstroms. Die Wirksamkeit der Schutzeinrichtung ist mit einem Fehlerstrom, der zwischen 50 % und 100 % des Bemessungsfehlerstroms liegt, zu messen. Mit Betätigung der Testtaste wird demnach nur die mechanische Funktion des Schaltschlosses getestet.

Löst die RCD bei Betätigung der Testtaste nicht aus, kann dies folgende Ursachen haben:

- Verkleben der Kontakte,
- Beschädigung des Schaltschlosses,
- falscher Anschluss der RCD,
- Spannungsausfall,
- ...

Werden 4-polige Fehlerstrom-Schutzeinrichtungen z. B. als Sammel-RCDs für weniger als drei einpolige Endstromkreise verwendet, ist nicht jeder Außenleiteranschluss an der RCD belegt. Es kann folglich wie bei einem Spannungsausfall kein Fehlerstrom über die Testtaste fließen. Anhand der Abbildung auf der RCD oder anhand der Montage- und Bedienungsanleitung ist der Außenleiter, an dem die Testtaste angeschlossen ist, in Erfahrung zu bringen. Ist die Testtaste an einem nicht belegten oder abgeschalteten Außenleiter intern im RCD angeschlossen, kann bei Betätigung kein Fehlerstrom über den Testwiderstand fließen, sodass die Testtaste unwirksam ist. Sind nicht alle Außenleiter an 4-poligen Fehlerstrom-Schutzeinrichtungen belegt, sind die Ausgangsklemmen auf die nicht belegten Eingangsklemmen zurückzuführen. Damit sind alle drei Außenleiteranschlüsse am RCD belegt und die mechanische Funktion kann mit der Testtaste erprobt werden.

20.1.1 Erproben von NOT-AUS-Einrichtungen

In elektrischen Anlagen und Maschinen sind je nach Anwendungsfall Vorkehrungen zum Ausschalten im Notfall in jedem Anlagenteil vorzusehen, bei dem die Notwendigkeit einer Abschaltung der Energieversorgung bestehen kann, um eine unerwartete Gefährdung abzuwenden. Eine Handlung im Notfall umfasst eine, mehrere oder eine Kombination der folgenden Maßnahmen:

- Ausschalten im Notfall (Not-Aus),
- Stillsetzen im Notfall (Not-Halt),
- Not-Start,
- Not-Ein.

Das *Ausschalten im Notfall (NOT-AUS)* ist dadurch gekennzeichnet, dass im Gefahrenfall durch Betätigung des NOT-AUS-Bedienelements (z. B. PILZ-Schalter oder Reißleine bei Maschinen) der sichere Zustand durch Trennen der elektrischen Energie herbeigeführt wird, falls ein Risiko durch einen elektrischen Schlag oder ein anderes Risiko elektrischen Ursprungs besteht, das zu einer elektrischen Gefährdungssituation führen kann.

Das *Stillsetzen im Notfall (NOT-Halt)* ist durch eine Handlung im Notfall gekennzeichnet, die einen Prozess oder eine Bewegung stoppt. Im Gegensatz zum Ausschalten im Notfall steht beim Stillsetzen im Notfall nicht die Trennung der elektrischen Energie im Vordergrund, sondern in Gefährdungssituationen durch mechanische Bewegungen von Maschinen, thermische Gefährdungen durch Hitze oder Kälte und chemische Reaktionen Gefahrenquellen abzuschalten.

Das *Ingangsetzen im Notfall (NOT-Start)* ist dazu bestimmt, einen Prozess oder eine Bewegung zu starten, um eine Gefahrensituation zu beseitigen oder zu verhindern. Analog zum Ausschalten im Notfall kann je nach Gefährdungssituation ein *Einschalten im Notfall (NOT-EIN)* erforderlich sein. Das Einschalten im Notfall (NOT-EIN) ist dazu bestimmt, die Versorgung der elektrischen Energie in bestimmten Teilen einer Anlage einzuschalten, die für Notfallsituationen zum Erhalt des sicheren Zustands vorgesehen sind.

In Verbindung mit Maschinen oder Anlagen wird bei NOT-AUS-Einrichtungen auch gerne der Begriff der funktionalen Sicherheit eingebracht, wodurch eine NOT-AUS-Einrichtung fälschlicherweise auch als Sicherheitsfunktion bezeichnet wird. Allerdings ist eine Sicherheitsfunktion durch eine automatische Erkennung einer Gefahrensituation mittels eines Sensors, der Verarbeitung des Signals über eine speicherprogrammierbare oder verbindungsprogrammierte Logik und einem Aktor, der abschaltet oder den sicheren Zustand auslöst, gekennzeichnet. Bei NOT-AUS-Einrichtungen erfolgt die Aktivierung der Logik und der Aktorik durch manuelle Betätigung durch den Nutzer, wodurch der Begriff der Sicherheitsfunktion hier nicht zutreffend ist.

Jedes Schaltgerät und Betriebsmittel in einer NOT-AUS-Kette ist eine potenzielle Fehlerquelle, die bei Ausfall oder Störung zum Versagen der gesamten Kette führen kann. Schaltkontakte können verschweißen oder verklemmen und elektronische Bauteile in Steuergeräten können versagen. Um solche potentiellen Fehlerquellen und damit Risiken des Versagens der NOT-AUS-Kette zu minimieren, müssen gemäß DIN VDE 0100-460 Abs. 465 die Einrichtungen zum Ausschalten so direkt wie möglich auf die zugeordneten

Versorgungsleiter des Laststromkreises wirken und die elektrische Energieversorgung unterbrechen.

Eine Handlung im Notfall, ganz gleich, ob es sich um eine Abschaltung oder ein Stillsetzen handelt, darf jedoch grundsätzlich keine neue Gefährdungssituation hervorrufen und muss immer die Anlage in einen sicheren und definierten Zustand versetzen. Gleichzeitig sollte bei einer Handlung im Notfall der wirtschaftliche Schaden durch Produktionsausfälle und Beeinträchtigungen der Betriebsabläufe gering gehalten werden. Die Vorkehrung für den Notfall darf die Wirksamkeit von Schutzeinrichtungen, z. B. durch dessen Überbrückung, beeinträchtigen.

Das Abschalten der Beleuchtung würde zu einer neuen Gefährdungssituation führen. Demnach sind Beleuchtungsstromkreise grundsätzlich von NOT-AUS-Kreisen auszunehmen. Betriebsabläufe, sofern keine speziellen Anforderungen bestehen, sind demnach von Stromkreisen anderer Produktionsbereiche, Arbeitsplätze etc. sowie von Rechenzentren und Stromkreisen der allgemeinen Stromversorgung auszunehmen. Bei komplexen Anlagen oder Maschinen sollte eine Abschaltmatrix erstellt werden.

Auswahl von Einrichtungen für NOT-AUS

Bei Einrichtungen für NOT-AUS kann es sich um ein einzelnes Schaltgerät, das die Versorgung direkt unterbricht, handeln. Dies ist typischerweise bei Schaltschränken mit rot-gelb gekennzeichneten Hauptschaltern der Fall. Diese sind in der Lage, sowohl die Betriebsströme als auch Ströme unter Fehlerbedingungen im Gefahrenfall sicher zu trennen. Können ausschließlich Betriebsströme damit abgeschaltet werden, handelt ist sich nicht um eine Einrichtung zum NOT-AUS. Der Schalter darf demnach nicht rot gekennzeichnet und im Hintergrund nicht gelb hinterlegt sein. Einrichtungen für NOT-AUS können jedoch auch aus einer Gerätekombination bestehen, bei der das Unterbrechen der Versorgung durch eine einzige Schalthandlung ausgelöst wird. Steckvorrichtungen sind als NOT-AUS unzulässig.

Die Auswahl der Einrichtungen für NOT-AUS sind gemäß DIN VDE 0100-530 Abs. 537.3.3 und Abs. 537.2 auszuwählen. Seit Anwendungsbeginn der Ausgabe Juni 2018 der DIN VDE 0100-530 müssen Einrichtungen für NOT-AUS Trenneigenschaften haben.

Die Schaltgeräte für NOT-AUS-Schaltung müssen folgende Anforderungen erfüllen:
- Sowohl den Volllaststrom als auch die Ströme eines blockierenden Motors, sofern vorhanden, abschalten können.

▌ Die Geräte für NOT-AUS können aus einem einzigen Schaltgerät bestehen, das die Verbindung direkt unterbricht. Diese Schaltgeräte sind typischerweise Hauptschalter an Schaltschränken mit roter Kennzeichnung auf gelbem Hintergrund.

▌ Steckvorrichtungen sind grundsätzlich nicht für NOT-AUS geeignet. Die Einrichtung muss ausdrücklich in der zutreffenden Produktnorm für die Trennfunktion ausgewiesen sein. Halbleiter haben keine sichere Trennstrecke und sind demnach als Einrichtung zum Trennen unzulässig. Die Abschaltung durch zwei Schützen in Reihe als Einrichtung für NOT-AUS ist demnach unzulässig.

Die Einrichtungen für NOT-AUS dürfen nicht versehentlich oder unbeabsichtigt unter Spannung gesetzt oder betätigt werden. Das Zuschalten darf ausschließlich durch befugte Personen möglich sein. Dies ist zum Beispiel durch Unterbringung der Einrichtung in einem abgeschlossenen Schaltschrank zu realisieren. Außerhalb des Schaltschranks darf demnach ein Zuschalten nur mit Schlüsselschalter o. Ä. möglich sein.

Spannungsausfälle, Drahtbrüche oder Überspannungen dürfen nicht zur Unwirksamkeit der NOT-AUS-Kette führen. Die Einrichtungen für NOT-AUS müssen für die Überspannungskategorie III oder IV klassifiziert sein. Die Unterbrechung muss direkt im Hauptstromkreis erfolgen und der Volllaststrom muss sicher unterbrochen werden. In Hauptstromkreisen für Motoren ist die Einrichtung so auszulegen, dass diese neben dem Volllaststrom die Strome bei festgebremsten Motoren sicher abschalten. Hierzu müssen die Einrichtungen die für die Last erforderliche Gebrauchskategorie verfügen. Die Auslösung über eine Kombination von Geräten muss nach dem Ruhestromprinzip erfolgen.

Betätigungselemente für NOT-AUS müssen eindeutig als solche erkennbar sein. Sie sind vorzugsweise farblich zu kennzeichnen. In diesen Fällen ist das Betätigungselement rot auszuführen. Zum besseren Kontrast muss der Hintergrund gelb sein. Sie müssen in geeigneter Anzahl vorhanden, an geeigneten Stellen angebracht und leicht zugänglich sein (siehe Kapitel 3 *Zugang zu Betriebsmitteln*).

Erfolgt die Wiederinbetriebnahme nicht durch dieselbe Person, muss die Betätigungseinrichtung in „AUS-Position" verriegelbar sein. In diesen Fällen sind die Betätigungselemente mit Schließvorrichtung auszuführen. Das Loslassen des Betätigungselements darf den Stromkreis nicht automatisch einschalten.

Vorgehensweise bei der Prüfung

Im Rahmen der Prüfung ist vom Prüfer die Notwendigkeit, Art und Umfang der Handlungen im Notfall zu klären, vorzunehmen. Der Prüfer hat hierzu das Sicherheitskonzept (NOT-AUS-Konzept), das zum Beispiel in Form einer Gefährdungsbeurteilung oder eines Sicherheitskonzepts vorliegt, zu sichten. Dieses kann bei großen komplexen Anlagen und verketteten Maschinen in Form der Gefährdungsbeurteilung vorliegen, durch den Maschinenhersteller vorgegeben sein oder es sind bei elektrischen Anlagen aus den zutreffenden Normen und Regelwerken, z. B. den DGUV Vorschriften, Regeln, Informationen, zu entnehmen und als Bewertungskriterium heranzuziehen.

Durch Besichtigen ist die Auswahl, Eignung und Anordnung des Schaltgeräts für NOT-AUS zu überprüfen. Hierzu sind die Gerätekategorie, die Bemessungsgrößen sowie die erforderlichen Trenneigenschaften zu prüfen. Die Anzahl, Anordnung und Ausführung der Betätigungselemente sind den zutreffenden Bewertungskriterien zu entnehmen. Die Eignung der Betriebsmittel zum Trennen ist anhand der vom Hersteller angegebenen Normen auf dem Schaltgerät zu entnehmen und mit DIN VDE 0100-530 Anhang B abzugleichen (siehe Liste Einrichtungen zum Trennen, Verweis auf Liste im Anhang, Geräte zum Schalten und Trennen nach DIN VDE 0100-530 Anhang B (normativ)).

Das Erproben der NOT-AUS-Einrichtung muss die zutreffenden Anlagenteile oder Bereiche abschalten.

- Es sind die einzelnen NOT-AUS-Betätigungselemente zu betätigen. Eine Zuschaltung darf erst nach Quittieren aller NOT-AUS-Betätigungselementen möglich sein.
- Durch Abschalten der Überstrom-Schutzeinrichtung im Steuerstromkreis kann der Spannungsausfall simuliert werden.
- Erfolgt der Schaltbefehl über ein Bussystem (EIB) oder eine andere Datenschnittstelle, ist die fehlende Verbindung durch Entfernen eines Drahtes oder durch Abziehen des Datensteckers zu simulieren.

Im Betrieb sind die NOT-AUS-Einrichtungen im Rahmen der regelmäßigen wiederkehrenden Prüfung zu erproben. Die Zeitabstände der Erprobung zwischen den Prüfintervallen sind im Rahmen der Gefährdungsbeurteilung festzulegen. Die NOT-AUS-Einrichtung sollte jedoch mindestens einmal jährlich erprobt werden.

20.1.2 Erproben des Schutzes bei Unterspannung

Die Versorgungsspannung sollte grundsätzlich innerhalb des vorgegebenen Toleranzbereichs (siehe Band 1, Abschnitt 23.2.3 *Zusammenfassung: Netze mit und ohne synchrone Verbindung*) gehalten werden. Sowohl für Stromversorgungssysteme mit synchroner Verbindung als auch bei Inselsystemen darf demnach die Versorgungsspannung nicht mehr als 10 % der Nennspannung U_0 (Spannung Außenleiter gegen Erde) nach unten abweichen.

Nach Spannungseinbrüchen unterhalb der Toleranzgrenze sowie bei komplettem Ausfall der Stromversorgung darf bei automatischer Spannungswiederkehr keine Gefährdungssituationen ausgehend der elektrischen Anlage oder den angeschlossenen Betriebsmitteln entstehen. Ebenso dürfen durch Spannungseinbrüche und nach automatischer Spannungswiederkehr Betriebsmittel weder beschädigt noch in ihrem bestimmungsgemäßen und sicheren Betrieb beeinträchtigt werden.

Schaltgeräte und Unterspannungsschutzeinrichtungen

Hauptschütze müssen bei Spannungseinbruch oder Spannungsausfall sofort abfallen. Besteht beim automatischen Wiedereinschalten der Schutzeinrichtung eine Gefahr, darf keine automatische Wiedereinschaltung erfolgen.

Eine Wiedereinschaltung darf in diesen Fällen nur durch bewusste Handlung z. B. über eine Freigabe mit Schalter bzw. Schlüsselschalter oder eine neue Inbetriebnahme erfolgen.

Beispiele:
- Experimentiereinrichtungen oder Prüfeinrichtungen,
- Motorsteuerung,
- Handbohrmaschinen,
- Maschinen jeder Art,
- Leistungsschalter mit Unterspannungsauslöser.

Unterspannungsschutzeinrichtungen werden nicht gefordert, wenn das Risiko einer Beschädigung der elektrischen Anlage oder einzelner Betriebsmittel als tragbar angesehen werden kann, vorausgesetzt, hieraus entstehen keine Gefahren für Personen.

Werden Schütze verwendet, darf eine Abfall- oder Anzugsverzögerung nicht die sofortige Abschaltung durch Steuer- oder Schutzeinrichtungen verhindern. Es dürfen zeitverzögerte Unterspannungsschutzeinrichtungen verwendet werden, wenn der Betrieb des zu schützenden Betriebsmittels eine kurze Spannungsunterbrechung oder einen kurzen Spannungseinbruch gefahrlos gestattet. Die Kenngrößen der Unterspannungsschutzeinrichtungen müssen auf die Anforderungen in den Normen für das Zuschalten (den Anlauf) und den Betrieb der elektrischen Einrichtungen abgestimmt sein. Bei Beleuchtungsanlagen ist bei automatischer Spannungswiederkehr mit keiner zusätzlichen Gefährdung zu rechnen. Hier kann eine automatische Wiedereinschaltung nach Spannungswiederkehr sogar aus Sicherheitsgründen erforderlich sein. Teilweise sind hier auch Ersatzstromversorgungsanlagen zum Erhalt einer Mindestbeleuchtungsstärke über einen bestimmten Zeitraum erforderlich. Gleiches gilt zum Beispiel bei Absaugeinrichtungen in Experimentiereinrichtungen, Ex-Bereichen und anderen Anlagen, bei denen durch die elektrische Energieversorgung Einrichtungen zur Vermeidung von explosionsfähigen oder giftigen Atmosphären betrieben werden.

Energieversorgung von Maschinen

Bei Maschinen im Anwendungsbereich der Maschinenrichtlinie 2006/42/EG (alte Maschinenrichtlinie) sind in Anhang 1 Abschnitt 1.2.6 ebenso die erforderlichen Maßnahmen bei Störung der Energieversorgung festgelegt. Demnach darf eine Wiederherstellung der Energieversorgung nach einem Ausfall oder nach einer Absenkung der Spannungsversorgung unter 10 % der Nennspannung nicht zu gefährlichen Situationen führen. Ein unbeabsichtigtes Ingangsetzen nach Spannungswiederkehr ist steuerungstechnisch zu verhindern.

das elektrohandwerk
www.elektro.net

Richtig prüfen!

Dabei hilft Ihnen der praxisbezogene Leitfaden für Wiederholungsprüfungen nach VDE DIN 0105.

Diese Themen sind u.a. enthalten:
- Notwendigkeit und Konsequenzen von Wiederholungsprüfungen,
- Pflicht zur Wiederholungsprüfung,
- Arbeitsschutz bei der Wiederholungsprüfung,
- Wiederholungsprüfung in verschiedenen Gebäudearten,
- Wiederholungsprüfung elektrischer Geräte/Betriebsmittel,
- Wiederholungsprüfung von elektrischen Maschinenausrüstungen und mobilen Stromerzeugern sowie
- Prüfmittel.

Ihre Bestellmöglichkeiten auf einen Blick:

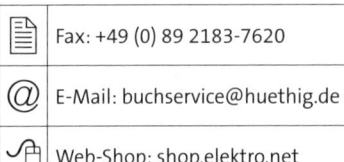

Hier Ihr Fachbuch direkt online bestellen!

21 Auswahl der Messgeräte

Die Messungen dienen der Feststellung des ordnungsgemäßen Zustands der elektrischen Anlage und sind ergänzend zum Besichtigen, Erproben und zum Nachweis der Wirksamkeit der angewandten Schutzmaßnahmen durchzuführen.

Die Messgeräte sind entsprechend dem Anwendungsfall unter Berücksichtigung der Kategorie (siehe Abschnitt 5.2 *Auswahl nach der Überspannungskategorie*) auszuwählen. Die Aufschriften und Nutzerinformationen der Messgeräte dienen der sicheren und bestimmungsgemäßen Handhabung und sind im Rahmen der Prüftätigkeit zu beachten.

Es müssen nach DIN VDE 0413-1 Abs. 5 folgende Informationen auf den Messgeräten und in der Betriebsanleitung dem Prüfer bereitgestellt werden:

21.1 Aufschriften auf dem Messgerät

- Gerätetyp, Herstellername oder Warenzeichen,
- Einheiten der Messgrößen,
- Messbereiche, Sicherungstyp und Nennstrom für auswechselbare Sicherungen Batterie/Akkumulatortyp und Anschlusspolung im Batteriefach, (muss auch in Betriebsanleitung enthalten sein),
- Messeinrichtungen, die während der Messung vom Stromversorgungsnetz gespeist werden, müssen der Schutzklasse 2 entsprechen. Die Angabe der Schutzklasse 2 muss auf dem Typenschild vorhanden sein,
- Hinweis auf die Betriebsanleitung (Zeichen nach IEC 61010-1),
- zusätzliche Angaben je nach Messaufgabe.

21.2 Inhalte der Betriebsanleitung

Aus der Betriebsanleitung müssen die Betriebsunsicherheit, die Eigensicherheit und die Einflusseffekte (E9 und E10) ersichtlich sein. Zudem müssen folgende Angaben und Schaltbilder enthalten sein:
- Anschlussbilder,
- Diagramme und Tabellen, mit Berücksichtigung der angegebenen Toleranzen und maximal angezeigten Messwerte (sofern erforderlich),

- Anleitung zur Durchführung der Messung,
- Kurzbeschreibung des Messprinzips,
- Batterie/Akkumulatortyp,
- Angaben zum Ladestrom, Ladespannung und Ladezeiten bei Akkumulatoren,
- Betriebsdauer der Batterie/Akkumulator oder Anzahl der möglichen Messungen,
- IP-Schutzart,
- besondere Bedienungshinweise z. B. bei Anwendung in explosionsgefährdeten Bereichen.

21.3 Gerätekategorie

Hinsichtlich des Arbeitsschutzes sollten Messgeräte verwendet werden, die nach 2004 in den Verkehr gebracht wurden und somit dem aktuellen Sicherheitsstandard nach DIN EN 61010-1 (VDE 0411-1) entsprechen. Die Messkategorien beschreiben den Einsatzzweck des Messgeräts (siehe Abschnitt 5.2 *Auswahl nach der Überspannungskategorie*).

Messgeräte der Kategorie 1 und 2 sind für Messaufgaben innerhalb von Niederspannungsanlagen geeignet. Messgeräte der Kategorie 1 können für Messungen an besonders geschützten Betriebsmitteln, wie ortsveränderliche Geräte (Kaffeemaschinen, etc.), verwendet werden. Messgeräte der Kategorie 2 eignen sich für Messungen an Betriebsmitteln, die über einen Stecker an einem Endstromkreis angeschlossen sind. Zu Messaufgaben in elektrischen Niederspannungsanlagen, wie der Gebäudeinstallation, fest angeschlossener Betriebsmittel und Verteiler, sind Messgeräte zu verwenden, die mindestens der Kategorie 3 entsprechen. Mit der neu eingeführten Kategorie 4 wird bei Messaufgaben in ortsfesten elektrischen Anlagen zwischen Messungen und der Anschlussnutzeranlage, also im gezählten Bereich, und Messungen im Hauptstromversorgungssystem unterschieden. Für Messungen an Betriebsmitteln an der Einspeisestelle der Kundenanlage sowie im Hauptstromversorgungssystem im Bereich des Zählers, des Hauptanschlusses sowie dem Überspannungsschutz der Kundenanlage sind Messgeräte der Kategorie 4 zu verwenden.

21.4 Betriebsmessunsicherheit

Die Betriebsmessunsicherheit gibt die Unsicherheit des Messgeräts unter den beim Betrieb gemessenen Referenzbedingungen an. Die Referenzbedingungen geben den festgelegten Wertebereich von Einflussgrößen an, unter denen die geringste zulässige Messunsicherheit eines Messgeräts festgelegt sind.

Die Betriebsmessunsicherheit wird durch die Eigenunsicherheit und die Einflusseffekte beeinflusst. Die Eigenunsicherheit A gibt die inneren Einflusseffekte des Messgeräts auf den Messwert unter Referenzbedingungen an. Die Einflusseffekte E1 bis E10 beeinflussen durch äußere Einwirkungen, wie Umgebungsbedingungen, Lage und Einwirkung von Spannungen, Strömen und Frequenzen, den Messwert (Tabelle 21.1).

Grundsätzlich ist die Betriebsmessunsicherheit bei der Bewertung des Messergebnisses zu berücksichtigen. Einige Messgeräte zeigen den Messwert unter Berücksichtigung der vom Hersteller angegebenen Betriebsmessunsicherheit an. Dieser Sachverhalt ist bei der Bewertung des Messergebnisses zu beachten.

$$B = \pm \left(|A| + 1{,}15 \cdot \sqrt{\sum_{i=1}^{N} E_i^2} \right)$$

A	Eigenunsicherheit
E	Einflusseffekte
i	laufende Nummer der Einflusseffekte
N	Anzahl der Einflusseffekte

$$B\,[\%] = \pm \frac{B}{\text{Bezugswert}} \cdot 100\,\%$$

Einflusseffekt	Beschreibung
E1	Einflusseffekt durch Veränderung der Lage
E2	Einflusseffekt durch Veränderung der Versorgungsspannung
E3	Einflusseffekt durch Temperaturschwankung
E4	Einflusseffekt durch Serienstörspannung
E5	Einflusseffekt durch den Sonden- und Hilfserderwiderstand
E6	Einflusseffekt durch Änderung des Phasenwinkels der Impedanz des gemessenen Stromkreises
E7	Einflusseffekt durch Änderung der Netzfrequenz
E8	Einflusseffekt durch Änderung der Netzspannung
E9	Einflusseffekt durch Netzoberschwingung
E10	Einflusseffekt durch Gleichstromanteile im Netz

Tabelle 21.1 Betriebsmessunsicherheit und Einflussfaktoren

21.5 Auswahl von Prüfmitteln

Die Mess- und Überwachungsgeräte sowie die Verfahren müssen den Anforderungen der Teile nach DIN EN 61557 (VDE 0413) entsprechen (**Tabelle 21.2**). Die Verwendung anderer Messgeräte ist zulässig, wenn diese mindestens die gleichen Leistungsmerkmale aufweisen.

Messaufgabe	Gerätenorm	Betriebsmessunsicherheit/Anzeige
Isolationswiderstand	DIN EN 61557-2 (VDE 0413-2)	± 30 %
Schleifenimpedanz/Schleifenwiderstand	DIN EN 61557-3 (VDE 0413-3)	± 30 %
Widerstand von Erdungsleitern und Schutzleitern einschließlich Schutzpotentialausgleichsleitern	DIN EN 61557-4 (VDE 0413-4)	± 30 %
Erderwiderstand	DIN EN 61557-5 (VDE 0413-5)	± 30 %
Wirksamkeit der Schutzmaßnahme mit Fehlerstrom-Schutzeinrichtungen (RCDs)	DIN EN 61557-6 (VDE 0413-6)	± 10 % (Auslösestrom, Bemessungsfehlerstrom)
Drehfeldrichtung	DIN EN 61557-7 (VDE 0413-7)	entfällt
Isolationsüberwachungsgeräte für IT-Systeme	DIN EN 61557-8 (VDE 0413-8)	± 15 %
Einrichtungen zur Isolationsfehlersuche in IT-Systemen	DIN EN 61557-9 (VDE 0413-9)	gemäß Herstellerangaben
Kombinierte Messgeräte zum Prüfen, Messen oder Überwachen von Schutzmaßnahmen	DIN EN 61557-10 (VDE 0413-10)	siehe Messaufgabe der Gerätenormen
Wirksamkeit von Differenzstrom-Überwachungseinrichtungen (RCMs) Typ A und Typ B in TT-, TN- und IT-Systemen	DIN EN 61557-11 (VDE 0413-11)	± 10 % (Auslösestrom, Bemessungsfehlerstrom)
Geräte zum Prüfen, Messen oder Überwachen von Schutzmaßnahmen – Teil 12: Geräte zur Energiemessung und -überwachung (PMD)	DIN EN 61557-12 (VDE 0413-12)	
Geräte zum Prüfen, Messen oder Überwachen von Schutzmaßnahmen – Teil 13: Handgehaltene und handbediente Strommesszangen und Stromsonden zur Messung von Ableitströmen in elektrischen Anlagen	DIN EN 61557-13 (VDE 0413-13)	
Geräte zum Prüfen, Messen oder Überwachen von Schutzmaßnahmen – Teil 14: Geräte zum Prüfen der Sicherheit der elektrischen Ausrüstung von Maschinen	DIN EN 61557-13 (VDE 0413-13)	
Spannungs- und Strommessung	DIN EN 61010-1 (VDE 0411-1) DIN EN 61010-2-032 (VDE 0411-2-032)	

Tabelle 21.2 Mess- und Überwachungsgeräte nach DIN EN 61557 (VDE 0413)

22 Feststellen der Spannungsfreiheit

Nach DIN VDE 0105-100 Abs. 6.2.3 muss die Spannungsfreiheit an oder so nahe wie möglich der Arbeitsstelle allpolig festgestellt werden. Die Feststellung der Spannungsfreiheit darf ausschließlich durch eine Elektrofachkraft oder eine elektrotechnisch unterwiesene Person festgestellt werden. Die Spannungsfreiheit der freigeschalteten Anlagenteile ist in Niederspannungsanlagen vor Beginn der Arbeiten im Sinne der Anwendung der fünf Sicherheitsregeln mithilfe eines eingebauten oder eines ortsveränderlichen Spannungsprüfers festzustellen.

In der Praxis werden oft sogenannte einpolige Spannungsprüfer verwendet. Diese verfügen über eine hochimpedante Glimmlampe, sodass die Stromstärke weit unterhalb der Wahrnehmbarkeitsschwelle von 0,5 mA liegt. Allerdings ist diese Methode der Spannungsmessung keine geeignete Maßnahme im Sinne des Feststellens der Spannungsfreiheit. Grundsätzlich muss bei der Prüfung der Spannungsfreiheit das angezeigte Messergebnis 0 V eindeutig interpretierbar sein. Eine Abhängigkeit von einer Hilfsspannungsversorgung ist unzulässig.

Meist werden zweipolige Spannungsprüfer mit Batterie verwendet. Die Batterie wird u. a. für den integrierten Durchgangsprüfer benötigt. Hier ist Vorsicht geboten, da das Ergebnis 0 V auch durch eine leere Batterie im Messgerät resultieren kann. Vor dem Messen der Spannungsfreiheit sollte der Prüfer in Erfahrung bringen, ob die Feststellung der Spannungsfreiheit von der Batterieversorgung unabhängig ist. Davon ist auszugehen, wenn die Batterie aus dem Spannungsprüfer entnommen und eine Spannungsmessung durchgeführt wird. Zeigt der Spannungsprüfer mit herausgenommener Batterie dennoch eine Spannung an, ist davon auszugehen, dass die Funktion der Spannungsprüfung von der Batterieversorgung unabhängig ist und der Spannungsprüfer für das Feststellen der Spannungsfreiheit geeignet ist.

Messgeräte zum Prüfen der Schutzmaßnahmen nach DIN VDE 0413 benötigen immer eine Hilfsstromquelle. Demnach sind Geräte nach DIN VDE 0413 zum Feststellen der Spannungsfreiheit unzulässig.

Zum Feststellen der Spannungsfreiheit sind Spannungsprüfer und Spannungsprüfsysteme in Übereinstimmung mit den folgenden jeweiligen Normen auszuwählen:

- DIN EN 61243-1 (VDE 0682-411)
- DIN EN 61243-2 (VDE 0682-412)
- DIN EN 61243-3 (VDE 0682-413)
- DIN EN 61243-5 (VDE 0682-415)

23 Messen

Im Rahmen von Erst- und Wiederholungsprüfungen ist durch Messen die Wirksamkeit der Schutzmaßnahmen gegen elektrischen Schlag nachzuweisen.
Die Erstprüfung umfasst, sofern zutreffend, nach DIN VDE 0100-600 folgende Messungen:
- Durchgängigkeit der Leiter,
- Isolationswiderstand,
- Isolationswiderstand zur Bestätigung der Wirksamkeit des Schutzes durch SELV, PELV oder durch Schutztrennung,
- Isolationswiderstand/-impedanz von isolierenden Fußböden und isolierenden Wänden,
- Prüfung der Spannungspolarität,
- Prüfung zur Bestätigung der Wirksamkeit des Schutzes durch automatische Abschaltung der Stromversorgung,
- Prüfung zur Bestätigung der Wirksamkeit des zusätzlichen Schutzes,
- Prüfung der Phasenfolge der Außenleiter,
- Funktionsprüfungen,
- Spannungsfall.

Die Messungen der wiederkehrenden Prüfungen gemäß DIN VDE 0105-100/A1 verweisen auf die Methoden der Erstprüfung.

23.1 Durchgängigkeit der Leiter

Die Durchgängigkeit der Schutzleiter sind nach DIN VDE 0100-600 Abs. 6.4.3.2 zwischen den Schutzleitern und dem Schutzleiter der Verteilung mit einem Messstrom von mindestens 0,2 A zu messen. Es ist kein höchstzulässiger Widerstandswert vorgegeben. Die gemessenen Werte sind allerdings entsprechend der Leitungslängen, dem Leitermaterial und den Leiterquerschnitten unter Berücksichtigung der üblichen Übergangswiderstände durch Klemmen innerhalb der plausiblen Widerstandswerte anzusiedeln. Zur Plausibilitätsprüfung sind die Messwerte der Betriebsmessabweichungen, der Längen und Leiterquerschnitte der Schutzleiter mit den spezifischen Leiterwiderständen, z. B. gemäß DIN VDE 0100-600 Anhang A (informativ), abzugleichen. Ableitkapazitäten können das Messergebnis verfälschen. Hierzu sind die Angaben aus der Bedienungsanleitung des Messgeräteherstellers zu beachten.

Die Widerstandsmessung dient dem Nachweis des korrekten Anschlusses der Körper am Schutzleitersystem und der wirksamen niederimpedanten Verbindung zwischen Hauptpotentialausgleich und Schutzleitern. Der Nachweis über die Durchgängigkeit der Leiter ist zwischen folgenden Punkten untereinander und zur Haupterdungsschiene zu messen:

- alle Schutzleiter von Steckdosen und Anschlussstellen fest angeschlossener Betriebsmittel,
- Schutzpotentialausgleichsleiter,
- an den Körpern der Betriebsmittel.

Bild 23.1 zeigt die Messung der Durchgängigkeit der Schutzleiter in einem Unterrichtsraum einer Schule für Experimentierzwecke. Die Durchgängigkeit der Leiter ist in diesem Beispiel zwischen den Schutzleitern der Schutzkontaktsteckdosen und zwischen den PE-Buchsen der Versuchseinrichtung zu messen. Hierbei ist sicherzustellen, dass nicht nur die Schutzleiter untereinander verbunden sind, sondern auch eine Verbindung zur Schutzleiterklemme im Verteiler und zum zusätzlichen Potentialausgleich besteht.

Ein höchstzulässiger Widerstandswert ist nicht vorgegeben. Im Rahmen der Prüfung hat der Prüfer jedoch unter Berücksichtigung der Leitungslängen, den Leiterquerschnitten, dem Leitermaterial und der Leitertemperatur die Plausibilität der Messwerte zu bewerten. Das Schutzleitersystem führt im fehlerfreien Betrieb höchstens die Ableitströme.

Für die Durchgängigkeit der Leiterverbindungen gibt es normativ keine festgelegten Grenzwerte. Im Allgemeinen ist durch den Prüfer zu bewerten, ob die Messwerte entsprechend den Leiterquerschnitten, Leiterlängen und der Betriebstemperatur am Leiter unter Berücksichtigung der Übergangswiderstände von Klemmen etc. plausibel sind. Zur Bewertung kann **Tabelle 23.1** hinzugezogen werden.

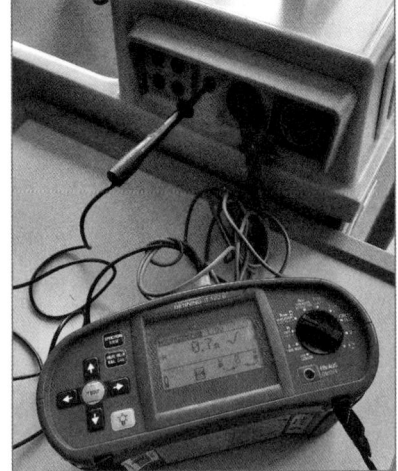

Bild 23.1 Durchgängigkeit der Schutzleiter an einer Steckdose in einer Schule

Bemessungsquerschnitt S in mm²	spezifischer Leiterwiderstand R bei 30 °C in mΩ/m
	Kupfer
1,5	13,25755
2,5	7,5661
4	4,7392
6	3,1491
10	1,8811
16	1,1858
25	0,7525
35	0,5467
50	0,4043
70	0,2817
95	0,2047
120	0,1632
150	0,1341
185	0,1091

Quelle: VDE Schriftenreihe 52, Lexikon der Installationstechnik, 4. Auflage

Tabelle 23.1 Spezifische Leiterwiderstände von Kupfer für die erforderlichen Leiterquerschnitte nach DIN VDE 0100-600

Während eine Erstprüfung vor Inbetriebnahme durchgeführt wird, ist von einem unbelasteten Betrieb auszugehen, sodass die Leitertemperatur mit der Umgebungstemperatur gleichzusetzen ist. Die Bewertung der Durchgängigkeit der Leiter ist auch im Fehlerfall zu bewerten. Hier hat der Prüfer die Leitererwärmung am Ende des Fehlers (Körperschluss) zu bewerten und die Messergebnisse bei Umgebungstemperatur erforderlichenfalls auf die entsprechende Leitertemperatur umzurechnen.

Da die Messung im Rahmen der Erstprüfung i. d. R. im unbelasteten Betrieb (Leitertemperatur 30 °C) durchführt wird, sind bei der Beurteilung die Messwerte unter der höchstzulässigen Temperatur am Leiter im Fehlerfall zu betrachten.

23.2 Isolationswiderstand

Isolationsmessungen sind grundsätzlich mit Gleichspannung durchzuführen, um den Einfluss der Leitungskapazitäten auszunehmen. Die Messung ist mit einem Prüfstrom von mindestens 1 mA durchzuführen. Das Messgerät muss den Anforderungen nach DIN EN 61557-2 (VDE 0413-2) entsprechen. Durch etwaige Wechselspannungsanteile in der Ausgangsprüfspannung des Messgeräts darf sich die Anzeige bei Bemessungsausgangsspannung an einem

Widerstand des Werts von $U_N \cdot 1.000$ Ω/V und Nennstrom um höchstens 10 % bezogen auf den angezeigten Wert ändern, wenn parallel zu dem zu messenden Isolationswiderstand ein Kondensator von 2 µF geschaltet wird. Die Messspannung darf das 1,25-Fache der Bemessungsausgangsspannung nicht überschreiten. Der Messstrom darf 15 mA Scheitelwert nicht überschreiten. Der Wechselstromanteil darf höchstens 1,5 mA Scheitelwert betragen.

Die Betriebsmessunsicherheit des Messgeräts darf innerhalb des Messbereichs nach DIN EN 61557-2 (VDE 0413-2) höchstens ± 30 % betragen. Die Anzeige des Messergebnisses kann je nach Hersteller die Betriebsmessunsicherheit beim angezeigten Messergebnis berücksichtigen. Die Angaben sind von der Bedienungsanleitung des Messgeräts zu entnehmen. Bei wiederkehrenden Prüfungen darf auch ein Messgerät nach DIN EN 62020 (VDE 0663) oder ein anderes Messgerät verwendet werden, sofern dieses über mindestens die gleichen Leistungsmerkmale und die gleiche Sicherheit verfügt:

▪ Isolationswiderstand zur Bestätigung der Wirksamkeit des Schutzes durch SELV, PELV oder durch Schutztrennung,
▪ Isolationswiderstand/-impedanz von isolierenden Fußböden und isolierenden Wänden.

Das Messprinzip beruht auf einer Reihenschaltung mit bekanntem Innenwiderstand und bekannter Gleichspannungsquelle. Die Gleichspannung von 100 V, 250 V, 500 V oder 1.000 V wird im Messgerät erzeugt und ist entsprechend den Vorgaben vom Prüfer einzustellen. Der Innenwiderstand der Stromquelle R_i (**Bild 23.2**) dient der Strombegrenzung. Bei der Messung wird die eingestellte Prüfgleichspannung eingeschaltet. Der dadurch zum Fließen kommende Messstrom fließt über den Innenwiderstand des Messgeräts, die Strommessung und über die Isolation des zu messenden Isolationspfads zurück zur Messspannungsquelle.

Der Isolationswiderstand ergibt sich aus dem Quotienten von Messspannung zu Messstrom abzüglich dem Innenwiderstand des Messgeräts. Der Innenwiderstand ist wesentlich kleiner als der zu messende Isolationswiderstand, sodass dieser in der Praxis den Messwert nicht wesentlich beeinflusst.

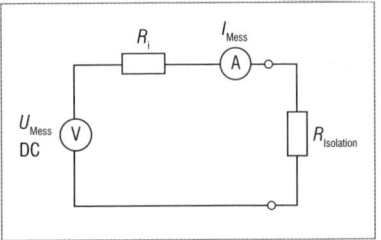

Bild 23.2 Messprinzip der Isolationsmessung

23.2 Isolationswiderstand

$$R_{\text{Isolation}} = \frac{U_{\text{Mess}}}{I_{\text{Mess}}} - R_i$$

$R_{\text{Isolation}}$ Isolationswiderstand des Stromkreises
U_{Mess} eingestellte Prüfgleichspannung
I_{Mess} gemessener Strom (mindestens 1 mA)
R_i Innenwiderstand des Messgeräts

23.2.1 Durchführung der Messung

Die Messung des Isolationswiderstands ist bei neu errichteten Anlagen bei Inbetriebnahme vollumfänglich durchzuführen. Hier wird empfohlen, die Messungen bereits, soweit sinnvoll, während der Errichtung durchzuführen. Bei wiederkehrenden Prüfungen kann der Prüfer unter bestimmten Bedingungen den Umfang der Messungen auf Stichproben reduzieren, wenn dadurch eine Beurteilung der elektrischen Anlage möglich ist.

Das Messergebnis hat bei Erst- und Wiederholungsprüfungen nur dann eine Aussagekraft, wenn alle im Stromkreis enthaltenen Schalter geschlossen sind. Bei Beleuchtungsstromkreisen ist demnach vor der Messung das Licht einzuschalten, da sonst der Isolationswiderstand nur bis zum nächstgelegenen geöffneten Schalter gemessen wird. Gleiches gilt bei Schalt- und Steuergeräten im Verteiler. Hier hat der Prüfer, sofern möglich, die Schaltkontakte über die Steuerung zu schließen. Gleiches gilt bei der Ansteuerung von Motoren und Antrieben. Können die Schaltkontakte nicht geschlossen werden, oder ist dies mit einem unvertretbar erhöhten Aufwand verbunden, kann die Messung an den Anschlussklemmen des Verteilers oder an den Ausgangskontakten der Schaltgeräte durchgeführt werden.

Der Isolationswiderstand der Stromkreise ist im Rahmen der Erstprüfung nach DIN VDE 0100-600 zwischen den aktiven Leitern sowie zwischen den aktiven Leitern und den mit der Erdungsanlage verbundenen Schutzleitern zu messen (**Bild 23.3**).

Bei wiederkehrenden Prüfungen ist die Messung zwischen jedem aktiven Leiter (L, N) gegen Erde oder Schutzleiter ausreichend. Um den Messaufwand zu reduzieren und um Zerstörungen zu vermeiden, dürfen bei wiederkehrenden Prüfungen alle aktiven Leiter für die Messung miteinander verbunden werden. In TN-C-Systemen ist die Messung zwischen den aktiven Leitern und dem PEN-Leiter vorzunehmen.

In explosionsgefährdeten Bereichen besteht ein erhöhtes Risiko, dass ein Fehlerlichtbogen explosive Luft-Gas- bzw. Luft-Staub-Gemische in der Atmo-

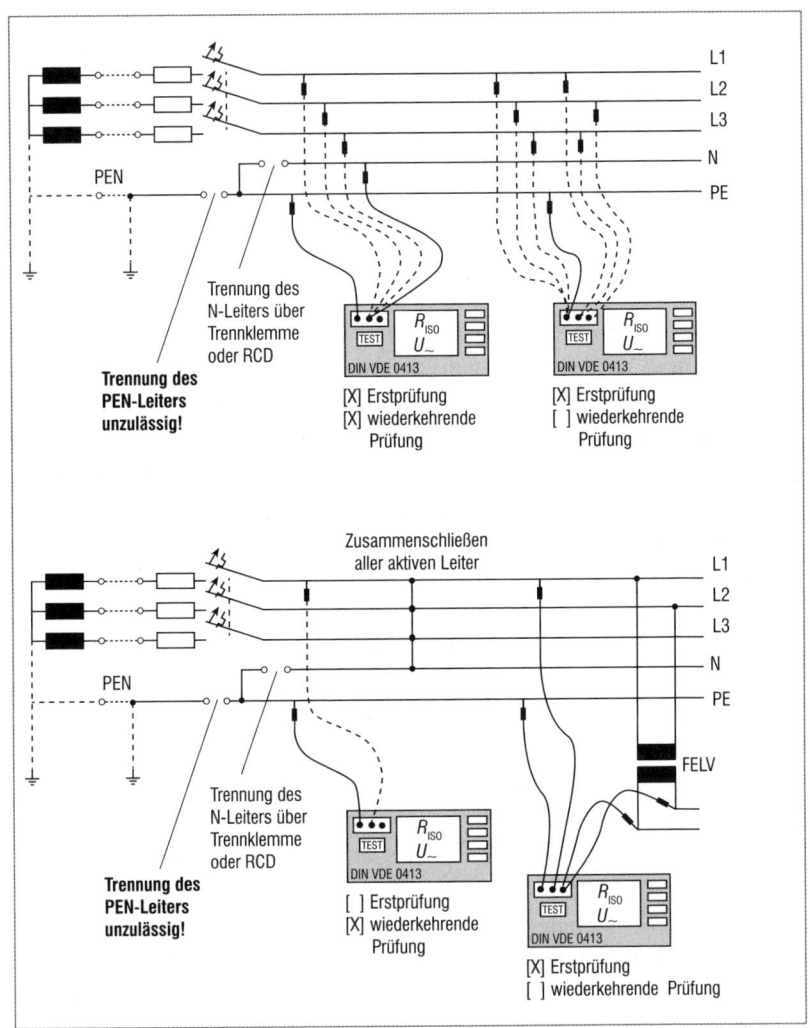

Bild 23.3 Durchführung der Isolationsmessung bei Erst- und wiederkehrenden Prüfungen

sphäre zündet. Ebenso besteht innerhalb feuergefährdeten Betriebsstätten ein erhöhtes Risiko der Brandentstehung. Deshalb ist der Isolationswiderstand von Stromkreisen in den genannten Bereichen auch im Rahmen der wiederkehrenden Prüfungen zwischen den aktiven Leitern zu messen.

In FELV-Stromkreisen ist mit derselben Messgleichspannung zu prüfen, die für den Primärstromkreis angewendet wird.

Trennen des Neutralleiters

Über den Sternpunkt sind Neutralleiter und Schutzleiter miteinander verbunden. Der Neutralleiter ist deshalb für die Messung des Isolationswiderstands zu trennen, da diese Verbindung zwischen Neutralleiter und Schutzleiter immer zu einem unzureichenden Messergebnis führen würde. Je nach Ausführung und Nutzung der elektrischen Anlage bestehen die Anforderungen, die Messung ohne Eingriff in die elektrische Anlage, also Abklemmen des Neutralleiters, durchzuführen. Elektrische Anlagen in öffentlich zugänglichen Bereichen und Arbeitsstätten im Anwendungsbereich der DIN VDE 0100-718 sind gemäß Abs. 718.421.8 in ihren Haupt- und Unterverteilungen mit Leiterquerschnitten unter 10 mm^2 so auszuführen, dass eine einfache Messung des Isolationswiderstands aller Leiter gegen Erde jedes einzelnen Stromkreises ohne Abklemmen möglich ist. Sofern jeder Endstromkreis über einen separaten RCD verfügen, erfolgt die Trennung beim Abschalten des RCDs. Andernfalls sind N-Trennklemmen erforderlich. In TN-C- und TN-C-S-Systemen darf die Messung auch gegen den PEN-Leiter durchgeführt werden. In TN-C-System darf keinesfalls der PEN-Leiter aufgetrennt werden, da sonst an den Körpern der elektrischen Anlage eine gefährliche Berührungsspannung anstünde. Für die Messung sind deshalb grundsätzlich die Verbindungen der einzelnen Neutralleiter aufzutrennen.

Nach der Messung ist in jedem Fall darauf zu achten, dass die N-Trennklemmen wieder geschlossen werden, da es sonst bei unsymmetrischen Lasten im Drehstromkreis zur Zerstörung von Betriebsmittels aufgrund einer Sternpunktverschiebung kommt.

Betriebsmittel, die das Messergebnis verfälschen, sind vor der Messung, sofern möglich, abzuklemmen:
- in fest angeschlossenen Betriebsmitteln sind integrierte Überspannungs-Schutzeinrichtungen (SPD) abzuklemmen oder zu entfernen,
- Überspannungs-Schutzeinrichtungen (SPD) sind in den Verteilungen abzuklemmen oder zu entfernen,
- ist ein Abklemmen oder Entfernen nicht möglich, kann die Messspannung auf 250 V herabgesetzt werden. Es muss jedoch ein Isolationswiderstand von mindestens 1 MΩ erreicht werden.

Isolationsmessung in Stromkreisen mit AFDDs

Fehlerlichtbogen-Schutzeinrichtungen sind elektronische Betriebsmittel. Demzufolge können AFDDS das Messergebnis verfälschen oder durch die Prüfgleichspannung von 500 V beschädigt werden. Vor Durchführung der

Messung ist deshalb zu prüfen, ob AFDDs im Stromkreis eingebaut sind. Sind AFDDs eingebaut, ist anhand der Montage- und Bedienungsanleitung zu prüfen, ob diese vor einer Isolationsmessung abzuklemmen sind. Kann der AFDD im Stromkreis nicht abgeklemmt werden, kann die Messgleichspannung auf 250 V herabgesetzt werden. Die Reduzierung der Prüfgleichspannung unter 250 V (DC) ist für den Nachweis der Schutzmaßnahmen nicht geeignet.

23.2.2 Prüfspannung und Grenzwerte

Die Messgleichspannung ist abhängig von der Nennspannung des Stromkreises nach DIN VDE 0100-600 Tabelle 6.1 einzustellen. Die gemessenen Isolationswiderstände sind bei neu errichteten Anlagen üblicherweise wesentlich höher als die vorgegebenen Grenzwerte. Im Idealfall liegen diese über dem angegebenen Messbereich des Messgeräts. Die Messergebnisse sind auf Plausibilität zu prüfen. Erfüllen die Messwerte die vorgegebenen Grenzwerte und weichen dennoch erheblich voneinander ab, ist die Ursache hierfür zu ergründen.

Zur Reduzierung des Aufwands ist es zulässig, wenn mehrere End- oder Verteilerstromkreise in Gruppen zusammengeschlossen und gemeinsam auch mit angeschlossenen Betriebsmitteln gemessen werden. Dabei darf der Isolationswiderstand der Sammelmessung die Grenzwerte nach DIN VDE 0100-600 Tabelle 6.1 nicht unterschreiten. FELV-Stromkreise sind keine Schutzmaßnahme durch Kleinspannung. In FELV-Stromkreisen ist mit derselben Messgleichspannung zu prüfen, die für den Primärstromkreis angewendet wird. In Tabelle 33 (hier **Tabelle 23.2**) sind die einzustellenden Prüfspannungen und Mindestisolationswiderstände bei Erst- und wiederkehrenden Prüfungen je Spannungsbereich und Art des Stromversorgungssystems gelistet.

Im *IT-System* wird die Messaufgabe der Messung des Isolationswiderstands durch Isolationsüberwachungseinrichtungen (IMDs) während des Betriebs überwacht. Hier wird die Messung des Isolationswiderstands im Betrieb durch eine permanente Überwachung ersetzt. Eine Überwachung ist allerdings keine Messung, sondern eine Überwachung der Messgrößen während des Betriebs. Die Isolationsüberwachungseinrichtung erfasst damit auch Fehler- und vorwiegend kapazitive Ableitströme, wodurch die Isolationsüberwachungseinrichtung keine normative Aussage über die bestimmungsgemäße Errichtung zulässt. Vor dem Anschluss der Isolationsüberwachungseinrich-

23.2 Isolationswiderstand

Nennspannung des Stromkreises in V	Messgleich- spannung in V	Mindestwert Isolationswiderstand		
		Erstprüfung	wiederkehrende Prüfung	
		ohne Verbraucher		mit Verbraucher
SELV, PELV	250	0,5 MΩ	0,25 MΩ	
FELV[1]	500	1 MΩ	keine	
≤ 500 V	500	1 MΩ	1.000 Ω/V 500 Ω/V[2]	300 Ω/V 150 Ω/V[2]
> 500 V	1.000	1 MΩ		
mit SPD	250	1 MΩ		
IT-Systeme	s. o.	s. o.		50 Ω/V

[1] Es ist die gleiche Messgleichspannung einzustellen, die für den Primärstromkreis angewendet wird.
[2] Anlagen im Freien sowie Räume oder Bereiche, deren Fußböden, Wände und Einrichtungen zu Reinigungszwecken abgespritzt werden.

Tabelle 23.2 Isolationswiderstände gemäß DIN VDE 0100-600 und DIN VDE 0105-100/A1 bei Erst- und Wiederholungsprüfungen

tung (IMDs) ist demnach eine Isolationsmessung als Erstprüfung durchzuführen. Der Isolationswiderstand muss mindestens den in DIN VDE 0100-600 Tabelle 6.1 gelisteten Isolationswiderständen entsprechen. Im Betrieb ist im Rahmen der wiederkehrenden Prüfung ein Isolationswiderstand von 50 Ω/V ausreichend.

Für *wiederkehrende Prüfungen* gelten die Grenzwerte in Abhängigkeit des Montageorts der Betriebsmittel nach DIN VDE 0105-100. Hierzu gelten im Betrieb die folgenden Grenzwerte für die Stromkreise hinter der Schutzeinrichtung:

- Wird die Messung ohne angeschlossene Betriebsmittel durchgeführt, muss der Isolationswiderstand unter Berücksichtigung der Betriebsmessabweichung hinter der Überstrom-Schutzeinrichtung mindestens 1.000 Ω/V betragen. Dieser Wert ist in trockenen Räumen zu erreichen, wo keine erhöhten Anforderungen an den Wasserschutz der Betriebsmittel bestehen. Typischerweise gilt dieser Grenzwert bei Steckdosenstromkreisen.
- Für Stromkreise mit angeschlossenen und eingeschalteten Betriebsmitteln (Verbrauchsmitteln) muss ein Isolationswiderstand von mindestens 300 Ω/V Nennspannung erreicht werden. Typischerweise handelt es sich in der Praxis um Beleuchtungsstromkreise, Heiz- und Klimageräte, Stromkreise, die mit einer fest angeschlossenen Ladeeinrichtung zum Laden für Elektrofahrzeuge vorgesehen sind und fest angeschlossene sowie Photovoltaik-(PV)-Wechselstromversorgungskreise, an denen PV-Wechselrichter in trockener Umgebung fest angeschlossen sind.

- Liegt der Messwert unter Berücksichtigung der Betriebsmessabweichung unterhalb des vorgegebenen Mindestisolationswiderstands, sind die Betriebsmittel abzuklemmen und die Messung zu wiederholen. Wird die Messung mit abgeklemmtem Betriebsmittel (Verbrauchsmittel) durchgeführt, muss der Isolationswiderstand mindestens 1.000 Ω/V betragen.
- Anlagen im Freien sowie Räume oder Bereiche, deren Fußböden, Wände und Einrichtungen zu Reinigungszwecken abgespritzt werden, sind grundsätzlich einer erhöhten Beanspruchung durch Wasser und Feuchtigkeit ausgesetzt. Bei Stromkreisen in diesen Bereichen muss mindestens der halbe Mindestisolationswiderstand im Vergleich zu trockenen Bereichen erreicht werden. Demnach muss der Isolationswiderstand bei angeschlossenen Betriebsmitteln mindestens 150 Ω/V und ohne angeschlossene Betriebsmittel mindestens 500 Ω/V erreichen. Dies sind typischerweise Beleuchtungsanlagen im Freien, Räume, die zu reinigungs- oder betriebsbedingten Zwecken mit Wasser angespritzt werden, wie z. B. Räume in Schlachtereien, Lebensmittelverarbeitungsmaschinen, PKW-Waschstraßen etc.

Neben den Isolationsfehlern können auch andere Sachverhalte, wie fehlende Anschlüsse, Kondenswasserbildung und fest angeschlossene elektrische Betriebsmittel den Isolationswiderstand beeinträchtigen. Mögliche Ursachen für unzureichende Isolationswiderstände sind zum Beispiel:

- angeschlossene Überspannungsableiter (SPDs) im Stromkreis,
- Neutralleiter und Schutzleiter weisen aufgrund von Verdrahtungsfehlern zwischen Neutralleitern eine elektrisch leitende niederohmige Verbindung auf,
- das am Stromkreis fest angeschlossene oder über eine Steckvorrichtung angeschlossene Betriebsmittel ist fehlerhaft,
- Feuchtigkeit im Betriebsmittel durch Kondenswasser,
- Feuchtigkeit im Betriebsmittel (insbesondere Betriebsmittel im Freien und in feuchten und nassen Räumen) aufgrund offener, beschädigter oder zu großer Leitungseinführungen in das Betriebsmittel,
- Feuchtigkeit aufgrund beschädigter Gehäuse,
- mechanische Beschädigung des Leitungsmantels und der Leitungsisolierung durch scharfe Kanten oder nicht fachgerechte Leitungsbefestigung,
- Risse im Isolationsmaterial von Kabeln und Leitungen aufgrund Überspannungen, zu hoher oder zu niedriger Temperaturen oder UV-Strahlung,
- Kriechstrecken,

■ Zusammenführen von Neutral- und Schutzleiter nach der Auftrennung in einem TN-C-S-System. Hierbei handelt es sich nicht um einen Isolationsfehler im Sinne der Definition, sondern um Verdrahtungsfehler.

23.2.3 Isolationswiderstand zur Bestätigung des Schutzes durch SELV oder PELV

Die Schutzmaßnahme „Schutz durch Kleinspannung mittels SELV oder PELV" setzt neben dem Schutz durch Kleinspannung die sichere Trennung zwischen dem Primär- und Sekundärstromkreis voraus. Die sichere Trennung in SELV- und PELV-Stromkreisen muss auch unter Berücksichtigung eines Einzelfehlers wirksam sein. In beiden Systemen dürfen die Grenzwerte für Kleinspannung weder unter normalen Bedingungen noch unter Einzelfehlerbedingungen überschritten werden. SELV und PELV unterscheiden sich diesbezüglich in der Einzelfehlerbetrachtung. Während bei SELV die Grenzwerte für Kleinspannung sich bei Erdschlüssen in anderen Stromkreisen nicht auf die Spannung auswirken dürfen, sind bei PELV die Betrachtung von Erdschlüssen in anderen Stromkreisen ausgenommen.

Der Nachweis der sicheren Trennung von aktiven Teilen in SELV- und PELV-Stromkreisen zu anderen Stromkreisen und Erde ist durch Messung des Isolationswiderstands mit einer Prüfspannung von 250 V nachzuweisen. Dieser gilt im Rahmen von Erst- und wiederkehrenden Prüfungen ab 0,25 MΩ als ausreichend.

Bei mehradrigen Kabeln, Leitungen oder Leiterbündeln mit Stromkreisen verschiedener Spannungen muss die Messung mit der Prüfspannung gemäß der höchst vorkommenden Nennspannung durchgeführt werden.

23.2.4 Isolationswiderstand bei Schutz durch Schutztrennung

Der Nachweis der sicheren Trennung zu aktiven Teilen von anderen Stromkreisen und von Erde ist durch Messung des Isolationswiderstands nachzuweisen.

Bei Schutztrennung mit mehr als einem Verbraucher ist entweder durch Berechnung oder Messung zudem nachzuweisen, dass bei zwei gleichzeitig auftretenden Fehlern mit vernachlässigbarer Impedanz zwischen unterschiedlichen Außenleitern und dem Schutzpotentialausgleichsleiter oder den an diesen angeschlossenen Körpern mindestens einer der fehlerhaften Stromkreise abgeschaltet wird.

Die Abschaltzeit muss dem für die Schutzmaßnahme automatische Abschaltung der Stromversorgung im TN-System entsprechen.

Zusätzlich sollte bei der Schutztrennung mit mehr als einem elektrischen Verbrauchsmittel die Erdfreiheit des Schutzpotentialausgleichsleiters mit den angeschlossenen Körpern eine Isolationswiderstandsmessung gegen Erdpotential nachgewiesen werden.

Das Messverfahren ist in DIN VDE 0100-410 (VDE 0100-410):2007-06, C.3.4, beschrieben.

23.3 Prüfung der Spannungspolarität

Durch Prüfung der Spannungspolarität und der Phasenfolge ist der korrekte Anschluss des Stromkreises zu nachzuweisen.

Über die Messung der Spannungspolarität ist festzustellen, dass
- keine einpoligen Schaltgeräte den Neutralleiter unterbrechen,
- Kabel und Leitungen fachgerecht an Steckdosen und ortsfesten Betriebsmitteln angeschlossen sind,
- Sicherungen und einpolige Schaltgeräte nur in den Außenleitern angeordnet sind,
- in Stromkreisen mit geerdetem Neutralleiter (TN-/TT-Systemen) Lampen mit Bajonettfassung und mit Edison-Schraubfassung die äußeren Kontakte mit dem Neutralleiter verbunden sind,
- Schraubsicherungssockel versorgungsseitig am Fußkontakt angeschlossen sind.

Die korrekte Spannungspolarität ist u. a. an folgenden Betriebsmitteln und Anschlussstellen zu prüfen:
- Netzanschlussklemmen in Verteilern,
- Anschlussklemmen an fest angeschlossenen Betriebsmitteln,
- Steckvorrichtungen,
- Schraubsicherungseinsätzen.

Bei Batterien und Gleichstromquellen, wie PV-Generatoren dient die Prüfung der Spannung und der Polarität dem Nachweis der korrekten Verschaltung der Batterien bzw. der PV-Module.

23.4 Prüfung der Phasenfolge der Außenleiter

Nach VDE-AR-E 2100-550 Abschnitt 55.5.6 sind Steckdosen in 3-phasigen Wechselstromsystemen so zu installieren, dass ein Rechtsdrehfeld der

Steckerbuchsen von vorne betrachtet besteht. Hintergrund dieser Forderung ist, dass bei Drehstrommotoren im eingesteckten Modus aufgrund falscher Drehrichtung, die zu unvorhergesehenen gefahrbringenden Bewegungen führen kann, immer Rechtslauf bestehen muss. Im Falle von mehrphasigen Stromkreisen ist die Einhaltung der Phasenfolge zu prüfen. Die Einhaltung der Phasenfolge ist erfüllt, wenn ein Rechtsdrehfeld nachgewiesen ist. Dies ist in der Regel bei Drehstromsteckdosen mit CEE-Steckvorrichtungen der Fall.

Zudem fordert die VDE-AR-N 4100 in Abs. 6.1, dass an den Messeinrichtungen ein Rechtsdrehfeld besteht.

Bei ruhenden elektrischen Maschinen und bei Ladeeinrichtungen, die zum Laden von Elektrofahrzeugen vorgesehen sind, führt ein Linksdrehfeld zu keiner gefahrbringenden Situation. Zudem sind Steckvorrichtungen wie der Typ-2-Stecker für den alleinigen Zweck des Ladens von Elektrofahrzeugen vorgesehen, sodass sowohl eine Verwechslung mit anderen Anwendungsfällen als auch die Gefahr durch Bewegung (Linkslauf am Antrieb) nicht bestehen.

Für Ladestecker wie den Typ-2-Stecker zum Anschluss von Elektrofahrzeugen ist eine Freigabe der Spannung und demnach eine Prüfung der Spannungspolarität und Phasenfolge entsprechend der Kontaktbelegung des Herstellers der Wallbox erst bei Simulation der Betriebszustände des Fahrzeugs mithilfe eines speziellen Prüfadapters möglich.

23.5 Funktionsprüfung

Die Betriebsmittel und Schaltungen sind einer Funktionsprüfung zu unterziehen. Dabei ist zu erproben, ob die Betriebsmittel gemäß den zutreffenden Anforderungen der DIN VDE 0100-Reihe richtig montiert, ihrem bestimmungsgemäßen Zweck eingestellt und angeschlossen sind. Es sind folgende Betriebsmittel, Schutz- und Meldeeinrichtungen einer Funktionsprüfung zu unterziehen:
- Schaltgerätekombinationen,
- Funktion von Schaltungen für Beleuchtungs- und Steckdosenstromkreise,
- Fehlerstrom-Schutzeinrichtungen (RCD) durch Betätigen der Prüftaste,
- Funktionsprüfung der Isolationsüberwachungsgeräte in IT-Systemen und Differenzstrom-Überwachungsgeräte (RCM) durch Betätigen der Prüftaste,

- Betätigen von NOT-AUS-Einrichtungen und Überprüfung der Abschaltung anhand des NOT-AUS-Konzepts (z. B. Gefährdungsbeurteilung, zutreffende Regelwerke, Abschaltmatrix),
- Funktionsfähigkeit von Melde- und Anzeigeeinrichtungen (z. B. Lampentest an Schaltschränken, manuelle Ansteuerung von Aktoren in Steuerungen durch Setzen der Ausgänge in speicherprogrammierbaren Steuerungen oder manuelles Betätigen von Schützen),
- Erproben der Rückmeldung von Schaltstellungsanzeigen von ferngesteuerten Schalt- und Meldeeinrichtungen,
- Erproben von Verriegelungseinrichtungen,
- Erproben von Sicherheitsfunktionen, z. B. durch Abschaltung der Stromversorgung, Simulation von Drahtbrüchen etc.,
- Erproben der Abschaltung bei Wegfall der Synchronisationsbedingungen (Inselnetzerkennung) bei Erzeugungseinheiten mit synchroner Netzverbindung durch Abschalten des Stromkreises,
- Erproben der Funktion des externen NA-Schutzes (Netz- und Anlagenschutz), sofern erforderlich, bei Erzeugungsanlagen,
- ...

Messung des Spannungsfalls

Der Spannungsfall ist im Rahmen der Erstprüfung durch Berechnung oder Messung zu ermitteln. Die Berechnung ist in Abschnitt 7.2 beschrieben. Für die Bewertung des Spannungsfalls durch Messen ist, wie auch bei der Bewertung durch Berechnung, die genaue Kenntnis über Art und Aufbau der Stromkreise unerlässlich. Dies setzt idealerweise eine lückenlose und eindeutige Dokumentation der Kundenanlage und des Stromversorgungssystems bis zum Transformator voraus.

Es gibt drei Möglichkeiten zur Vorgehensweise:
1. Messung der Spannungen mit und ohne angeschlossene Nennlast und Vergleich des Spannungsunterschieds,
2. Messung der Spannungen mit und ohne angeschlossene Verbraucher und Hochrechnung auf Nennlast,
3. Messung der Impedanz des Stromkreises über den Innenwiderstand.

Der Spannungsfall ist grundsätzlich unter den vorliegenden Betriebsbedingungen zu bewerten. Die Betriebsbedingungen bedeuten, dass hier „theoretisch" der Nennstrom des Stromkreises fließt und die Leitertemperatur auf die Betriebstemperatur beim Nennstrom (Bemessungsstrom) ansteigt. Durch den Temperaturanstieg steigt auch der Widerstand des Leiters, sodass im

Leerlauf (also wenn die Steckdose nicht betrieben wird) die Leitertemperatur etwa der Umgebungstemperatur entspricht. Aufgrund dieses Sachverhalts ist der Spannungsfall durch Berechnen vom Errichter beizufügen. Bei wiederkehrenden Prüfungen ist der Spannungsfall nur schwer zu bewerten, da im Betrieb die Betriebsströme je nach Auslastung der Leitungsabschnitte die Impedanzen der Leitungen unterschiedlich beeinflussen. Zur Bewertung des Ergebnisses müssten demnach zum Zeitpunkt der Messung die Betriebsströme und Leitertemperaturen des Stromkreises und der vorgelagerten Leiterabschnitte bis einschließlich der Niederspannungsseite des Transformators bekannt sein, weshalb die Messung des Spannungsfalls im Rahmen wiederkehrender Prüfungen nicht sinnvoll ist (siehe Abschnitt 7.2 *Beurteilung des Spannungsfalls*).

23.6 Messung der Fehlerschleifenimpedanz

Die Fehlerschleifenimpedanz ist in TN-TT- und IT-Systemen zum Nachweis der Wirksamkeit des Schutzes durch automatische Abschaltung im Fehlerfall zu messen. Die Fehlerschleifenimpedanz ist grundsätzlich in Stromkreisen ohne Fehlerstrom-Schutzeinrichtungen und in Stromkreisen mit Fehlerstrom-Schutzeinrichtungen mit Bemessungsfehlerströmen über 500 mA zu messen. Wird die Fehlerschleifenimpedanz gemessen, ist damit die Durchgängigkeit der Schutzleiterverbindungen im Stromkreis nachgewiesen. Messgeräte können auch die Fehlerschleifenimpedanz von Stromkreisen mit RCDs messen. Allerdings ist bei der Bewertung der Messergebnisse Vorsicht geboten. Zum einen ist der Prüfstrom unterhalb der untersten Auslöseschwelle der RCDs ($0,5 \cdot I_{\Delta N}$), wodurch die Messfehler höher sind. Zum anderen stellt die Messung der Fehlerschleifenimpedanz mit unterdrückter RCD-Auslösung aufgrund des Prüfstroms keinen Ersatz zum Nachweis der Durchgängigkeit der Schutzleiterverbindungen dar.

Die Fehlerschleifenimpedanz erstreckt sich von der Stromquelle über die Fehlerstelle zurück über Schutzleiter, Erder und Erde bis zum Sternpunkt bzw. Pol der Stromquelle. Im Falle eines Kurzschlusses zwischen Außenleiter und Schutzleiter begrenzt die Fehlerschleifenimpedanz den Kurzschlussstrom. Dieser muss jedoch zur Einhaltung der Abschaltbedingungen ausreichend hoch sein, damit die Schutzeinrichtung innerhalb der nach DIN VDE 0100-410 Abs. 411 erforderlichen Abschaltzeiten des Stromkreises eine automatische Abschaltung bewirkt wird. Die Messung erfolgt an den

Netzanschlussklemmen fest angeschlossener Betriebsmittel zwischen den Außenleitern und dem Schutzleiter. Bei Steckvorrichtungen (z. B. Schuko-Steckdosen, CEE-Steckdosen und dergleichen) erfolgt die Messung an der Steckvorrichtung.

Die Messung erfolgt nach dem Prinzip der Ermittlung des Innenwiderstands einer Spannungsquelle. Nach dem Messen der Leerlaufspannung wird der Stromkreis mit einem definierten Widerstand die Belastungseinrichtung belastet.

Zur Messung ist ein Messgerät nach 61557-3 (VDE 0413-3) zu verwenden. Messgeräte dieser Normenreihe verfügen innerhalb ihres Messbereichs über eine maximale Betriebsmessunsicherheit von ±30 %. Die Betriebsmessabweichung gilt unter folgenden Bedingungen:

- die Netzspannung liegt im Bereich zwischen 85 % und 110 % der Nennspannung (195,5 V bis 253 V),
- die Netzfrequenz liegt im Bereich zwischen 99 % und 101 % der Nennfrequenz (49,5 Hz bis 50,5 Hz),
- das Netz ist während der Messung ohne Belastung,
- während der Messung bleiben Netzfrequenz und Netzspannung konstant,
- das Netz wird durch eine Belastungseinrichtung belastet.

Sollte während der Messung aufgrund von Schaltvorgängen in bestehenden Anlagenteilen dennoch Spannungsschwankungen im Netz auftreten, können mehrere Messungen durchgeführt und aus den einzelnen Messergebnissen ein Mittelwert gebildet werden. Es gibt zudem einige Messgeräte, die automatische Mehrfachmessungen durchführen und aus der Messreihe den Mittelwert direkt anzeigen.

23.6.1 Messprinzip

Die Messung der Schleifenimpedanz beruht auf der Ermittlung des Innenwiderstands von Stromquellen. Während bei der Isolationsmessung die Prüfspannung vom Messgerät generiert wird, bedient sich die Schleifenimpedanzmessung der Messung von Leerlaufspannung und der Messung der Spannung bei einer definierten Belastung. In Niederspannungsanlagen kann der induktive Blindwiderstand der Kabel und Leitungen vernachlässigt werden. Das Messgerät erfasst im ersten Schritt die Spannung U_0 gegen Erde. Anschließend wird der Stromkreis mit dem Widerstand R_p belastet. Dabei wird die Spannung U_B gemessen (**Bild 23.4**).

23.6 Messung der Fehlerschleifenimpedanz

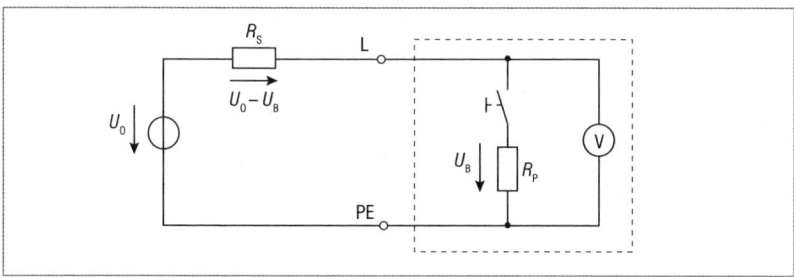

Bild 23.4 Messprinzip zur Bestimmung der Schleifenimpedanz

Im ersten Prüfschritt ist der Schalter vor R_p geöffnet. Im unbelasteten Messkreis fließt somit kein Strom, sodass im zu messenden Stromkreis keine Spannung an den Impedanzen (Schleifenwiderstand) abfällt. Die gemessene Spannung entspricht somit der Spannung U_0 gegen Erde. Im zweiten Prüfschritt belastet das Messgerät den Messkreis. Infolgedessen treibt die Spannung U_0 des Stromkreises einen Strom. Dieser fließt über den Schleifenwiderstand im Stromkreis und den Prüfwiderstand R_p im Messgerät. Die an R_p anliegende Spannung U_B wird vom Messgerät erfasst. Da der Stromkreis belastet wird, fällt am Schleifenwiderstand R_S eine Spannung in Höhe der Differenz von U_0 zu U_B ab. Folglich ist die Spannung an R_p kleiner als U_0. Über die Spannungsteilerregel ergibt sich für die Berechnung des Schleifenwiderstands folgende Beziehung:

$$R_S = \frac{U_0 - U_B}{U_B} \cdot R_P$$

R_S Schleifenwiderstand
U_0 Spannung gegen Erde
U_B gemessene Spannung an R_P
R_P definierter Prüfwiderstand im Messgerät

Der Kurzschlussstrom wird damit bei einer vernachlässigbaren Impedanz an der Fehlerstelle aus folgender Beziehung:

$$I_K = \frac{U_0}{R_S}$$

Die Schleifenimpedanzen in End- und Verteilerstromkreisen liegen in Kundenanlagen, sofern diese im ordnungsgemäßen Zustand sind, zwischen 0,01 Ω bis einige Ω. Um demnach den Messfehler durch die Spannungsmessungen möglichst gering zu halten, muss während der Messung ein möglichst hoher Strom über R_S und R_p fließen. Gleichzeitig darf dieser nicht zur Auslösung der Schutzeinrichtung führen.

23.6.2 Durchführung in der Praxis

Die Fehlerschleifenimpedanz kann bei Leiterquerschnitten bis 16 mm² Kupfer und 25 mm² Aluminium gemessen werden. Andernfalls sind die Werte des Netzes beim zuständigen Netzbetreiber zu erfragen oder gemäß DIN 60909-0 (VDE 0102) mithilfe der symmetrischen Komponenten zu berechnen.

Bei der Erstprüfung ist die Fehlerschleifenimpedanz in allen Stromkreisen durchzuführen. Innerhalb eines Stromkreises mit mehreren Steckdosen sind die schlechtesten Messwerte im Prüfbericht zu dokumentieren. Allerdings sind auch stark abweichende Messwerte gesondert zu dokumentieren.

Bei den meisten Messgeräten kann mittlerweile zwischen der Einstellung R_S und $R_{S,RCD}$ gewählt werden. Im Gegensatz zur Messung mit der Einstellung R_S erfolgt bei der Messung $R_{S,RCD}$ die Messung mit einem hohen Widerstand, sodass der zum Fließen kommende Strom bei der Messung die Fehlerstrom-Schutzeinrichtung nicht auslöst. Da das R_p bei der Messung $R_{S,RCD}$ wesentlich höher ist, fällt aufgrund des geringeren Prüfmessstroms über R_S eine wesentlich geringere Spannung ab. Diese Messung ist demnach mit einem höheren Messfehler behaftet. Um dies zu kompensieren, führt das Messgerät während einer Messung den Prüfablauf mehrmals durch und zeigt den daraus berechneten Mittelwert an.

Eine Messung der Fehlerschleifenimpedanz ist bei einer Verwendung von Fehlerstrom-Schutzeinrichtungen mit einem Bemessungsdifferenzstrom bis 500 mA nicht erforderlich.

Hier darf alternativ zur Messung der Fehlerschleifenimpedanz die Wirksamkeit der Schutzmaßnahme: „Schutz durch automatische Abschaltung im Fehlerfall im TN- und TT-System" durch folgende Prüfungen nachgewiesen werden:

- Berechnung der Fehlerschleifenimpedanz oder Berechnung des kleinsten einpoligen Kurzschlussmessstroms,
- Messung der Durchgängigkeit der Leiter.

Allerdings besteht damit der Nachweis nur auf dem Papier. Die tatsächlichen Gegebenheiten, wie unzureichende und beeinträchtigte Klemmverbindungen und Leiterabschnitte, können damit in der Ausführung nicht ausreichend bewertet werden. Da die Messung mit unterdrückter Fehlerstrom-Auslösung

23.6 Messung der Fehlerschleifenimpedanz

ein sehr ungenaues Messergebnis liefert, hat sich in der Praxis das Überbrücken der Fehlerstrom-Schutzeinrichtungen mit sogenannten RCD-Brücken bewährt. Mit den RCD-Brücken werden die Kontakte der RCD versorgungsseitig zur Abgangsseite überbrückt. Damit kann die Fehlerschleifenimpedanz des Stromkreises mit der normalen Messung durchgeführt werden. Zusätzlich können durch Messen des Innenwiderstands die beiden Messwerte miteinander verglichen werden (siehe Abschnitt 23.1 *Durchgängigkeit der Leiter*). Die Messung der Fehlerschleifenimpedanz erfolgt im Rahmen der Erstprüfung mit kleinen Stromkreisen und bei Raumtemperatur im unbelasteten Stromkreis. Im Kurzschlussfall ist mit einem Anstieg der Leitertemperatur zu rechnen. Damit erhöht sich aufgrund der Stromwärmeverluste bei Körperschluss durch den Fehlerstrom der Leiterwiderstand.

Es gilt folgender Zusammenhang:

$$R(\Delta\vartheta) = (1 + \alpha_{Cu}\Delta\vartheta) \cdot R_{20} \qquad \alpha_{Cu} = 0{,}004 \cdot 1/K$$

Beim Nachweis der Abschaltbedingungen ist die Temperaturerhöhung bei der Bewertung des Messergebnisses zu berücksichtigen. Ebenso ist die Betriebsmessabweichung von 30 % vom angezeigten Messwert, falls nicht anders vom Messgerätehersteller angegeben, bei der Bewertung zu beachten. Beide Einflüsse sind im Faktor 2/3 in den Abschaltbedingungen berücksichtigt.

Für die Messung der Fehlerschleifenimpedanz gilt demnach folgende Bedingung:

$$Z_{S(m)} \leq \frac{2}{3} \cdot \frac{U_0}{I_a}$$

$Z_{S(m)}$ gemessene Fehlerschleifenimpedanz
U_0 Spannung zwischen Außenleiter und Erde
I_a Strom, der die automatische Abschaltung der Schutzeinrichtung
innerhalb der vorgegebenen Zeit nach den zutreffenden Abschnitten
nach DIN VDE 0100-410 bewirkt.

Was der Faktor 2/3 genau bewirkt, ist normativ nicht klar festgelegt. Berücksichtigt man die Betriebsmessabweichung von 30 %, kann in der Praxis im Fehlerfall auf folgende Leitertemperatur geschlossen werden:

Berechnung des 2/3-Faktors:

$$\frac{2}{3} = \frac{1}{1 + \dfrac{B[\%]}{100\%}} \cdot \frac{1}{1 + \alpha_{Cu}\Delta\vartheta}$$

mit einer Betriebsmessabweichung $B = 30\,\%$ folgt:

$$\frac{2}{3} = \frac{1}{1 + 0{,}3} \cdot \frac{1}{1 + \alpha_{Cu}\,\Delta\vartheta} = \frac{1}{1{,}3} \cdot \frac{1}{1 + \alpha_{Cu}\,\Delta\vartheta}$$

umgestellt nach $1 + \alpha_{Cu}\,\Delta\vartheta$:

$$1 + \alpha_{Cu}\,\Delta\vartheta = 1{,}14$$

$$\frac{2}{3} = \frac{1}{1 + 0{,}3} \cdot \frac{1}{1 + \alpha_{Cu}\,\Delta\vartheta} = \frac{1}{1{,}3} \cdot \frac{1}{1{,}14}$$

$$\Delta\vartheta = \frac{1{,}14 - 1}{\alpha_{Cu}} = \frac{0{,}14}{0{,}004\ 1/K} = 35\ K$$

Der 2/3-Faktor berücksichtigt damit eine Temperaturerhöhung von 35 K und damit eine Leitertemperatur von 55 °C. Die Verwendung des 2/3-Faktors eignet sich bei Stromkreisen, die unterhalb ihrer Auslastung, z. B. in Endstromkreisen, betrieben werden.

Bei voll ausgelasteten Stromkreisen mit einem Gleichzeitigkeitsfaktor $g = 1$ ist mit Leitertemperaturen über 55 °C bis zu 80 °C zu rechnen. Der 2/3-Faktor bietet zwar dem Prüfer eine erste Orientierung, liegt aber das Messergebnis nahe unterhalb des Grenzwerts, sollte der Prüfer den Sachverhalt genauer betrachten.

Geht man von einer Temperatur am Leiter von 80 °C aus, ist folgender Faktor für die Temperaturerhöhung zu berücksichtigen:

$$1 + \alpha_{Cu}\,\Delta\vartheta = 1 + 0{,}004 \cdot (80\,°C - 20\,°C) = 1{,}24$$

Daraus ergibt sich zur Einhaltung der Abschaltbedingung folgender Faktor:

$$X_{80\,°C} = \frac{1}{3} \cdot \frac{1}{1{,}24} = 0{,}625$$

Bei 80 °C ist im Vergleich zu 55 °C der Leiterwiderstand höher, sodass der Grenzwert der höchst zulässigen Schleifenimpedanz niedriger ist. Dadurch ist bei einer anzunehmenden Leitertemperatur von 80 °C rechnerisch ein Faktor von 0,625 anstatt dem 2/3-Faktor anzusetzen.

Die Abweichung zum 2/3-Faktor berechnet sich wie folgt:

$$\frac{2}{3} - 0{,}625 = 0{,}666 - 0{,}625 = 0{,}041 \Rightarrow \frac{0{,}041}{0{,}666} \cdot 100\,\% = 4{,}1\,\%$$

Damit liegt die Abweichung der beiden Faktoren unterhalb von 5 %. Bei der Bewertung der Abweichung ist jedoch zu beachten, dass eine Betriebsmessabweichung von 30 % als höchst zulässiger Wert berücksichtigt ist. Zudem berücksichtigt die Formel nicht den zulässigen Spannungsfall, sodass der 2/3-Faktor als Bewertung in der Praxis auch in voll ausgelasteten Stromkreisen hinzugezogen werden kann.

23.6.3 Fehlerschleifenimpedanz und Abschaltbedingungen in TN- und TT-Systemen

Im TN-System erstreckt sich die Fehlerschleife über folgende Teilabschnitte:
- Innenwiderstand der Stromquelle,
- Widerstand der Außenleiter bis zur Fehlerstelle (Körperschluss),
- Widerstand des Schutzleiters,
- Widerstand des PEN-Leiters bis zum
- Sternpunkt der Stromquelle.

Im TT-System besteht die Fehlerschleife aus folgenden Impedanzen:
- der Stromquelle,
- dem Außenleiter bis zum Fehlerort,
- dem Schutzleiter der Körper,
- dem Erdungsleiter,
- dem Anlagenerder und
- dem Erder der Stromquelle.

Die Berechnung kann nach DIN VDE 0100 Beiblatt 5 durchgeführt werden (siehe Band 1, Abschnitt 26.1 *Schutz durch automatische Abschaltung im Fehlerfall*).

Aufgrund der Beschaffenheit des Erdreichs und der Abhängigkeit der Bodenfeuchtigkeit ist eine Bewertung der Fehlerschleifenimpedanz im TT-System schwierig. Hier sind vom Prüfer die Nachweise über die Wirksamkeit und Erdfühligkeit der Erdungsanlage in Erfahrung zu bringen.

In TN- und TT-Systemen sind die Fehlerschleifenimpedanzen zum Nachweis der Wirksamkeit der Schutzmaßnahme durch automatische Abschaltung im Fehlerfall mit Überstrom-Schutzeinrichtungen zu messen. Diese dienen dem Nachweis der Einhaltung der höchstzulässigen Abschaltzeiten gemäß DIN VDE 0100-410 Abs. 411. Sind in einem TT-System alle fremden leitfähigen Teile in den Schutzpotentialausgleich einbezogen und die automatische Abschaltung durch eine Überstrom-Schutzeinrichtung sichergestellt, dürfen in TT-Systemen die Abschaltzeiten für TN-Systeme angesetzt werden.

In der Praxis werden die folgenden Überstrom-Schutzeinrichtungen verwendet:

- Niederspannungssicherungen nach DIN EN 60269-1 (VDE 0636-1) der Betriebsklasse gG,
- Leitungsschutzschalter nach DIN EN 60898-1 (VDE 0641-11) und DIN EN 60898-2 (VDE 0641-12),
- Leistungsschalter nach DIN EN 60947-2 (VDE 0660-101) und DIN EN 60947-6-2 (VDE 0660-115).

Hierzu sind in der DIN VDE 0100-600 im nationalen Anhang die Grenzwerte der Schleifenimpedanzen tabellarisch zu entnehmen (hier in den **Tabellen 23.5** und **23.6** dargestellt).

Die Tabellen eignen sich in der Praxis zur Bewertung der Abschaltbedingungen unter Berücksichtigung der 2/3-Methode.

U_0 = AC 230 V, 50 Hz	Niederspannungssicherungen der Betriebsklasse gG				Leitungsschutzschalter und Leistungsschalter für die überschlägige Prüfung $t_a \leq 5$ s; $t_a \leq 4$ s (wird erreicht durch Schnellabschaltung $t \leq 0{,}1$ s)					
I_n in A	I_a (5 s) in A	Z_S (5 s) in Ω	I_a (0,4 s) in A	Z_S (0,4 s) in Ω	$I_a = 5 I_n$ (Typ B) in A	Z_S in Ω	$I_a = 10 I_n$ (Typ C) in A	Z_S in Ω	$I_a = 12 I_n$ in A	Z_S in Ω
2	9,2	25,00	16	14,38			20	11,50	24	9,58
4	19	12,11	32	7,19			40	5,75	48	4,79
6	27	8,52	47	4,89	30	7,67	60	3,83	72	3,19
10	47	4,89	82	2,80	50	4,60	100	2,30	120	1,92
16	65	3,54	107	2,15	80	2,88	160	1,44	192	1,20
20	85	2,71	145	1,59	100	2,30	200	1,15	240	0,96
25	110	2,09	180	1,28	125	1,84	250	0,92	300	0,77
32	150	1,53	265	0,87	160	1,44	320	0,72	384	0,60
35	173	1,33	295	0,78	175	1,31	350	0,66	420	0,55
40	190	1,21	310	0,74	200	1,15	400	0,58	480	0,48
50	260	0,88	460	0,50	250	0,92	500	0,46	600	0,38
63	320	0,72	550	0,42	315	0,73	630	0,36	756	0,30
80	440	0,52							960	0,24
100	280	0,40							1.200	0,19
125	750	0,31							1.440	0,16
160	930	0,25							1.920	0,12

Tabelle 23.5 Schleifenimpedanzen zur Einhaltung der Abschaltbedingungen in TN-Systemen

23.6 Messung der Fehlerschleifenimpedanz

U_0 = AC 230 V, 50 Hz	Niederspannungssicherungen der Betriebsklasse gG				Leitungsschutzschalter und Leistungsschalter für die überschlägige Prüfung $t_a \leq 1$ s; $t_a \leq 0{,}2$ s (wird erreicht durch Schnellabschaltung $t \leq 0{,}1$ s)					
I_n in A	I_a (1 s) in A	Z_S (1 s) in Ω	I_a (0,24 s) in A	Z_S (0,2 s) in Ω	$I_a = 5\,I_n$ (Typ B) in A	Z_S in Ω	$I_a = 10\,I_n$ (Typ C) in A	Z_S in Ω	$I_a = 12\,I_n$ in A	Z_S in Ω
2	13	17,69	19	12,11			20	11,50	24	9,58
4	26	8,85	38	6,05			40	5,75	48	4,79
6	38	6,05	56	4,11	30	7,67	60	3,83	72	3,19
10	65	3,54	97	2,37	50	4,60	100	2,30	120	1,92
16	90	2,56	130	1,77	80	2,88	160	1,44	192	1,20
20	120	1,92	170	1,35	100	2,30	200	1,15	240	0,96
25	145	1,59	220	1,05	125	1,84	250	0,92	300	0,77
32	220	1,05	310	0,74	160	1,44	320	0,72	384	0,60
35	230	1,00	330	0,70	175	1,31	350	0,66	420	0,55
40	260	0,88	380	0,61	200	1,15	400	0,58	480	0,48
50	380	0,61	540	0,43	250	0,92	500	0,46	600	0,38
63	440	0,52	650	0,35	315	0,73	630	0,36	756	0,30

Tabelle 23.6 Schleifenimpedanzen zur Einhaltung der Abschaltbedingungen in TT-Systemen

23.6.4 Beispiel: Messung der Fehlerschleifenimpedanz

Der Prüfer hat die Messergebnisse zu bewerten. Neben der Einhaltung der normativ vorgegebenen Werte hat demzufolge der Prüfer auch die Plausibilität der Messwerte zu beurteilen. Weichen Messwerte auffällig voneinander ab, ist durch den Prüfer zu beurteilen, ob ein Mangel vorliegt oder nicht. Das folgende Beispiel soll den Sachverhalt verdeutlichen:

> **Beispiel**
> Im Rahmen einer Prüfung der elektrischen Anlagen nach VdS 2871 wurden die Fehlerschleifenimpedanzen der Steckdosen einer Küchenzeile im Empfangsbereich eines Büros gemessen (**Bilder 23.5 und 23.6**). Beide Steckdosen (Mehrfachsteckdosen) waren in einem Abstand von ca. 1,5 m auf Höhe der Arbeitsfläche angeordnet. Der Leiterquerschnitt der Zuleitung beträgt 2,5 mm² (Kupfer). Beide Steckdosen waren zum Zeitpunkt der Messung nicht in Betrieb. Der Endstromkreis ist mit einem Leitungsschutzschalter vom Typ B16 abgesichert, wodurch der Grenzwert der Fehlerschleifenimpedanz mit Anwendung der 2/3-Methode sich wie folgt berechnet:
>
> $$Z_S \leq \frac{2}{3} \cdot \frac{U_0}{I_a} = \frac{2}{3} \cdot \frac{230\,\text{V}}{5 \cdot 16\,\text{A}} = 1{,}86\,\Omega$$

Bild 23.5 Messung der Fehlerschleifenimpedanz und des Innenwiderstands an einer Steckdose

Bild 23.6 Messung der Fehlerschleifenimpedanz und des Innenwiderstands an einer Steckdose

Bei der rechten Steckdose wurden Schleifenwiderstände im Bereich von 1,4 Ω gemessen, während der Schleifenwiderstand der linken Steckdose (Bild 23.5) bei 1,0 Ω lag. Unter Berücksichtigung der Betriebsmessabweichung des Messgeräts lagen somit beide Messungen innerhalb der vorgegeben Grenzwerte, sodass der Schutz durch automatische Abschaltung im Fehlerfall wirksam ist.

Allerdings ist die Abweichung der beiden Messwerte mit einer Differenz von 0,4 Ω (Bild 23.6) auffällig hoch. Neben der Schleifenimpedanz wurden an den Steckdosen zusätzlich die Innenwiderstände gemessen. Die Messwerte lagen im Bereich der gemessenen Fehlerschleifenimpedanzen, sodass die Ursache der Abweichung auf dem Außenleiter des Endstromkreises eingegrenzt werden konnte.

Aufgrund der Tatsache, dass zum Zeitpunkt der Messung die Betriebsmittel nicht eingeschaltet waren, kommt es zu keiner Erwärmung des Leiters und es können demnach für die Bewertung die spezifischen Leiterwiderstände bei Umgebungstemperaturen von 30 °C nach DIN VDE 0100-600 Tabelle A (informativ) hinzugezogen werden.

Demnach liegt der spezifische Leiterwiderstand bei 30 °C und einem Leiterquerschnitt von 2,5 mm² (Kupfer) bei 7,5661 mΩ/m. Der Übergangswiderstand einer Klemmstelle kann mit 0,1 Ω in Anlehnung an DIN VDE 0701 angenommen werden. Aufgrund der längeren Leitungslänge der zweiten Steckdose dürfte demzufolge der Schleifenwiderstand höchstens um folgenden Wert im Vergleich zur ersten Steckdose höher liegen:

$$\Delta Z_{S,\,max} = 0{,}0076\frac{\Omega}{m} \cdot 1{,}5\ m + 0{,}1\ \Omega \approx 0{,}12\ \Omega$$

Die gemessene Fehlerschleifenimpedanz der ersten Steckdose mit 1,4 Ω liegt damit über dem Dreifachen des zu erwartenden Wertes. Wie aus der Abbildung ersichtlich, wird über die Steckdose u.a. ein Wasserkocher betrieben. Der Wasserkocher hat gemäß der Angaben auf dem Typenschild eine Leistung von 1.800 W. Damit liegt der Betriebsstrom bei:

$$I_b = \frac{P}{U_0} = \frac{1.800 \text{ W}}{230 \text{ V}} \approx 7,8 \text{ A}$$

Da der Widerstand im Leiterabschnitt zwischen der ersten und der zweiten Steckdose um 0,28 Ω (0,4 Ω − 0,12 Ω) erhöht ist, treten an der Stelle des erhöhten Widerstands folgende Stromwärmeverluste auf:

$$P_V = I^2 \cdot R_{Klemme} = (7,8 \text{ A})^2 \cdot 0,28 \text{ Ω} \approx 17 \text{ W}$$

Aufgrund der geringen Stromwärmeverluste an der Übergangsstelle wurde der Sachverhalt als geringfügiger Mangel eingestuft.

Einen anderen Sachverhalt zeigt das zweite Beispiel:

Beispiel
In einem Schulgebäude befindet sich auf dem Flur ein Verteiler. Die Elektroinstallation stammt aus dem Jahr 1975. An der Steckdose im angrenzenden Klassenraum wurde der Innenwiderstand und Schleifenwiderstand gemessen. Beide Messwerte lagen im Bereich von 0,7 Ω, sodass die Abschaltbedingung erfüllt ist. Nun wurde die Steckdose im Flur gemessen. Innenwiderstand und Schleifenwiderstand der Steckdose lagen bei 1,7 Ω. Sowohl die Steckdose im Klassenraum als auch die Steckdose im Flur sind am Verteiler im Flur angeschlossen. Ihre Abstände zum Verteiler sind ungefähr gleich, sodass die Messwerte aufgrund der Leitungslängen nicht wesentlich voneinander abweichen dürften. Aufgrund der Tatsache, dass die Messwerte im selben Bereich lagen, ist die Ursache für die erhöhten Messwerte der zweiten Steckdose auf eine unzureichende Leiterverbindung zwischen dem Leitungsschutzschalter und dem Außenleiter der Steckdose einzugrenzen. Bei Besichtigung des Verteilers wurde zudem festgestellt, dass die beiden Steckdosen (Klassenzimmer und Flur) an verschiedenen Leitungsschutzschaltern angeschlossen waren. Allerdings waren beide Stromkreise an LS-Schaltern angeschlossen, die auf derselben Reihe im Verteiler lagen. Zudem lagen genau zwei Leitungsschutzschalter auf der Hutschiene zwischen den bei-

den Leitungsschutzschaltern, sodass bei der Dreiphasen-Stiftkammschiene darauf zu schließen ist, dass diese auf demselben Außenleiter angeschlossen sind. Der Widerstand des Außenleiters ist damit um 1 Ω höher als erwartet. Aufgrund der annähernd gleichen Leitungslängen ist der höhere Widerstand nicht auf die Leitungslänge zurückzuführen, sondern höchstwahrscheinlich auf unzureichend ausgeführten Klemmverbindungen, z. B. durch erhöhte Übergangswiderstande durch Oxidation an den Klemmen, unzureichende Kontaktkräfte durch Lösen der Klemmen o. Ä. Da bereits bei Stromwärmeverlusten von 60 W eine Brandgefahr besteht, ist bereits ab folgendem Betriebsstrom mit einer Brandgefahr zu rechnen:

$$I_b = \sqrt{\frac{P_{V,max}}{R_{Klemme}}} = \sqrt{\frac{60\,W}{1\,\Omega}} = 7{,}75\,A$$

Da der erhöhte Widerstand durch die Messung auf den Außenleiter einzugrenzen ist, wird über den erhöhten Übergangswiderstand durch eine Klemme o. Ä. unter normalen Betriebsbedingungen Strom geführt. Der Mangel wurde deshalb als Brandgefahr eingestuft (siehe auch Band 1, Abschnitt 27.3.6 *Fehlerhafte Anschlüsse und Kontakte*).

24 Beurteilung der Wirksamkeit des Schutzes durch automatische Abschaltung im Fehlerfall

Durch Besichtigen ist festzustellen, dass die Schutzmaßnahmen gegen elektrischen Schlag unter Berücksichtigung des Verwendungszwecks und der Nutzer korrekt ausgewählt und angewendet sind (**Tabelle 24.1**). Hierzu ist vom Prüfer im ersten Schritt die Anwendung der vorhandenen Schutzmaßnahme festzustellen. Grundsätzlich dürfen in jedem Teil einer elektrischen Anlage die Schutzmaßnahmen gegen elektrischen Schlag durch

- automatische Abschaltung der Stromversorgung,
- doppelte oder verstärkte Isolierung,
- Schutztrennung für die Versorgung eines Verbrauchsmittels oder
- Kleinspannung mittels SELV oder PELV

angewendet werden. In diesen Bereichen erstrecken sich die Nutzer der elektrischen Anlage von der Elektrofachkraft bis hin zum Laien, wodurch die genannten Schutzmaßnahmen auch in Wohnungen und öffentlich zugängli-

Schutzmaßnahme	Nutzerkreis			Zugang/Bereiche				DIN VDE 0100-410
	Laien	EuP	EFK	AB	ÖB	AS	AEB	
automatische Abschaltung der Stromversorgung	Z[1]	Z	Z	Z	Z	Z	Z	Abs. 411
doppelte oder verstärkte Isolierung	Z[1]	Z	Z	Z	Z	Z	Z	Abs. 412
Schutztrennung für die Versorgung eines Verbrauchsmittels	Z[1]	Z	Z	Z	Z	Z	Z	Abs. 413
Kleinspannung mittels SELV oder PELV	Z[1]	Z	Z	Z	Z	Z	Z	Abs. 414
Schutz durch Hindernisse	NZ[2]	Z	Z	NZ	NZ	BZ[3]	Z	Anhang B
Schutz durch Anordnung außerhalb des Handbereichs	NZ[2]	Z	Z	NZ	NZ	BZ[3]	Z	Anhang B
Schutz durch nicht leitende Umgebung	NZ			NZ	NZ	BZ[4]		Anhang C
Schutz durch erdfreien örtlichen Schutzpotentialausgleich	NZ			NZ	NZ	BZ[4]		Anhang C

1 Die Schutzmaßnahme ist für allgemeine Bereiche, wie Wohnungen und öffentlich zugängliche Bereiche, zulässig.
2 Bereiche, in denen die Schutzmaßnahme angewendet wird, dürfen von Laien nur unter Beaufsichtigung von EuPs oder EFKs betreten werden.
3 nur in abgeschlossenen elektrischen Betriebsstätten
4 nur bei besonderen Anwendungen

EuP elektrisch unterwiesene Person
EFK Elektrofachkraft
BZ bedingt zulässig
Z zulässig
NZ nicht zulässig
AB allgemein
ÖB öffentliche Bereiche
AS Arbeitsstätten
AEB abgeschlossene elektrische Betriebsstätten

Tabelle 24.1 Zulässigkeit verschiedener Schutzmaßnahmen gegen elektrischen Schlag für verschiedene Anwendungsfälle und Nutzungen

chen Bereichen angewendet werden. Bei der Auswahl und Anwendung der Schutzmaßnahmen gegen elektrischen Schlag ist zudem der Nutzungszweck zu berücksichtigen. Der Nutzungszweck ist hier unter Berücksichtigung der Personen und deren Qualifikationen zu bewerten. Hierbei sind erleichternde, ergänzende oder verschärfende Anforderungen aus den zutreffenden Teilen der DIN VDE 0100-700-Gruppe vom Prüfer zu berücksichtigen. Zudem können gemäß den zutreffenden Unfallverhütungsvorschriften etc. weitere Anforderungen bestehen.

Die Schutzmaßnahme „Schutz durch automatische Abschaltung im Fehlerfall im Rahmen der Erstprüfung nach DIN VDE 0100-600" ist in Abhängigkeit der Netzform zu erbringen. Der Nachweis ist in Abhängigkeit der Netzform sowie der für die Abschaltung im Fehlerfall verwendeten Schutzeinrichtung zu erbringen.

Im ersten Schritt ist bei der Besichtigung die Netzform der im Prüfungsumfang enthaltenen elektrischen Anlage festzustellen. Die Feststellung der zutreffenden Netzform sowie die Art der Erdverbindung sind für die weitere Vorgehensweise der Prüfung bzgl. dem Nachweis der Schutzmaßnahmen gegen elektrischen Schlag relevant. Die Informationen über die vorliegende Netzform ist im ersten Schritt vom Prüfer aus den beigeführten Stromlaufplänen, Übersichtsplänen der Kundenanlage oder anhand der Netzanmeldeprotokolle zu entnehmen.

Die vorliegende Netzform ist für die weitere Prüfung der Schutzmaßnahmen gegen elektrischen Schlag durch automatische Abschaltung im Fehlerfall relevant. Es ist zu unterscheiden zwischen dem Schutz im
- TN-System,
- TT-System,
- IT-System.

(siehe Band 1, Kapitel 24 *Netzform* und Kapitel 26 *Schutzmaßnahmen gegen elektrischen Schlag*).

24.1 Besichtigen von TN- und TT-Systemen

Für TN- und TT-System ist durch Besichtigen festzustellen, dass die Anforderungen gemäß DIN VDE 0100-410 Abs. 411.3 eingehalten sind.
Hierzu ist festzustellen, dass
- der Schutz gegen direktes Berühren gemäß den Anforderungen nach DIN VDE 0100-410 Anhang A angebracht ist,

- die fremden leitfähigen Teile am Schutzpotentialausgleich angeschlossen sind,
- die Körper der elektrischen Betriebsmittel mit demselben Erdungssystem einzeln, in Gruppen oder gemeinsam verbunden sind,
- die Schutzleiter grundsätzlich die Anforderungen gemäß DIN VDE 0100-540 erfüllen müssen und im gesamten Verlauf grün-gelb gekennzeichnet sind,
- alle Schutzleiter an den dafür vorgesehenen Klemmen angeschlossen sind und die Schutzleiter über den erforderlichen Leiterquerschnitt verfügen müssen,
- jeder Stromkreis über einen Schutzleiter verfügt und durch den Anschluss an der Schutzleiterklemme oder der Erdungsschiene dem Stromkreis eindeutig zuzuordnen ist.

(siehe Band 1, Abschnitt 28.1 *Auswahl nach mechanischen Aspekten*, Abschnitt 13.1 *Schutzleiter* und Kapitel 17 *Schutz gegen direktes Berühren*).

24.2 TN-System

Der Nachweis über die Wirksamkeit der Schutzmaßnahme: „Schutz durch automatische Abschaltung im Fehlerfall im TN-System" ist gemäß **Bild 24.1** im Rahmen der Erstprüfung durchzuführen.

Der Schutz durch automatische Abschaltung im Fehlerfall ist entsprechend den folgenden normativen Anforderungen auszuführen:
- DIN VDE 0100-410 Abs. 411.3.2,
- DIN VDE 0100-410 Abs. 411.4.4,
- DIN VDE 0100-530 Abs. 531.

Nach DIN VDE 0100-410 Abs. 411.3.2 müssen die Schutzvorkehrungen die Versorgung der Außenleiter des Stromkreises oder des Betriebsmittels im Fehlerfall abschalten. Der Fehler mit vernachlässigbarer Impedanz kann zwischen Außenleiter und einem Körper oder zwischen Außenleiter und dem Schutzleiter auftreten. Zum Einhalten der Abschaltbedingungen muss der Widerstand der Fehlerschleife möglichst gering sein, damit ein ausreichend hoher Kurzschlussstrom eine Abschaltung der Schutzeinrichtung innerhalb der vorgegebenen Abschaltzeiten nach DIN VDE 0100-410 Abs. 411.3.2 bewirkt.

- Für Endstromkreise mit einer oder mehreren Steckdosen bis 63 A und fest angeschlossenen Verbrauchsmitteln bis 32 A gelten die Abschaltzeiten (0,4 s in TN-Systemen) nach DIN VDE 0100-410 Tabelle 41.1.

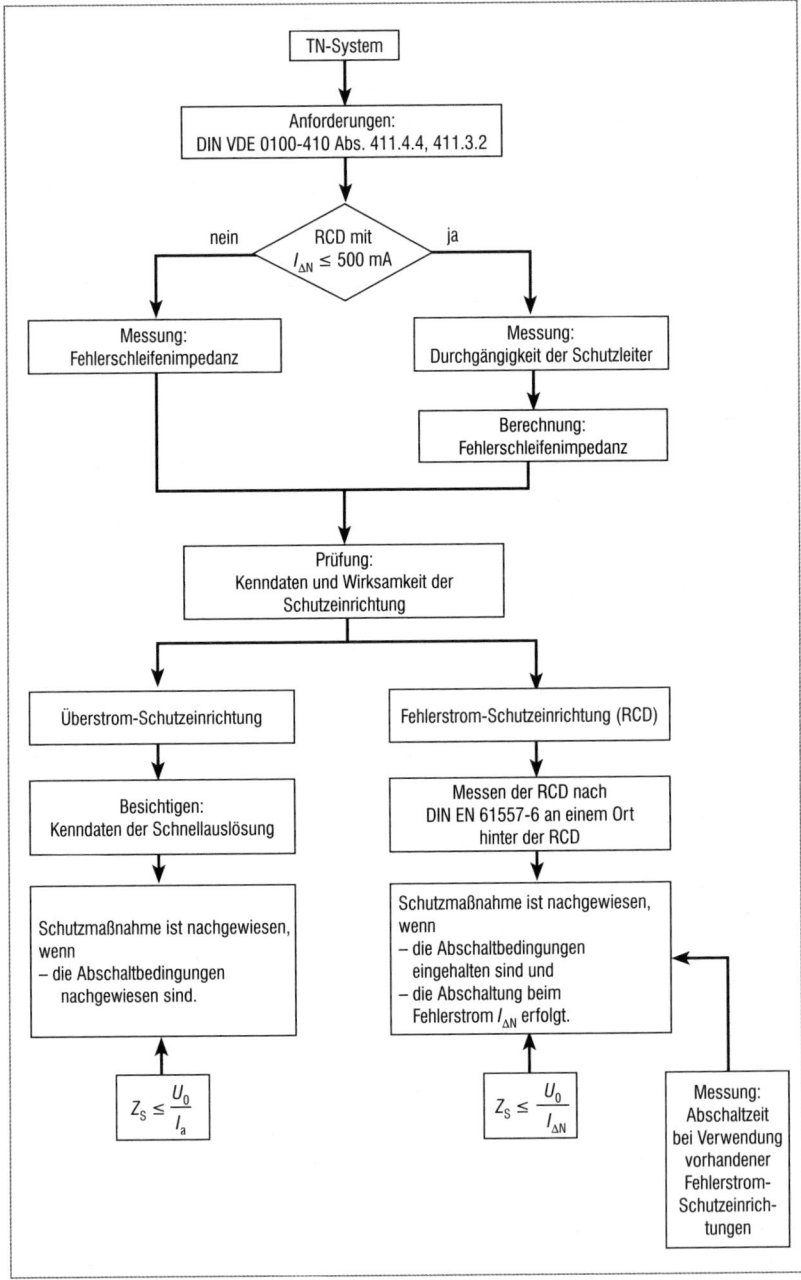

Bild 24.1 Nachweis des Schutzes durch automatische Abschaltung im TN-System

■ Für Verteilerstromkreise ist eine Abschaltzeit nicht länger als 5 s im Fehlerfall sicherzustellen.

Der Nachweis über die Wirksamkeit der Schutzmaßnahme: „Schutz durch automatische Abschaltung in TN-Systemen" ist nach DIN VDE 0100-600 Abs. 6.4.3.7 durch Besichtigen, Erproben und Messen zu erbringen.

Die Schutzeinrichtung ist an der Einspeisestelle des Stromkreises anzuordnen.

In TN-S-Systemen sind folgende Überstrom-Schutzeinrichtungen und Fehlerstrom-Schutzeinrichtungen (RCDs) für den Fehlerschutz zulässig:
■ Überstrom-Schutzeinrichtungen,
■ Fehlerstrom-Schutzeinrichtungen (RCDs).

24.2.1 Besichtigen

Durch Besichtigen ist die korrekte Auswahl der Schutzeinrichtung sowie deren korrekte Anordnung im Stromkreis festzustellen. Bei einstellbaren Schutzeinrichtungen, wie z. B. Motorschutzschalter, ist die korrekte Einstellung auf den Nennstrom des Motors festzustellen.

Wenn für bestimmte Endstromkreise die maximale Abschaltzeit nach DIN VDE 0100-410 Tabelle 41.1 mit den Überstrom-Schutzeinrichtungen nicht eingehalten werden kann, ist der Schutz durch automatische Abschaltung durch Fehlerstrom-Schutzeinrichtungen (RCDs) sicherzustellen. Die Fehlerstrom-Schutzeinrichtung ist immer in Kombination mit einer Überstrom-Schutzeinrichtung zum Schutz bei Überstrom (Überlast- und Kurzschluss) nach DIN VDE 0100-430 einzusetzen.

Für die Auswahl der Schutzeinrichtungen hinsichtlich der Art und den Bemessungsgrößen sind die zutreffenden normativen Anforderungen unter Berücksichtigung etwaiger Forderungen aus der DIN VDE 0100-700-Gruppe. (Anlagen und Räume besonderer Art und Nutzung) heranzuziehen.

24.2.2 Nachweis über die Wirksamkeit des Schutzes durch automatische Abschaltung

Werden Fehlerstrom-Schutzeinrichtungen mit Bemessungsfehlerströmen bis höchstens 500 mA als Schutzeinrichtung verwendet, ist die Messung der Fehlerschleifenimpedanz nicht erforderlich. Die Wirksamkeit der Schutzmaßnahme ist in diesem Fall nachzuweisen durch:
■ Messung der Durchgängigkeit der Schutzleiter nach DIN VDE 0100-600 Abs. 6.4.3.2 und
■ Berechnung der Fehlerschleifenimpedanz bzw. des Kurzschlussstroms.

Die Durchgängigkeit der Schutzleiter sind nach DIN VDE 0100-600 Abs. 6.4.3.2 zwischen den Schutzleitern und zwischen dem Schutzleiter und der Verteilung mit einem Messstrom von mindestens 0,2 A zu messen. Es ist kein höchstzulässiger Widerstandswert vorgegeben. Die gemessenen Werte müssen allerdings entsprechend den Leitungslängen, dem Leitermaterial und den Leiterquerschnitten unter Berücksichtigung der üblichen Übergangswiderstände durch Klemmen innerhalb der plausiblen Widerstandswerte liegen. Zur Plausibilitätsprüfung sind die Messwerte abzgl. der Betriebsmessabweichungen, der Längen und Leiterquerschnitte der Schutzleiter mit den spezifischen Leiterwiderständen, z. B. gemäß DIN VDE 0100-600 Anhang A (informativ), abzugleichen. Ableitkapazitäten können das Messergebnis verfälschen. Hierzu sind die Angaben aus der Bedienungsanleitung des Messgeräteherstellers zu beachten.

Die Berechnung der Fehlerschleifenimpedanz und des Kurzschlussmesstroms ist nach DIN EN 60909-0 (VDE 0102) nachzuweisen. Der Schutz durch automatische Abschaltung ist definiert als eine leitfähige Verbindung mit vernachlässigbarer Impedanz an der Fehlerstelle zwischen einem Außenleiter und einem Körper bzw. dem Schutzleiter. Zum Nachweis ist demnach die Berechnung des einpoligen Kurzschlussmesstroms ausreichend.

Die Ergebnisse der Messungen und der Berechnung sollten schriftlich festgehalten werden. Hierzu sollten folgende Angaben vorliegen:
- Stromkreis mit Schutzeinrichtung sowie Angaben gemäß der Vorlage des Prüfprotokolls vom ZVEH,
- die schlechtesten Messwerte der Messung der Durchgängigkeit der Leiter im Stromkreis,
- Strangschema mit Leitungstyp, Leitungslängen, Leiterquerschnitten und Verlegeart nach DIN VDE 0298-4,
- nachvollziehbare Berechnung der Kurzschlussströme.

Liegen die erforderlichen Angaben zum Zeitpunkt der Abnahme nicht vor, ist der Nachweis über Wirksamkeit der Schutzmaßnahme nach DIN VDE 0100-410 nicht erbracht und es kann keine mängelfreie Abnahme erfolgen.

Die meisten Messgeräte können mittlerweile die Fehlerschleifenimpedanz ohne Auslösung der RCD messen. Allerdings ist damit aufgrund des geringen Prüfmesstroms von maximal 30 % des Bemessungsfehlerstroms der RCD die Durchgängigkeit der Schutzleiterverbindungen nicht nachgewiesen, sodass die alleinige Messung der Fehlerschleifenimpedanz mit RCD-Unterdrückung nicht für den Nachweis der Wirksamkeit des Schutzes durch automatische Abschaltung im Fehlerfall geeignet ist.

24.2.3 Nachweis durch Messen

Werden Überstrom-Schutzeinrichtungen oder Fehlerstrom-Schutzeinrichtungen mit einem Bemessungsfehlerstrom über 500 mA als Schutzvorkehrung eingesetzt, ist eine Messung der Fehlerschleifenimpedanz erforderlich. Die Messung dient zum Nachweis einer möglichst geringen Fehlerschleifenimpedanz. Diese ist wiederum als Nachweis der Abschaltbedingungen nach DIN VDE 0100-410 Abs. 411.4.4 erforderlich.

Die Fehlerschleifenimpedanz ist zwischen den Außenleitern und dem Schutzleiter der Steckdosen und an den Anschlussklemmen der fest angeschlossenen Betriebsmittel zu messen. Die Messwerte im Stromkreis müssen unter Berücksichtigung der Betriebsmessabweichung des Messgeräts nach DIN VDE 0413-6 mit 30 % die Abschaltbedingungen einhalten. Bei der Dokumentation der Messung ist auf Folgendes zu achten:

- Der höchste Messwert der Fehlerschleifenimpedanz oder alternativ der geringste gemessene Kurzschlussstrom ist für jeden Stromkreis im Messprotokoll zu dokumentieren.
- Im Protokoll muss aus der Spalte der Messwerte die Messgröße und Einheit hervorgehen.

Liegen die erforderlichen Angaben zum Zeitpunkt der Prüfung nicht vor oder sind die Abschaltbedingungen nicht erfüllt, ist der Nachweis über Wirksamkeit der Schutzmaßnahme „Schutz durch automatische Abschaltung" nach DIN VDE 0100-410 Abs. 411 nicht erbracht.

24.2.4 Zusätzliche Prüfschritte beim Einsatz von Fehlerstrom-Schutzeinrichtungen

Bei Fehlerstrom-Schutzeinrichtungen kann alternativ zur Schleifenimpedanz der Innenwiderstand des Stromkreises gemessen werden. Voraussetzung hierfür ist der messtechnische Nachweis der Durchgängigkeit der Schutzleiter hinter den Schutzeinrichtungen.

Die Fehlerstrom-Schutzeinrichtungen sind zum Nachweis des korrekten Anschlusses über die Testtaste zu erproben.

Nach DIN VDE 0100-600 sind bei Erweiterungen und Änderungen zum Nachweis nach DIN VDE 0100-410 Tabelle 41.1 die Abschaltzeiten von RCDs zu messen und zu dokumentieren. Die Wirksamkeit ist nachgewiesen, wenn die Abschaltung innerhalb der zulässigen Abschaltzeit bei einem Fehlerstrom erfolgt, der gleich oder kleiner als der Bemessungsfehlerstrom $I_{\Delta N}$ ist.

Die Abschaltzeiten können je nach den zutreffenden Produktnormen der Normenreihe DIN VDE 0664 variieren. In der Regel ist ein Fünffaches des Bemessungsfehlerstroms zur Einhaltung der erforderlichen Abschaltzeiten ausreichend.

Es sollten im Rahmen der Erstprüfung auch die Abschaltzeiten der Fehlerstrom-Schutzeinrichtungen gemessen werden. Die Abschaltzeiten dürfen sowohl die nach DIN VDE 0100-410 Tabelle 41.1 sowie die zulässigen Abschaltzeiten aus der Herstellernorm für die A-Charakteristik der RCD nicht überschreiten (siehe Tabellen 5.2 und 5.3 *Beurteilung der Abschaltzeiten von Fehlerstrom-Schutzeinrichtungen*).

Der Ablauf zum Nachweis der Schutzmaßnahmen durch automatische Abschaltung im TN-System ist in Bild 24.1 zusammengefasst.

24.3 TT-System

24.3.1 Besichtigen

In TT-Systemen ist darüber hinaus durch Besichtigen die Einhaltung der Anforderungen nach DIN VDE 0100-410 Abs. 411.5.3 und Abs. 411.3.2 festzustellen.

Demnach ist festzustellen, dass:

- alle Körper, die über dieselbe Schutzeinrichtung geschützt werden, über dasselbe Schutzleitersystem an einem gemeinsamen Erder angeschlossen sind,
- sofern die Anlage über mehrere Schutzeinrichtungen (Verteilerstromkreise und Endstromkreise) verfügt, die Anforderungen jeweils für den Anlagenteil gelten,
- die Schutzeinrichtung für die automatische Abschaltung im Fehlerfall jeweils am Anfang des Stromkreises angeordnet und korrekt ausgewählt ist,
- sofern der Schutz durch automatische Abschaltung im Fehlerfall mittels einer RCD sichergestellt wird, zudem für den Überlast- und Kurzschlussschutz eine Überstrom-Schutzeinrichtung erforderlich ist.

24.3.2 Messen

Im TT-System ist der Anlagenlagenerder Teil der Fehlerschleife. Das heißt, dass der Fehlerstrom bei Körperschluss sowohl mit Berührung des Körpers als auch ohne Berührung des Körpers immer über den Anlagenerder zum Sternpunkt des Stromversorgungssystems fließt. Dieser ist somit Teil der Fehlerschleife (siehe Band 3, Abschnitt 26.1.4 *Schutz durch automatische Abschaltung im TT-System*).

Der Nachweis über die Wirksamkeit der Schutzmaßnahme durch automatische Abschaltung im Fehlerfall ist durch Messung der niederimpedanten Verbindung des Anlagenerders zu erbringen. Die DIN VDE 0100-600 gibt dem Prüfer hier die Wahl zwischen verschiedenen Messungen:

Messung des Anlagenerders

Ist die Messung des Anlagenerders möglich, ist dieser gemäß DIN VDE 0100-600 Abs. 6.4.3.7.2 zu messen. Die Messung des Anlagenerderwiderstands gemäß Verfahren C.1 ist mit einem Erderwiderstandsmessgerät gemäß DIN EN 61557-5 (VDE 0413-5) durchzuführen. Für die Messung werden ein Hilfserder und eine Sonde benötigt. Der Hilfserder ist ein zusätzlicher Erder, über den zum Zweck der Messung der benötigte Prüfstrom fließt, während die Sonde zur Messung des Potentials an der Oberfläche zum Anlagenerder dient.

Das Messgerät ist mit dem Anschluss E am Anlagenerder anzuschließen. Der Hilfserder und die Sonde sind in einem Abstand von jeweils 20 m anzuordnen. Dabei stellt das Messverfahren frei, ob, wie in **Bild 24.2** dargestellt, die Sonde und der Hilfserder in einer linearen Anordnung im Abstand von 20 m zwischen Anlagenerder und Sonde zum Hilfserder angeordnet sind oder ob, gemäß **Bild 24.3** Anlagenerder, Sonde und Hilfserder im Dreieck in einem Abstand von 20 m zur Sonde angeordnet sind.

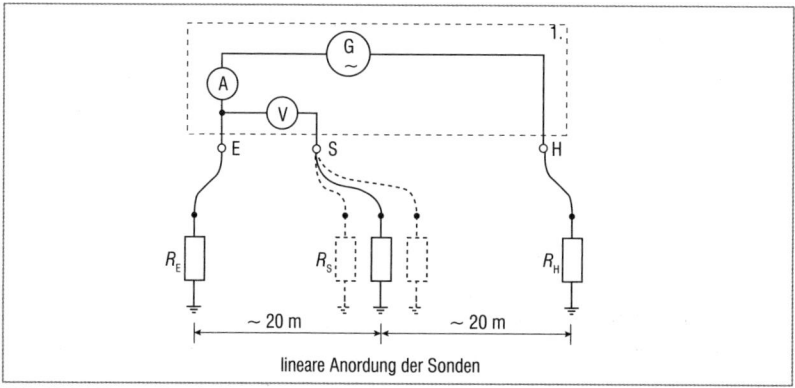

Bild 24.2 Messaufbau in linearer Anordnung zur Messung des Anlagenerders nach DIN VDE 0100-600 Verfahren C.1

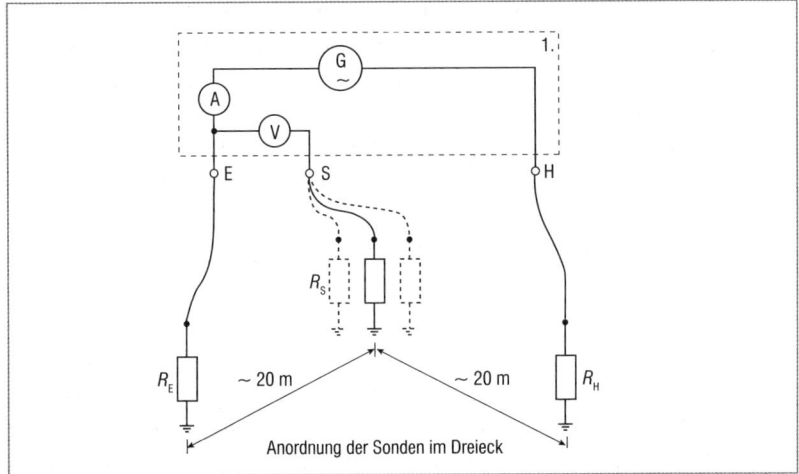

Bild 24.3 Messaufbau in Dreieckanordnung zur Messung des Anlagenerders nach DIN VDE 0100-600 Verfahren C.1

Die Prüfspannung muss eine Wechselspannung sein. Sie muss gemäß DIN EN 61557-5 (VDE 0413-5) Abs. 4.5 aufgrund des Schutzes der Prüfpersonen durch die Gefahren des elektrischen Stroms auf 50 V (AC) im Effektivwert bzw. auf 70 V in der Amplitude durch das Messgerät begrenzt sein. Sofern Messungen in Bereichen mit besonderen Gefährdungen, wie landwirtschaftliche Betriebsstätten, durchgeführt werden, sollte die Prüfwechselspannung maximal 25 V (AC) in ihrem Effektivwert bzw. maximal 35 V in ihrer Amplitude nicht überschreiten. Bei Überschreiten des Spannungswerts der zulässigen Spannungswerte der Prüfwechselspannung ist vom Messgerät auf 3,5 mA bzw. 5 mA in der Amplitude zu begrenzen.

Der Anlagenerderwiderstand wird anhand der Spannungsdifferenz zwischen Erder und Sonde zum Prüfstrom zwischen Anlagenerder und Sonde berechnet.

Es gilt:

$$R_A = \frac{U_E - U_S}{I_{ES}}$$

Die Betriebsmessabweichung gemäß DIN EN 61557-5 (VDE 0413-5) von 30 % ist bei der Bewertung zu berücksichtigen.

Für die Messung des Anlagenerders sind drei Messungen mit verschiedenen Hilfserdern durchzuführen. Der Mittelwert der drei Messungen ist für die Bewertung der Abschaltbedingungen hinzuzuziehen.

Sind andere Erder in der Nähe des zu messenden Anlagenerders, können diese den Ausbreitungswiderstand beeinflussen. Im städtischen Bereich ist diese Messung demnach nicht geeignet.

Messung der Fehlerschleifenimpedanz nach Verfahren C.2

Ist die Messung des Anlagenerders nicht praktikabel oder kann nicht durchgeführt werden, darf alternativ die Wirksamkeit durch Messung der Fehlerschleifenimpedanz gemäß DIN VDE 0100-600 Verfahren C.2 durchgeführt werden (**Bild 24.4**).

Die Messung ist bei abgeschalteter Anlage durchzuführen. Die Verbindung des Schutzleiters zum Anlagenerder ist nach Freischalten vor der Messung abzutrennen. Das Messgerät ist auf die Fehlerschleifenimpedanzmessung einzustellen. Der zu erwartende Messwert liegt in der Regel im Bereich zwischen 0 Ω und 20 Ω.

Die Messung umfasst die gesamte Fehlerschleifenimpedeanz vom Außenleiter der Spannungsversorgung (Netztransformator) über den Außenleiter, über den Anlagenerder und den Betriebserder der Stromquelle, sodass bei der Messung die komplette Fehlerschleife über die geöffnete Verbindung des Schutzleiters zum Anlagenerder gemessen wird. Da in der Regel der Anlagenerder in der Reihenschaltung der größte Widerstand ist, liegt dieser geringfügig unterhalb des gemessenen Werts. Liegt demnach der gemessene Schleifenwiderstand unterhalb dem zulässigen Widerstand des Anlagenerders, gilt auch die Abschaltbedingung im TT-System als eingehalten.

Das beschriebene Messprinzip birgt allerdings die Gefahr, dass nach der Messung der Erdungsleiter vergessen wird, wieder an der Erdungsschiene

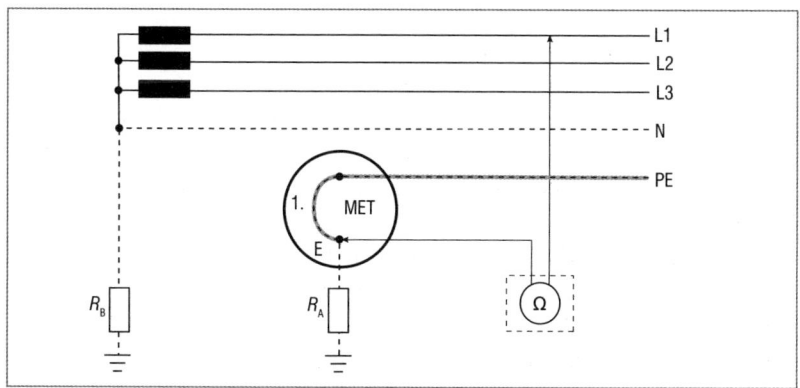

Bild 24.4 Messaufbau in linearer Anordnung zur Messung des Anlagenerders nach DIN VDE 0100-600 Verfahren C.2

anzuschließen. Deshalb eignet sich dieses Messverfahren nur bedingt bei Erstprüfungen und ist bei wiederkehrenden Prüfungen aufgrund des erforderlichen Eingriffs in die elektrische Anlage durch die vorübergehende Trennung des Erdungsleiters ungeeignet.

Messung der Fehlerschleifenimpedanz

Ist eine Messung des Anlagenerderwiderstands nicht möglich, kann alternativ der Nachweis über die Wirksamkeit der Schutzmaßnahme durch automatische Abschaltung im Fehlerfall im TT-System durch Messung oder Berechnung der Fehlerschleifenimpedanz erbracht werden. Bei Letzterem ist die Durchgängigkeit der Schutzleiterverbindungen hinter der Schutzeinrichtung nachzuweisen.

Wird die automatische Abschaltung im Fehlerfall im TT-System mit einer Überstrom-Schutzeinrichtung sichergestellt, gelten dieselben Abschaltbedingungen wie im TN-System. Sofern alle fremden leitfähigen Teile der Anlage an den Schutzpotentialausgleich über die Haupterdungsschiene angeschlossen sind, dürfen im TT-System die Abschaltzeiten für TN-Systeme verwendet werden.

24.3.3 Zusätzliche Prüfschritte beim Einsatz von Fehlerstrom-Schutzeinrichtungen

Wird die automatische Abschaltung im TT-System mit einer Fehlerstrom-Schutzeinrichtung sichergestellt, ist folgende Abschaltbedingung einzuhalten:

$$R_A = \frac{50\,V}{I_{\Delta N}}$$

$I_{\Delta N}$ ist der Bemessungsdifferenzstrom der Fehlerstrom-Schutzeinrichtung. Im Allgemeinen darf die automatische Abschaltung im Fehlerfall, sofern keine weiteren normativen Anforderungen bestehen, mit Fehlerstrom-Schutzeinrichtungen mit einem Bemessungsdifferenzstrom von höchstens 500 mA sichergestellt werden. Der Widerstand R_A ist die Summe aller Widerstände des Erders und des Schutzleiters der Körper. Gemäß der Abschaltbedingung darf bei Körperschluss die an R_A anliegende unbeeinflusste Berührungsspannung die höchst zulässige Berührungsspannung von 50 V (AC) nicht überschreiten. Die zulässigen Höchstwerte des Anlagenerderwiderstands in Abhängigkeit des Bemessungsdifferenzstroms der RCD sind in **Tabelle 24.2** nach DIN VDE 0100-530 dargestellt.

24.3 TT-System

Maximalwert von R_A in Ω	$I_{\Delta N}$ der RCD
2,5	20 A
5	10 A
10	5 A
16,6	3 A
50	1 A
100	500 mA
167	300 mA
500	100 mA
1.666	30 mA

Tabelle 24.2 Zusammenhang zwischen Maximalwert des Erderwiderstands und der maximalen Bemessungsdifferenzstrom der RCD nach DIN VDE 0100-530

Die Tabelle ist allerdings nur die halbe Wahrheit bei der Bewertung der Schutzmaßnahme in Endstromkreisen. Das folgende Beispiel soll den Sachverhalt verdeutlichen:

Beispiel
Bei Einhaltung der Erdungswiderständen gemäß der Tabelle ist die Abschaltbedingung eingehalten. Allerdings ist in der Formel für die Abschaltbedingung der einfache Bemessungsdifferenzstrom $I_{\Delta N}$ der Fehlerstrom-Schutzeinrichtung angegeben. Da es sich bei der Angabe des Bemessungsdifferenzstroms um die A-Charakteristik der RCD handelt, löst die RCD gemäß Produktnorm innerhalb von 300 ms aus. Sofern der Erderwiderstand genau 1.666 Ω in einem Endstromkreis bei Verwendung einer RCD mit einem Bemessungsdifferenzstrom von 30 mA beträgt, ist trotz Einhaltung der Abschaltbedingung die erforderliche Abschaltzeit von 0,2 s nicht eingehalten.

Demzufolge wäre korrekterweise der zweifache Bemessungsdifferenzstrom der RCD in die Formel der Abschaltbedingung einzusetzen, sodass die Abschaltung im Endstromkreis innerhalb von 150 ms erfolgt. Es gilt:

$$R_A = \frac{50\,V}{2 \cdot I_{\Delta N}}$$

(siehe Abschnitt 5.4.2 *Auswahl von Fehlerstrom-Schutzeinrichtungen (RCD)*).

Der Ablauf zum Nachweis der Schutzmaßnahmen durch automatische Abschaltung im TT-System ist in **Bild 24.5** zusammengefasst.

292 24 Beurteilung der Wirksamkeit des Schutzes durch automatische Abschaltung im Fehlerfall

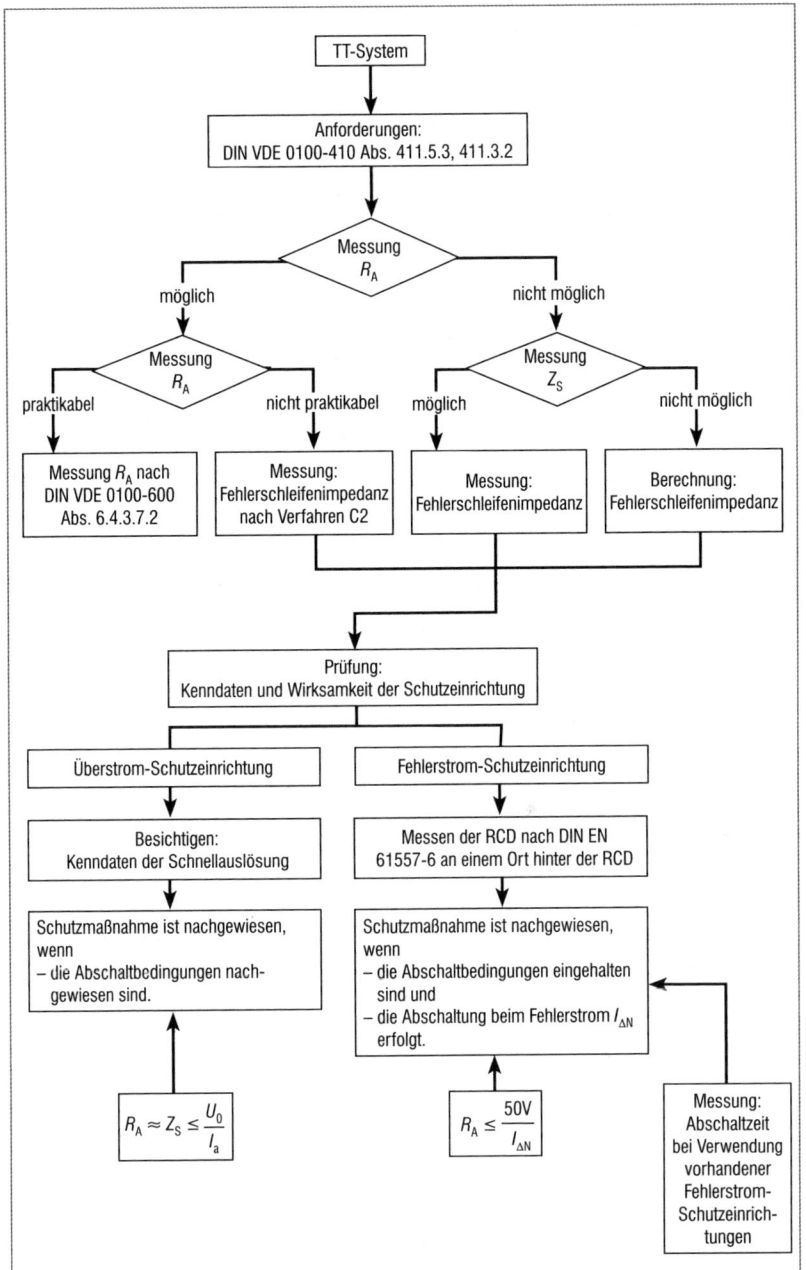

Bild 24.5 Nachweis des Schutzes durch automatische Abschaltung im TT-System

24.4 IT-System

Bei IT-Systemen ist im Vergleich zu TN- und TT-Systemen der Sternpunkt nicht über einen Betriebserder mit Erdpotential verbunden. Demnach wird beim ersten Fehler keine Fehlerschleife geschlossen, sodass keine automatische Abschaltung einer Überstrom-Schutzeinrichtung oder einer Fehlerstrom-Schutzeinrichtung bewirkt wird.

Somit kann beim ersten Fehler keine Abschaltung erfolgen. Beim ersten Fehler gelten die Abschaltbedingungen

$$R_A \cdot I_d \leq 50\,V$$

In IT-System wird der Fehlerstrom beim ersten Fehler als I_d bezeichnet. Während bei TN- und TT-Systemen der Fehlerstrom beim ersten Fehler zur Abschaltung führt und aufgrund des nahezu reinen ohmschen Anteils keine Phasenverschiebung zur Spannung aufweist, sind die Fehlerströme beim ersten Fehler im IT-System aufgrund der Ableitkapazitäten rein kapazitiv.

Beim ersten Fehler darf zwischen den Körpern der elektrischen Betriebsmitteln keine gefährliche Fehlerspannung anliegen.

> **Hinweis**
> Als Fehlerspannung wird die Spannung bezeichnet, die zwischen einem Körper und neutraler Erde im Fehlerfall (Körperschluss) anliegt. Die Fehlerspannung teilt sich bei Berührung in die Berührungsspannung und die Spannung am Standortwiderstand auf. Da der Standortwiderstand in der Regel nicht bekannt ist, ist davon auszugehen, dass im schlechtesten Fall die gesamte Fehlerspannung über den Menschen zwischen Hand und Füßen anliegt. Man spricht hier von der wirksamen Berührungsspannung.

24.4.1 Ausführung der Spannungsversorgung

Im nächsten Schrift ist die Ausführung der Stromquelle des IT-Systems zu besichtigen. Hier ist zwischen folgenden Stromversorgungssystemen zu unterscheiden:

- IT-Systeme, die über einen lokalen Netztransformator gespeist werden,
- IT-Systeme, die über das öffentliche Netz gespeist werden.

Lokaler Netztransformator
Wird das IT-System über einen lokalen Netztransformator gespeist, ist eine Verbindung zwischen einem aktiven Leiter und Erde am Speisepunkt bei der

Stromquelle des IT-Netzes herzustellen. Die Verbindung dient der Simulation des ersten Fehlers (Körperschluss). Durch die Erdung eines aktiven Leiters liegt an den Anschlussstellen der Betriebsmittel und Steckdosen ein gegen Erde definiertes Potential an, sodass zwischen den nicht mit Erde verbundenen aktiven Leitern und dem Schutzleiter die Fehlerschleifenimpedanz zu messen ist.

> **Hinweis**
> Bei IT-Systemen wird die Fehlerschleifenimpedanz auch als Erdschleifenimpedanz bezeichnet.

Öffentliches Netz

Bei IT-Systemen, die über ein öffentliches Netz versorgt werden, ist die Verbindung eines aktiven Leiters mit Erde am Speisepunkt nicht möglich. In diesem Fall ist die Wirksamkeit des Schutzes durch automatische Abschaltung im Fehlerfall durch Messung der Durchgängigkeit der Schutzleiter mit einem Prüfstrom von 0,2 A nachzuweisen. Die Messung der Erdschleifenimpedanz ist hier zwischen zwei aktiven Leitern zu messen.

24.4.2 Beurteilung der Abschaltbedingungen

Ein IT-System ist je nach Ausführung der Erdverbindungen der Körper beim zweiten Fehler ein TN-System oder ein TT-System.

IT-System mit Gruppenerdung

Sind die Körper über ein Schutzleitersystem an einem gemeinsamen Erder angeschlossen, liegt beim zweiten Fehler ein TN-System vor. Demzufolge sind für IT-Systeme mit Gruppenerdung die Abschaltzeiten aus dem TN-System hinzuzuziehen. Liegt der erste und zweite Fehler am Ende eines Stromkreises an, verdoppelt sich die Fehlerschleifenimpedanz. Demnach ist als Grenzwert die Fehlerschleifenimpedanz im Vergleich zum regulären TN-System um die Hälfte geringer.

Es gilt folgende Abschaltbedingung:

$$Z_{S,\,max} \leq \frac{1}{2} \cdot \frac{U_0}{I_a}$$

IT-System mit Einzelerdung

Sind die Körper über ein Schutzleitersystem an separaten Erdern angeschlossen, liegt beim zweiten Fehler ein TT-System vor. Demzufolge sind für IT-Systeme mit Einzelerdung die Abschaltzeiten aus dem TT-System hinzuzuziehen. Liegt der erste und zweite Fehler am Ende eines Stromkreises an, verdoppelt sich auch die Fehlerschleifenimpedanz. Demnach ist als Grenzwert die Fehlerschleifenimpedanz im Vergleich zum regulären TT-System um die Hälfte geringer. Der Schutz durch automatische Abschaltung ist hier mit einer Fehlerstrom-Schutzeinrichtung (RCD) sicherzustellen (**Bild 24.6**).

Es gilt gelten folgende Abschaltbedingungen:

$$Z_{S,\,max} \leq \frac{1}{2} \cdot \frac{50\,\text{V}}{I_{\Delta N}}$$

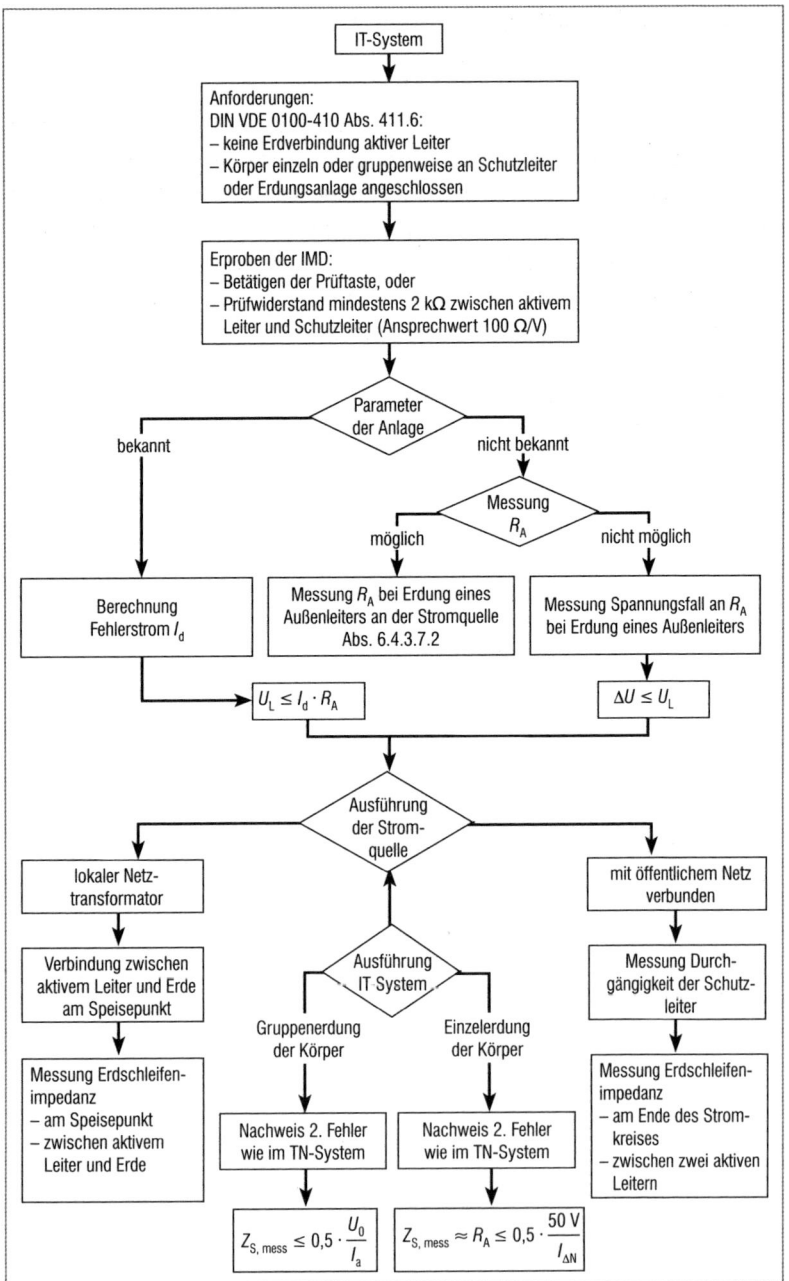

Bild 24.6 Nachweis des Schutzes durch automatische Abschaltung im TT-System

Literatur- und Quellenverzeichnis

[1] Gesetz über die Durchführung von Maßnahmen des Arbeitsschutzes zur Verbesserung der Sicherheit und des Gesundheitsschutzes der Beschäftigten bei der Arbeit (Arbeitsschutzgesetz – ArbSchG)
[2] CENELEC Guide 32 – Leitfaden für die sicherheitsrelevante Risikobeurteilung und Risikominderung für Niederspannungsbetriebsmittel, 1. Ausgabe 2014/07
[3] DGUV Vorschrift 1 – Unfallverhütungsvorschrift Grundsätze der Prävention, November 2013
[4] DGUV Vorschrift 3 – Unfallverhütungsvorschrift Elektrische Anlagen und Betriebsmittel vom 1. April 1979 in der Fassung vom 1. Januar 1997
[5] DGUV Vorschrift 4 mit Durchführungsanweisungen vom Oktober 1999 (Aktualisierte Ausgabe 2005)
[6] DIN 31051:2012-09 Grundlagen der Instandhaltung
[7] DIN 820-2:2020-03 Normungsarbeit – Teil 2: Gestaltung von Dokumenten
[8] DIN EN 50102 (VDE 0470-100):1997-09 Schutzarten durch Gehäuse für elektrische Betriebsmittel (Ausrüstung) gegen äußere mechanische Beanspruchungen (IK-Code)
[9] DIN EN 60038 (VDE 0175-1):2012-04 CENELEC-Normspannungen
[10] DIN EN 60079-14 (VDE 0165-1):2014-10 Explosionsgefährdete Bereiche – Teil 14: Projektierung, Auswahl und Errichtung elektrischer Anlagen
[11] DIN EN 60204-1 (VDE 0113-1):2019-06 Elektrische Ausrüstung von Maschinen
[12] DIN EN 60529 (VDE 0470-1):2014-09 Schutzarten durch Gehäuse (IP-Code)
[13] DIN EN 60598-1 (VDE 0711-1):2018-09 Leuchten – Teil 1: Allgemeine Anforderungen und Prüfungen
[14] DIN EN 60598-2-24 (VDE 0711-2-24):2014-04 Leuchten – Teil 2-24: Besondere Anforderungen – Leuchten mit begrenzter Oberflächentemperatur
[15] DIN EN 61140 (VDE 0140-1):2016-11 Schutz gegen elektrischen Schlag – Gemeinsame Anforderungen für Anlagen und Betriebsmittel

[16] DIN EN 61439-1 (VDE 0660-600-1):2012-06 Niederspannungs-Schaltgerätekombinationen – Teil 1: Allgemeine Festlegungen
[17] DIN EN 61511-1:2019-02 Funktionale Sicherheit – PLT-Sicherheitseinrichtungen für die Prozessindustrie – Teil 1: Allgemeines, Begriffe, Anforderungen an Systeme, Hardware und Anwendungsprogrammierung
[18] DIN EN 61851-1 (DIN VDE 0122-1):2012-01 Elektrische Ausrüstung von Elektro-Straßenfahrzeugen – Konduktive Ladesysteme für Elektrofahrzeuge – Teil 1: Allgemeine Anforderungen
[19] DIN EN 62606 (VDE 0665-10):2014-08 Allgemeine Anforderungen an Fehlerlichtbogen-Schutzeinrichtungen
[20] DIN EN ISO 12100:2011-03 Sicherheit von Maschinen – Allgemeine Gestaltungsleitsätze – Risikobeurteilung und Risikominderung
[21] DIN IEC/TS 60479-1 (VDE V 0140-479-1):2007-05 Wirkungen des elektrischen Stromes auf Menschen und Nutztiere – Teil 1: Allgemeine Aspekte
[22] DIN VDE 0100 Beiblatt 5 (VDE 0100 Beiblatt 5):2017-10 Errichten von Niederspannungsanlagen; Beiblatt 5: Maximal zulässige Längen von Kabeln und Leitungen unter Berücksichtigung des Fehlerschutzes, des Schutzes bei Kurzschluss und des Spannungsfalls
[23] DIN VDE 0100-100:2009-06 Errichten von Niederspannungsanlagen – Teil 1: Allgemeine Grundsätze, Bestimmungen allgemeiner Merkmale, Begriffe
[24] DIN VDE 0100-200:1998-06 Beiblatt 1 Elektrische Anlagen von Gebäuden Teil 200: Begriffe Beiblatt 1: Zusammenfassung der deutschsprachigen Begriffe
[25] DIN VDE 0100-200:2006-06 Errichten von Niederspannungsanlagen – Teil 200: Begriffe
[26] DIN VDE 0100-300:1996-01 Errichten von Starkstromanlagen mit Nennspannungen bis 1000 V Teil 3: Bestimmungen allgemeiner Merkmale (zurückgezogen)
[27] DIN VDE 0100-410:2018-10 Errichten von Niederspannungsanlagen – Teil 4-41: Schutzmaßnahmen – Schutz gegen elektrischen Schlag
[28] DIN VDE 0100-420:2019-10 Errichten von Niederspannungsanlagen – Teil 4-42: Schutzmaßnahmen – Schutz gegen thermische Auswirkungen
[29] DIN VDE 0100-430:1991-11 Beiblatt 1: Errichten von Starkstromanlagen mit Nennspannungen bei 1.000 V Schutzmaßnahmen; Schutz von Kabeln und Leitungen bei Überstrom; Empfohlene Werte für die

Strombelastbarkeit I_Z, und die Zuordnung von Überstrom-Schutzeinrichtungen zum Schutz bei Überlast

[30] DIN VDE 0100-430:2010-10 Errichten von Niederspannungsanlagen – Teil 4-43: Schutzmaßnahmen – Schutz bei Überstrom

[31] DIN VDE 0100-443:2016-10 Errichten von Niederspannungsanlagen – Teil 4-44: Schutzmaßnahmen – Schutz bei Störspannungen und elektromagnetischen Störgrößen – Abschnitt 443: Schutz bei transienten Überspannungen infolge atmosphärischer Einflüsse oder von Schaltvorgängen

[32] DIN VDE 0100-444:2010-10 Errichten von Niederspannungsanlagen – Teil 4-444: Schutzmaßnahmen – Schutz bei Störspannungen und elektromagnetischen Störgrößen

[33] DIN VDE 0100-450:1990-03 Errichten von Niederspannungsanlagen – Teil 4-42: Schutzmaßnahmen – Schutz gegen thermische Auswirkungen

[34] DIN VDE 0100-460:2018-06 Errichten von Niederspannungsanlagen – Teil 4-46: Schutzmaßnahmen – Trennen und Schalten

[35] DIN VDE 0100-510:2011-03 Errichten von Niederspannungsanlagen – Teil 5-51: Auswahl und Errichtung elektrischer Betriebsmittel – Allgemeine Bestimmungen

[36] DIN VDE 0100-520:2016-10 Beiblatt 1: Errichten von Niederspannungsanlagen – Teil 5-52: Auswahl und Errichtung elektrischer Betriebsmittel – Kabel und Leitungsanlagen; Beiblatt 1: Erläuterungen zur Anwendung der normativen Anforderungen aus DIN VDE 0100-520 (VDE 0100-520):2013-06

[37] DIN VDE 0100-520:2010-10 Beiblatt 2: Errichten von Niederspannungsanlagen – Auswahl und Errichtung elektrischer Betriebsmittel – Teil 520: Kabel- und Leitungsanlagen – Beiblatt 2: Schutz bei Überlast, Auswahl von Überstrom-Schutzeinrichtungen, maximal zulässige Kabel- und Leitungslängen zur Einhaltung des zulässigen Spannungsfalls und der Abschaltzeiten zum Schutz gegen elektrischen Schlag

[38] DIN VDE 0100-520:2012-10 Beiblatt 3: Errichten von Niederspannungsanlagen – Auswahl und Errichtung elektrischer Betriebsmittel – Teil 520: Kabel- und Leitungsanlagen – Beiblatt 3: Strombelastbarkeit von Kabeln und Leitungen in 3-phasigen Verteilungsstromkreisen bei Laststömen mit Oberschwingungsanteilen

[39] DIN VDE 0100-520:2013-06 Errichten von Niederspannungsanlagen – Teil 5-52: Auswahl und Errichtung elektrischer Betriebsmittel – Kabel- und Leitungsanlagen

[40] DIN VDE 0100-530:2018-06 Errichten von Niederspannungsanlagen – Teil 530: Auswahl und Errichtung elektrischer Betriebsmittel – Schalt- und Steuergeräte

[41] DIN VDE 0100-534:2016-10 Errichten von Niederspannungsanlagen – Teil 5-53: Auswahl und Errichtung elektrischer Betriebsmittel – Trennen, Schalten und Steuern – Abschnitt 534: Überspannungsschutzeinrichtungen (SPDs)

[42] DIN VDE 0100-540:2012-06 Errichten von Niederspannungsanlagen – Teil 5-54: Auswahl und Errichtung elektrischer Betriebsmittel – Erdungsanlagen und Schutzleiter

[43] DIN VDE 0100-560:2011-03 Errichten von Niederspannungsanlagen – Teil 5-56: Auswahl und Errichtung elektrischer Betriebsmittel – Einrichtungen für Sicherheitszwecke

[44] DIN VDE 0100-718:2016-06 Beiblatt 1: Errichten von Niederspannungsanlagen – Teil 7-718: Anforderungen für Betriebsstätten, Räume und Anlagen besonderer Art – Öffentliche Einrichtungen und Arbeitsstätten

[45] DIN VDE 0100-718:2014-06 Errichten von Niederspannungsanlagen – Teil 7-718: Anforderungen für Betriebsstätten, Räume und Anlagen besonderer Art – Öffentliche Einrichtungen und Arbeitsstätten

[46] DIN VDE 0100-722:2016-10 Errichten von Niederspannungsanlagen – Teil 7-722: Anforderungen für Betriebsstätten, Räume und Anlagen besonderer Art – Stromversorgung von Elektrofahrzeugen

[47] DIN VDE 0105-100:2009-10 Betrieb von elektrischen Anlagen – Teil 100: Allgemeine Festlegungen

[48] DIN VDE 0105-100/A1:2019-06 Betrieb von elektrischen Anlagen – Teil 100: Allgemeine Festlegungen; Änderung A1: Wiederkehrende Prüfungen; DIN EN 60204-1 (VDE 0113-1) Sicherheit von Maschinen – Elektrische Ausrüstung von Maschinen – Teil 1: Allgemeine Anforderungen

[49] DIN VDE 0298-300:2009-09 Leitfaden für die Verwendung harmonisierter Niederspannungsstarkstromleitungen

[50] DIN VDE 0298-4:2013-06 Verwendung von Kabeln und isolierten Leitungen für Starkstromanlagen – Teil 4: Empfohlene Werte für die Strombelastbarkeit von Kabeln und Leitungen für feste Verlegung in und an Gebäuden und von flexiblen Leitungen

[51] DIN VDE 1000-10:2009-01 Anforderungen an die im Bereich der Elektrotechnik tätigen Personen

[52] DIN EN 50102 (VDE 0470-100):1997-09 Schutzarten durch Gehäuse für elektrische Betriebsmittel (Ausrüstung) gegen äußere mechanische Beanspruchungen (IK-Code)
[53] DKE-Verlautbarung: Erläuterung zum Konzept der DIN VDE 0100-410
[54] Durchführungsanweisung zur DGUV Vorschrift 3 – Unfallverhütungsvorschrift Elektrische Anlagen und Betriebsmittel vom 1. April 1979 in der Fassung vom 1. Januar 1997 mit Durchführungsanweisungen
[55] EltAnlagen 2020 Planung und Bau von elektrischen Anlagen in öffentlichen Gebäuden, Empfehlung Nr. 159; Stand: 9. Oktober 2020
[56] Erste Verordnung zum Produktsicherheitsgesetz (Verordnung über elektrische Betriebsmittel – 1. ProdSV); 17. März 2016
[57] Gesetz über die Elektrizitäts- und Gasversorgung (Energiewirtschaftsgesetz – EnWG); Ausfertigungsdatum: 07.07.2005
[58] Gesetz über die elektromagnetische Verträglichkeit von Betriebsmitteln Elektromagnetische-Verträglichkeit-Gesetz – EMVG) Ausfertigungsdatum: 14.12.2016
[59] Grundgesetz für die Bundesrepublik Deutschland GG; Ausfertigungsdatum: 23.05.1949
[60] *Schmolke, H.:* Brandschutztechnische Bewertung und Prüfung elektrischer Anlagen. Berlin: VDE Verlag, 2018
[61] *Hochbaum, H.; Callondann, K.:* Schadensverhütung in elektrischen Anlagen. Berlin: VDE Verlag, 2009.
[62] https://www.dke.de/de/arbeitsfelder/core-safety/din-vde-0100-normenreihe-sicherheit-schutz-elektroinstallation (abgerufen 15. August 2023)
[63] https://www.dke.de/de/suche?q=Verlautbarung&a=area (abgerufen 15. August 2023)
[64] https://www.dke.de/de/ueber-uns/dke-organisation-auftrag/dke-fachbereiche (abgerufen 15. August 2023)
[65] Landesbauordnung für Baden-Württemberg (LBO) in der Fassung vom 5. März 2010
[66] Musterbauordnung (MBO) in der Fassung November 2002
[67] Richtlinie 2014/35/EU des europäischen Parlaments und des Rates vom 26. Februar 2014 zur Harmonisierung der Rechtsvorschriften der Mitgliedstaaten über die Bereitstellung elektrischer Betriebsmittel zur Verwendung innerhalb bestimmter Spannungs-grenzen auf dem Markt
[68] *Häberle, G. et al.:* Tabellenbuch Elektrotechnik Tabellen – Formeln – Normenanwendungen. Haan-Gruiten: Europa Verlag, 2020

[69] TRBS 1111 Technische Regeln für Betriebssicherheit – Gefährdungsbeurteilung; März 2018
[70] TRBS 1201 Technische Regeln für Betriebssicherheit – Prüfungen von Arbeitsmitteln und überwachungsbedürftigen Anlagen; August 2012
[71] TRBS 1203 Technische Regeln für Betriebssicherheit – Befähigte Personen; März 2010
[72] VDE-AR-N 4100:2019-04 Anwendungsregel: Technische Regeln für den Anschluss von Kundenanlagen an das Niederspannungsnetz und deren Betrieb (TAR Niederspannung)
[73] VDE-AR-N 4105:2018-11 Anwendungsregel: Erzeugungsanlagen am Niederspannungsnetz
[74] VdS 2033:2007-09 Elektrische Anlagen in feuergefährdeten Betriebsstätten und diesen gleichzustellende Risiken
[75] Verordnung über Allgemeine Bedingungen für den Netzanschluss und dessen Nutzung für die Elektrizitätsversorgung in Niederspannung (Niederspannungsanschlussverordnung – NAV); Ausfertigungsdatum: 01.11.2006
[76] Verordnung über Arbeitsstätten (Arbeitsstättenverordnung – ArbStättV); Ausfertigungsdatum: 12.08.2004
[77] Verordnung über Sicherheit und Gesundheitsschutz bei der Verwendung von Arbeitsmitteln (Betriebssicherheitsverordnung – BetrSichV); Ausfertigungsdatum: 03.02.2015
[78] *Schuft, W.*: Taschenbuch der elektrischen Energietechnik. München: Hanser Verlag, 2007
[79] Richtlinie über brandschutztechnische Anforderungen an Leitungsanlagen (Leitungsanlagen-Richtlinie – LAR) Fassung: 10.2.2015 (Redaktionsstand 5.4.2016)
[80] BauPRodV Verordnung (EU) Nr. 305/2011 des Europäischen Parlaments und des Rates vom 9. März 2011 zur Festlegung harmonisierter Bedingungen für die Vermarktung von Bauprodukten und zur Aufhebung der Richtlinie 89/106/EWG des Rates Text von Bedeutung für den EWR

Stichwortverzeichnis

3+1-Schaltung 135
4+0-Schaltung 134

A
Abschaltbedingung 64, 294
Abschaltbedingungen in TN-Systemen 274
Abschaltbedingungen in TT-Systemen 275
Aderendhülse 38
AFDD 82
Alterung 187
Amtsblatt der EU 41
anerkannte Regeln der Technik 18
Anlagenerderwiderstand 287
Anordnungshöhen 45
Anschlussklemmen 43
Anschlussschemata 134
Anschlussvarianten 136
ArbSchG 23
Auslöseregel 103
Ausschalten im Notfall 240
äußere Einflüsse 143
automatische Abschaltung im Fehlerfall 279

B
Batterieräume 159
BauPVO 56, 59
Befestigungsmittel 196

Beleuchtungsanlagen 85
Bemessungsausschaltströme 64
Bemessungsausschaltvermögen 65
Besichtigen 33
Bestandsschutz 19
Betätigungselemente für NOT-AUS 242
Betriebsmessunsicherheit 249, 256
Biegeradien 192
Brandklassen/Euroklassen 59
brennbare Materialien 86

C
CE-Kennzeichnung 57, 61, 223
CE-Konformität 42

D
DGUV Vorschrift 19
direktes Berühren an Bedienelementen 214
direktes Berühren an Lampenfassungen 217
Durchgängigkeit der Leiterverbindungen 169
Durchgängigkeit der Schutzleiter 253, 284

E
elektrische Betriebsstätten 158
elektrische Verbindungen 228
EMV-Richtlinie 39, 179
Energieeffizienz 123
Erhalt des ordnungsgemäßen Zustands 26
Erproben 237
Errichterbescheinigung 21
Erweiterung elektrischer Anlagen 19

F
Farbkennzeichnungen 155
Fehlerlichtbogen-Schutzeinrichtungen (AFDD) 82, 259
Fehlerschleifenimpedanz 267, 271, 289, 290
Fehlerstrom-Schutzeinrichtungen (RCD) 69, 285, 296
ferromagnetische Umhüllung 197
feuergefährdete Betriebsstätten 149
Feuerwiderstandsklassen 52
Fluchtwege 46, 157

formelle Nichtkonformität 41
Freileitungseinspeisungen 139
Fremdkörper 189
Funktionsprüfung 265

G
Garantenpflicht 22
Gebäudeklassen 48, 57, 59
Gefährdungsbeurteilung 90
Gesundheitskennzeichnungen 157
Gewindekontakt 219
Gleichzeitigkeitsfaktor 63

H
Häufung 101, 103
Hauptstromversorgungssystem 117, 138
Herstellerangaben 34, 38
Hohlwanddosen 222
Hohlwände 221

I
IK-Code 144
Ingangsetzen im Notfall 240
Instandhaltung 29
IP-Schutzart 144
Isolationsmessungen 255
Isolationsüberwachungseinrichtung 260
Isolationswiderstand 257
IT-System 293

K
Kabel- und Leitungsanlage 185, 221
Kabelschottungen 51
Kennzeichnung 151, 167
klassische Nullung 79
Klemmstelle 225
Konformitätserklärung 35, 39
Kurzschluss 107
Kurzschlussschutz 93, 108, 110
Kurzzeitbetrieb 99

L
Leiter 151
Leiterklassen 226
Leitungsanlagen in notwendigen Fluren 47
Leitungseinführungen 148
Leitungslänge 118, 121, 140
Leitungsschutzschalter 68, 128
Leuchten 86
Leuchtstofflampen 89
lose Klemmstellen 235

M
MBO 47, 51, 56
Mehrfacheinspeisung 201
Messen 253
Messgeräte 247, 250
Messgleichspannung 260
MLAR 47, 185
Muster-Leitungsanlagen-Richtlinie 47

N
N-Schienenhalterung 234
Nagetierfraß 194
Nennstromregel 106
Neutralleiter 153
Niederspannungs-Schaltgerätekombination 40
Niederspannungsrichtlinie 39
Niederspannungssicherungen 66
NOT-AUS-Einrichtungen 239
Nutzungsfaktor 63

O
Oberschwingungen 99
Ovalleuchte 37

P
PELV-Stromkreise 263
PEN-Leiter 152, 202
Phasenfolge 264
Pressverbinder 236
Prüffristen 27, 29
Prüfgrundlage 17

R
RCD 69, 285, 296
RCDs für den Brandschutz 82
Reduktionsfaktoren für Oberschwingungsströme 100
Retrofitlampe 42
Rettungswege 46

S
Schaltungsunterlagen 160, 167

Schienensysteme 155
Schmelzsicherungen 66
Schutz durch automatische Abschaltung 66, 77
Schutz gegen direktes Berühren 211
Schutzart 146, 149, 213
Schutzleiter 152, 169
Schutzleiterquerschnitt 170
Schutzpotentialausgleich 177
Schutzpotentialausgleichsleiter 174
Schutztrennung 263
Selektivität 76, 125
SELV-Stromkreise 263
Sonneneinwirkung 190, 115, 120, 266
Spannungsfall 115, 120, 266
Spannungsfreiheit 251
Spannungspolarität 264
Stillsetzen im Notfall 240
Störquellen 180
stroboskopischer Effekt 90
Strombelastbarkeit 93, 98, 100

T
technische Dokumentation 160
Testtaste 238
TN-System 281
Trennen des Neutralleiters 259
TT-System 286

U
Übereinstimmungserklärung 53
Übergangswiderstand 233
Überlastschutz 93
Überspannung 131
Überspannungs-Schutzeinrichtungen (SPDs) 131
Überspannungskategorie 61, 62, 131, 133, 140, 248
Überstrom 93
Überstrom-Schutzeinrichtung 66, 113
Umgebungstemperatur 101
ungewollte Abschaltung 73
Unterspannung 244

V
Verbindungsdosen 221
Verfügbarkeit 88
Verkehrssicherungspflicht 23
verstärkte Schutzleiter 172
Verteiler in Verkehrswegen 212

Z
ZEP 201
Zugang 46
Zugänglichkeit 43
Zugbeanspruchung 226
Zulassungsbescheid 55
Zusammenführung von N- und PE-Leitern 204

zusätzlicher Schutz 78
zusätzlicher Schutzpotentialausgleich 178